工业和信息化

精品系列教材

C语言

项目开发基础与实战

微课版

徐嵩松 孙宇 / 主编

李理 毛以芳 倪程 / 副主编

The C Programming Language

人民邮电出版社

北京

图书在版编目（CIP）数据

C语言项目开发基础与实战 : 微课版 / 徐嵩松，孙宇主编. -- 北京 : 人民邮电出版社，2024.9
工业和信息化精品系列教材
ISBN 978-7-115-63398-9

Ⅰ. ①C… Ⅱ. ①徐… ②孙… Ⅲ. ①C语言－程序设计－高等职业教育－教材 Ⅳ. ①TP312.8

中国国家版本馆CIP数据核字(2023)第249316号

内容提要

本书主要介绍C语言程序设计的相关知识。本书共7个项目。除项目1外，其他项目整体架构以满足项目实战开发需求为设计出发点，通过“学生成绩管理系统”“家庭财务管理系统”“员工信息管理系统”等具有代表性的实战项目，带领读者了解并体会软件项目实战开发的全流程。本书聚焦于培养读者掌握核心技能、养成项目开发思维，以使读者能真正做到学以致用。

本书可以作为高等职业院校C语言程序设计课程的教材，也可供程序设计爱好者和培训机构人员参考。

◆ 主　　编　徐嵩松　孙　宇
副 主 编　李　理　毛以芳　倪　程
责任编辑　赵　亮
责任印制　王　郁　焦志炜
◆ 人民邮电出版社出版发行　　北京市丰台区成寿寺路11号
邮编　100164　　电子邮件　315@ptpress.com.cn
网址　https://www.ptpress.com.cn
三河市君旺印务有限公司印刷
◆ 开本：787×1092　1/16
印张：13.75　　2024年9月第1版
字数：373千字　　2024年9月河北第1次印刷

定价：59.80元

读者服务热线：(010)81055256　印装质量热线：(010)81055316
反盗版热线：(010)81055315
广告经营许可证：京东市监广登字20170147号

前言

C 语言是一门通用的计算机编程语言。它不仅具有丰富灵活的控制结构、简洁高效的语句和良好的可移植性，还兼具高级语言和汇编语言的诸多优势，功能强大、用途广泛，长期占据编程语言排行榜的前列。

本书改变了传统教材以 C 语言知识体系架构为主的编排方式，以项目案例为主线，从项目分析入手，在项目实现过程中融入项目开发所需要的理论知识，使教、学、做等各个环节有机结合起来，做到理论与实践的高度统一。

本书主要内容

本书共 7 个项目。项目 1 为初识 C 语言，主要包括软件技术概述、C 语言的发展历史与特点、C 语言程序基础入门以及 C 语言集成开发工具等。项目 2 为设计实验设备管理系统，知识点主要包括变量、基本数据类型、运算符以及选择结构、循环结构程序设计等，功能模块主要包括系统主界面和设备信息的显示、录入、修改、分类统计、删除、查找等。项目 3 为设计学生成绩管理系统，知识点主要包括数组、函数、结构体、共用体、文件操作等，功能模块主要包括系统主界面和学生成绩的录入、查找、删除、修改、插入、显示等。项目 4 为设计家庭财务管理系统，知识点主要包括内存空间与地址、指针、链表等，功能模块主要包括欢迎界面、系统主界面和财务记录的新增、显示、查询、删除、编辑等。项目 5 为设计课程选修管理系统，知识点主要包括数据库和 SQL 语句等，功能模块主要包括系统主界面和课程的录入、选课、查找、修改、删除等。项目 6 和项目 7 为利用所学知识完成的综合性项目，其中，项目 6 的功能模块主要包括系统主界面和火车票的添加、查询、预订、修改、显示、保存等，项目 7 的功能模块主要包括系统主界面和员工信息的录入、查询、显示、修改、删除、统计及重置系统密码等。

本书所有源代码采用 Dev-C++作为集成编译环境。

本书主要特点

（1）深入贯彻立德树人。本书积极探索落实立德树人根本任务的新方法、新路径，在书中全面融入工匠精神、民族自信等元素，着力践行育才、育人。

（2）实践与理论相结合。本书采用“项目分析→系统架构设计→技术知识准备→主要功能模块技术实现”的思路，设计“学生成绩管理系统”“家庭财务管理系统”“课程选修管理系统”等 6 个贴近学习和生活的实战项目，帮助读者了解并体会利用 C 语言进行软件项目开发的全流程。

（3）配套资源丰富。本书配有完整的微课视频、教学大纲、PPT 课件等教学资源，同时还提供了完整的系统源代码，读者可登录人邮教育社区（www.ryjiaoyu.com）或扫描封底二维码查看和下载。

本书是成都工业职业技术学院信息工程学院“三教”改革项目化教材成果之一。本书由徐嵩松和孙宇担任主编，李理、毛以芳、倪程担任副主编，胡勇、苏云参与编写。全书由徐嵩松完成统稿。在编写本书的过程中，李亚平对全书的选题和内容结构提出了宝贵的意见和建议，编者还参阅、借鉴了诸多相关教材和资料，特此向有关人士表示诚挚的谢意！

由于编者水平有限，书中难免存在不足和疏漏之处，请各位读者批评指正，以便再版时进行修订和完善。

编者

2024 年 2 月

目录

项目 3

项目 4

项目 5

项目 6

项目1 初识C语言

技能目标

- 了解软件的基本概念及我国软件产业的发展情况。
- 了解程序设计语言的基本概念。
- 掌握程序开发的一般过程。
- 了解C语言的发展历史和特点。
- 掌握C语言集成开发工具Dev-C++的安装与使用方法。

素质目标

- 了解我国软件产业的发展概况，体会科技自立自强、科技强国。
- 通过了解程序的运行原理培养逻辑思维能力。

重点难点

- 程序设计和程序开发的基本概念。
- Dev-C++的安装与使用。

1.1 软件技术概述

1.1.1 软件和信息技术服务

软件和信息技术服务业是新一代信息技术的“灵魂”，是数字经济发展的基础，也是关系国民经济和社会发展全局的基础性、战略性、先导性产业，具有技术更新快、产品附加值高、应用领域广、渗透能力强、资源消耗低、人力资源利用充分等特点，对经济社会发展具有重要的支撑和引领作用。

狭义的软件主要包括基础软件、工业软件和应用软件，具体分类如下。

（1）基础软件：操作系统、数据库、编程语言、电子设计自动化（Electronic Design Automation，EDA）软件等。

（2）工业软件：计算机辅助设计（Computer-Aided Design，CAD）软件、计算机仿真软件、工业控制软件、嵌入式软件等。

（3）应用软件：电子商务、社交、娱乐、游戏、办公、生活、教育等软件。

广义的软件还包括信息技术服务，如算法服务、信息安全产品和服务、数据治理与分析、知识图谱、数字化管理咨询和决策、一体化集成、智能运维等。新兴的软件主要指平台软件，它包括云计算、大数据、人工智能、区块链、虚拟现实和增强现实等。

1.1.2　我国软件产业发展概况

近年来，随着我国信息技术的迅猛发展，软件及信息技术服务业也进入了高速发展时期。据工业和信息化部网站数据显示，2022 年，全国软件和信息技术服务业规模以上企业超过 3.5 万家，累计完成软件业务收入 108126 亿元，同比增长 11.2%。分领域来看，2022 年，软件产品收入 26583 亿元，信息技术服务收入 70128 亿元，信息安全产品和服务收入 2038 亿元，嵌入式系统软件收入 9376 亿元，分别同比增长 9.9%、11.7%、10.4%和 11.3%。分地区来看，2022 年，东部、中部、西部和东北地区分别完成软件业务收入 88663 亿元、5390 亿元、11574 亿元和 2499 亿元，分别同比增长 10.6%、16.9%、14.3%和 8.7%。其中，软件业务收入居前 5 名的北京、广东、江苏、山东、浙江共完成收入 74537 亿元，占全国软件业比重的 68.9%。

总的来看，作为制造强国、网络强国、数字中国建设的关键支撑，我国的软件产业在过去 10 年实现了高质量的发展。在电子商务、社交、移动支付等应用软件领域，以淘宝、微信、抖音、支付宝等为代表的中国产品和技术已成为世界的领跑者。在系统软件方面，鸿蒙、欧拉等操作系统取得了长足的发展；在云计算方面，阿里云、华为云的市场地位遥遥领先。与此同时，我国软件和信息技术服务业仍面临诸多挑战：一是产业供应链脆弱，产品处于价值链中低端；二是产业基础薄弱，关键核心技术存在短板；三是软件与各领域融合应用的广度和深度需进一步深化；四是产业生态国际竞争力亟待提升；五是发展环境仍需完善，软件人才供需矛盾突出。

1.1.3　程序设计语言

语言是一个符号系统，用于描述客观世界，并将真实世界中的对象及其关系符号化，以帮助人们更好地认识和改造世界，并且便于人们相互交流。在全球范围内，人类拥有数以千计的语言种类，如汉语、英语、俄语、法语、日语、韩语等。这些不同的语言，体现了不同的国家和民族对这个世界不同的认识方法、角度、深度和广度等。

计算机中存在多种不同的程序设计语言，它们体现了在不同的抽象层次上对计算机世界的认识。计算机程序（Computer Program，简称程序），是指使用某种程序设计语言编写，用于解决特定问题的语句（指令），主要用于计算机或其他具有信息处理能力的装置中。打个比方，一个用汉语写下的红烧肉菜谱，用于指导懂汉语和烹饪手法的人来做红烧肉这道菜，其中汉语就是程序设计语言，菜谱就是程序，厨房就是计算机。

程序设计语言分为低级语言和高级语言。

1．低级语言

低级语言依赖于所在的计算机系统，也称为面向机器的语言。由于不同的计算机系统使用的指令系统可能不同，因此使用低级语言编写的程序的可移植性较差。低级语言主要包括机器语言和汇编语言。

机器语言是由二进制代码 0 和 1 组成的若干数字串。用机器语言编写的程序称为机器语言程序，它能够被计算机直接识别并执行。但是，机器语言的可读性非常差，程序员对其进行编写或维护的难度较高。

汇编语言是一种借用助记符表示的程序设计语言，其每条指令都对应一条机器语言代码。汇编语言也是面向机器的，即不同类型的计算机系统使用的汇编语言不同。用汇编语言编写的程序称为汇编语言程序，它不能由计算机直接识别和执行，必须由“汇编程序”将其翻译成机器语言程序，才能够在计算机上执行。这种“汇编程序”称为汇编语言的翻译程序。汇编语言适用于编写直接控制机器操作的底层程序。汇编语言与机器的联系仍然比较紧密，使用起来难度也较大。

2. 高级语言

用高级语言编写的程序具有易读、易修改、可移植性好的特点，高级语言更接近人类的自然语言，非常容易被理解。高级语言极大地提升了程序的开发效率和可维护性。高级语言并不是特指的某一种具体的语言，而是包括很多编程语言，如目前流行的 C、PHP、Java、C#、Python 等，它们的语法、命令格式虽然都不相同，但都属于高级语言。

高级语言与计算机的硬件结构及指令系统无关，它有更强的表达能力，可方便地表示数据的运算和程序的控制结构，能更好地描述各种算法，而且容易学习和掌握。但高级语言执行的速度较慢，运行效率也不高。

高级语言、汇编语言和机器语言都是用于编写程序的语言。

1.1.4 程序开发过程

程序用于解决客观世界的问题，其开发过程一般包括捕获问题、架构设计、编码实现、测试调试、运行维护等几个主要阶段。

1. 捕获问题

捕获问题也称为需求分析，此阶段的任务是了解需要解决的问题是什么，有哪些具体要求，比如性能、功能、安全等方面。如果要解决的问题比较复杂，正确认识问题本身并不是一件可以一蹴而就的事，需要反复、深入地进行。通常来说，捕获问题在整个开发周期中所花费的时间和精力都比较多。

2. 架构设计

需求确定后，就要进行架构设计，主要是确定程序所需的技术路线，如数据结构、核心的处理逻辑（即算法）、程序的整体架构（有哪些部分、各部分间的关联、整体的工作流程）以及编程语言。

3. 编码实现

编码实现就是用某种具体的程序设计语言（如 C 语言）来编程，实现已经完成的架构设计。

4. 测试调试

测试调试阶段包括测试和调试两个部分。当程序已经初步开发完成时，为了找出其中可能出现的错误，需要进行大量、反复的试运行，这一过程称为测试。需要注意的是，测试只能找出尽可能多的错误，而不能找出所有的错误，但测试越早、越充分，后期付出的维护代价就越小。在测试时，通过多种手段来定位错误并修正错误，以使程序运行达到理想目标，这一过程称为调试。

5. 运行维护

运行维护是程序交付客户使用后的管理与维护阶段。当程序通过测试，达到各项设计指标要求后，就可以交付客户投入运行使用。在实际运行过程中，可能会出现新的错误、新的需求（如需要增加或更改程序的某些功能，需要增强程序在某方面的性能等），这时就要对程序进行补充开发和修正完善，这一过程称为运行维护。

程序开发的以上几个主要阶段，由项目开发团队中的不同角色——项目管理者、需求分析师、系统架构师、软件开发工程师、软件测试工程师以及售后运维师等协同完成。读者可以根据自身兴趣爱好、特长在上述阶段对应的角色中选定自己的职业发展方向。

1.2 C 语言的发展历史与特点

1.2.1 C 语言的发展历史

计算机最初接收的是由 0 和 1 组成的指令码，这种指令码序列称为机器语言。对于用机器语言编写的程序，计算机能直接识别并执行，且执行效率高。由于机器语言不容易被人理解和记忆，所以后来产生了用助记符表示的程序设计语言，即汇编语言，但是它高度依赖计算机硬件，可移植性较差。随后诞生的高级语言，既不依赖计算机硬件，又具有良好的通用性，但是高级语言通常不能直接与底层硬件“打交道”，不太适用于开发系统软件。

基于此，人们期待这样一种语言：既不依赖硬件，又接近人类的自然语言，同时具有较强的通用性和可移植性，最关键的是能直接对硬件进行操作。于是，C 语言应运而生。

C 语言是一种过程化的程序设计语言。它的前身是马丁•理查兹（Martin Richards）于 1967 年开发的基本组合编程语言（Basic Combined Programming Language，BCPL），1970 年美国贝尔实验室的肯•汤普森（Ken Thompson）和丹尼斯•里奇（Dennis Ritchie）对 BCPL 做了进一步简化，设计出了更接近硬件的 B 语言，并用 B 语言完成了 UNIX 操作系统的初版，此后 B 语言又进一步被改进和完善，形成了 C 语言。

C 语言形成后，1973 年丹尼斯•里奇等人对 UNIX 操作系统进行了重写，其中 90%以上的代码采用的都是 C 语言。随着 UNIX 的推广和流行，C 语言也相应得到了移植和推广，由于其兼具多种语言的优势，因此越来越受到广大程序员的青睐，并流行至今。

1.2.2 C 语言的特点

和其他语言相比，C 语言主要具有以下特点。

（1）C 语言简洁、紧凑，而且程序书写形式自由，使用方便、灵活。

（2）C 语言是高、低级兼容语言，既具有高级语言面向用户、可读性强、容易编程和维护等优点，又具有汇编语言面向硬件和操作系统并可以直接访问硬件的功能。

（3）C 语言是一种结构化的程序设计语言。结构化语言的显著特点是程序与数据独立，从而使程序更通用，这种结构化方式还使程序层次清晰，便于调试、维护和使用。

（4）C 语言是一种模块化的程序设计语言。模块化是指将一个大的程序按功能分割成一些模块，每一个模块都对应一个功能单一、结构清晰、容易理解的函数，适合大型软件的研制和调试。

（5）用 C 语言编写的程序可移植性好。C 语言是面向硬件和操作系统的，但它本身并不依赖机器硬件系统，所以用它编写的程序可以方便地在不同的机器、操作系统间移植。

1.3 C 语言程序基础入门

1.3.1 认识 C 语言程序

虽然还没有真正开始介绍 C 语言程序设计，但是只要读者仔细观察下面的几个示例，就会大概了解 C 语言的语法结构，甚至能实现简单的输入、输出。

【例 1.1】在屏幕上显示“Hello World!”。

编写程序如下。

```
1  #include<stdio.h>
2  int main()                      //main()函数
3  {
4      printf("Hello World!");     //输出
5      return 0;
6  }
```

例 1.1 程序运行后，会在屏幕上输出运行结果，即显示“Hello World!”。

通过观察，可以发现 C 语言程序的主体代码是包含在如下结构中的。

```
int main()
{
函数体
}
```

这个结构称为主函数或 main()函数，它是 C 语言程序的入口。其中，main 是函数名，int 是类型标识符，它表明 main()函数的返回值类型为整型。当一个函数没有返回值时，则使用 void 关键字。main()函数是系统已经预设好的标准函数，如果是自定义函数，圆括号里还可以带上参数（main()函数一般没有参数）。花括号内为函数体，由若干语句（程序指令）或函数组成。至此，也许你会心生疑惑——对于 C 语言程序，main()函数是必需的吗？答案是肯定的，一个 C 语言程序要么必须有一个 main()函数，要么被一个具有 main()函数的程序调用。

关于函数的相关理论知识详解，请见项目 3。

第 4 行代码中，将需要输出的信息用双引号引起来并放入 printf()中即可。请读者试一试，编写一个能在屏幕上显示“I like C very much!”的程序。事实上，printf()就是 C 语言中专门用于输出的函数。

C 语言有输出函数，对应的还有输入函数。C 语言中的标准输入函数是 scanf()，它让用户可以从键盘输入数据，输入完毕后就可以对这些数据进行处理。在日常开发中，通常将输入、输出函数结合起来使用。关于输入、输出函数的相关理论知识详解，请见项目 2。

【例 1.2】从键盘上输入两个整数，输出这两个整数的和。

```
1   #include<stdio.h>
2   int main(){
3       int x,y;                          //定义 2 个整型变量 x 和 y
4       printf("请输入 x 的值：");         //提示信息
5       scanf("%d",&x);                   //从键盘上接收值，并赋给变量 x
6       printf("请输入 y 的值：");         //提示信息
7       scanf("%d",&y);                   //从键盘上接收值，并赋给变量 y
8       printf("x+y=%d\n",x+y);           //输出和
9       return 0;
10  }
```

运行结果如下。

```
请输入 x 的值：5
请输入 y 的值：3
x+y=8
```

要计算两个整数之和，首先要通过第 3 行代码定义两个整型变量，用于接收用户从键盘输入的两个整数。第 4 行和第 6 行代码通过 printf()函数在屏幕上显示出给用户的提示信息，提醒用户从键盘输入值。第 5 行和第 7 行代码通过 scanf()函数分别接收用户从键盘输入的值，并赋给两个变量。第 8 行代码通过 printf()函数输出两数之和。其中，%d 为占位符，其实际代表的是逗号后的第一个表达式的值，即两个变量 x、y 的和；\n 表示换行符，用于在输出中插入一个换行符，使得下一个输出在新的一行开始。

【例 1.3】已知 3 个整数，输出它们的平均值。

```
1    #include<stdio.h>
2    float aver(int x,int y,int z)          //自定义函数，有 3 个参数
3    {
4        float n;
5        n=(x+y+z)/3;
6        return(n);
7    }
8    int main()
9    {
10       int a,b,c;
11       float m;
12       a=3;b=4;c=5;
13       m=aver(a,b,c);                     //调用 aver()函数，传入 3 个值，并将函数返回值赋给变量 m
14       printf("平均值=%f",m);
15       return 0;
16   }
```

运行结果如下。

平均值=4.000000

第 2 行代码自定义了一个函数 aver()，其中 float 是函数的返回值类型，aver 是函数名，圆括号中的是 3 个形式参数，其值需要在调用该函数时传入。第 3 行到第 7 行代码中，花括号内是函数体，实现了计算 3 个形式参数的平均值，并通过 return 语句将平均值返回的功能。

第 13 行代码调用 aver()函数，并将变量 a、b、c 的值作为实际参数传入 aver()函数内部，通过变量 m 接收函数的返回值。

例 1.3 是对已知的 3 个数（3、4、5）求平均值，假如需要计算由用户输入的任意 3 个数的平均值，怎么办呢？请读者使用输入、输出函数试一试。

【例 1.4】使用计算机蜂鸣器发出指定声音。

```
1    #include<windows.h>
2    int main(){
3        Beep(1000,5000);
4        return 0;
5    }
```

读者已经知道 C 语言是可以操作计算机硬件的，例 1.4 中第 3 行的 Beep()函数可以使计算机发出声音，其中第 1 个参数为发声频率（单位为 Hz），第 2 个参数为声音持续时间（单位为 ms）。

1.3.2 C 语言程序的执行流程

C 语言程序的执行流程主要包括编写源代码、编译、链接以及运行。

1. 编写源代码

用户通过编辑器，输入符合 C 语言规范的源代码，并将其存储为扩展名为.c 的文件。

2. 编译

由 C 语言的编译程序，把源代码文件翻译成计算机可以识别的二进制形式的目标文件，这个过程称为编译。

在编译的同时，编译器会对源代码的语法和逻辑结构等进行检查，当发现错误时，会列出错误的位置和种类，此时需要修改源代码。如果编译成功则生成目标文件，文件名同源代码文件名，扩展名为.obj。

编译生成的目标文件也不能直接执行。

3. 链接

通过链接程序将目标程序和其他目标程序模块，以及系统提供的 C 语言库函数等进行链接生成可执行文件的过程，称为“链接”。链接生成的可执行文件的名称同源代码文件名，扩展名为.exe，计算机可以直接执行。

4. 运行

在 DOS 环境下直接输入 C 语言程序的可执行文件名，或者直接双击可执行文件，都可以运行程序并获得运行结果。如果运行结果有误，则需要重新编辑源代码，再进行编译、链接、运行，直到得到满意的运行结果。

1.4 C 语言集成开发工具

从 C 语言程序的执行流程可以看出，其过程和步骤繁多，从而导致程序开发效率比较低。集成开发工具是一个经过整合的软件系统，它将编辑器、编译器、链接程序和其他软件等集合在一起，在这个工具里，程序员可以很方便地对程序一键执行编辑、编译、链接等操作，可大大缩短程序执行周期。

1.4.1 常用集成开发工具

常用的集成开发工具主要有 Turbo C、Microsoft Visual C++、Microsoft Visual Studio、C-Free、Dev-C++等。

1. Turbo C

Turbo C 是由 Borland 公司开发的一套 C 语言程序开发工具，其第一个版本于 1987 年推出。在“DOS 时代”，Turbo C 的使用范围非常广泛。

2. Microsoft Visual C++

Microsoft Visual C++（简称 VC++）是微软公司推出的 C++集成开发工具，其第一个版本于 1992 年推出。它不仅可以用于 C++开发，还可以用于 C 语言开发。VC++集成了微软 Windows 应用程序接口（Windows API）、三维动画 DirectX API，以及 Microsoft .NET 框架。

3. Microsoft Visual Studio

Microsoft Visual Studio（简称 VS）是微软公司推出的集成开发环境（Integrated Development Environment，IDE）套件，它不仅可以用来创建各种 Windows 应用程序和网络应用程序，而且可以用来创建网络服务、智能设备应用程序和 Office 插件。VS 不仅支持 C、C++和 C#语言，还支持 Java、Python 等主流开发语言。

目前，VS 已是比较流行的 Windows 应用程序开发工具。需要注意的是，VS 本身是商业软件，如果是个人使用则可以免费使用社区版。

4. C-Free

C-Free 是一款国产的 C/C++集成开发工具，其软件体量轻巧、界面美观，不过在 Windows 10 操作系统上存在兼容问题。截至本书完稿，C-Free 的最新版是 5.0 专业版，为收费版本；4.0 是标准版，为免费版本。

5. Dev-C++

Dev-C++是一个 Windows 环境下的轻量级 C/C++集成开发工具，它是一款免费开源软件，遵守通用公共许可证（General Public License，GPL）协议。Dev-C++最初由 Bloodshed 公司开发推出，该公司在 2011 年发布 4.9.9.2 版后停止了开发，目前还有 Embarcadero 等公司推出的更新的分支版本。

1.4.2 Dev-C++的安装与使用

微课 安装 Dev-C++

1. Dev-C++的下载与安装

Dev-C++的下载与安装步骤如下。

① 打开 Dev-C++的下载页面，单击“Download”按钮，如图 1-1 所示。也可以使用本书配套资源中的安装包进行安装。

图 1-1 Dev-C++的下载页面

② 在打开的页面中，等待倒计时结束后会自动下载安装包。如果下载失败或者页面无响应，可以单击“Problems Downloading”按钮，重新选择一个镜像地址进行下载。

请注意：由于下载网站经营策略可能会调整，读者下载的版本可能与编者下载的版本不一致。

③ 双击安装程序，选择语言（默认为 English，安装完成之后可以选择简体中文），单击“OK”按钮，如图 1-2 所示。

④ 在用户协议界面中，单击“I Agree”按钮，如图 1-3 所示。

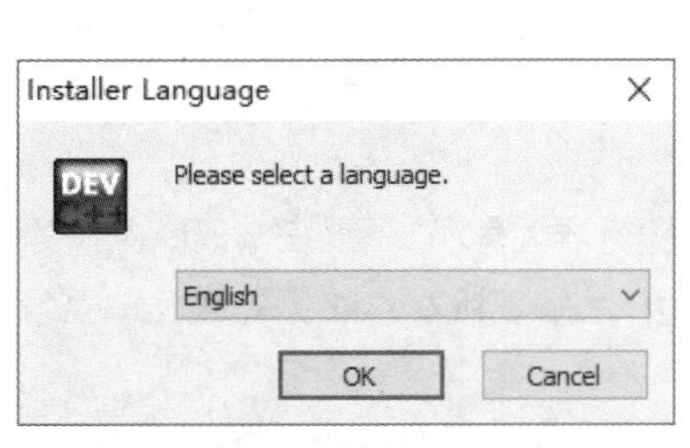

图 1-2 选择语言

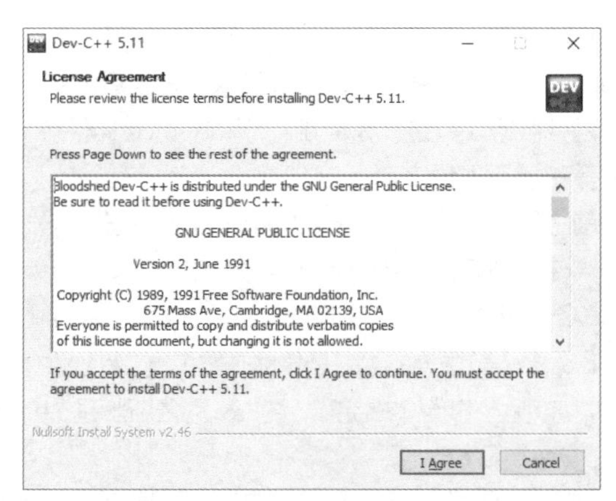

图 1-3 同意用户协议

⑤ 勾选需要安装的功能组件，建议使用默认设置，单击“Next”按钮，如图 1-4 所示。

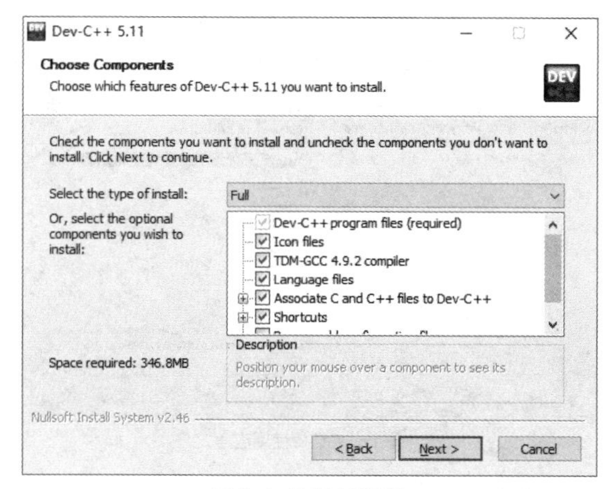

图 1-4　选择功能组件

⑥ 单击“Browse”按钮选择安装路径，然后单击“Install”按钮开始安装，如图 1-5 所示。

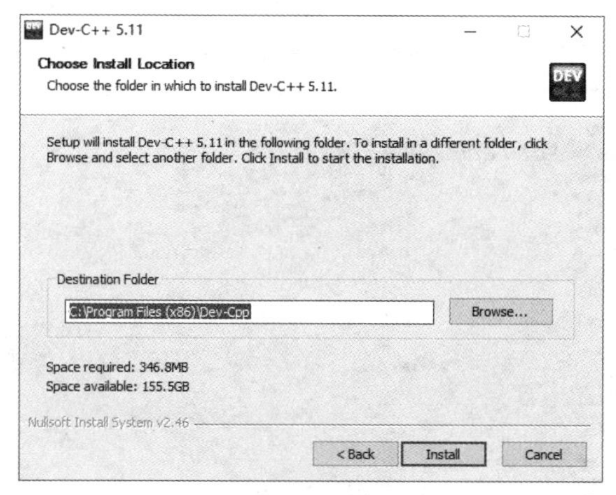

图 1-5　选择安装路径

⑦ 安装完成之后，单击“Finish”按钮，如图 1-6 所示。

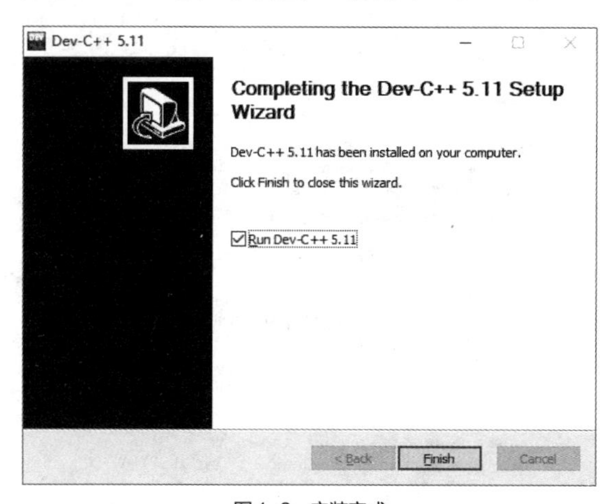

图 1-6　安装完成

⑧ 第一次启动 Dev-C++时，会提示设置语言，选择“简体中文/Chinese”，单击“Next”按钮，如图 1-7 所示。

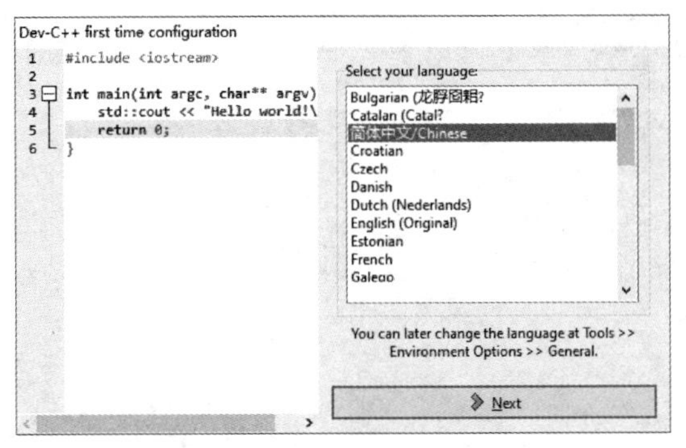

图 1-7　选择使用语言

还可以设置字体、颜色等主题信息，根据自身喜好设置完毕之后，单击“OK”按钮完成设置。

2. 用 Dev-C++创建与运行 C 语言程序

Dev-C++主程序启动完毕之后，通过以下步骤完成源代码编写以及编译、运行等操作。

① 单击“文件”→“新建”→“源代码”，如图 1-8 所示，创建一个空白源代码文件。

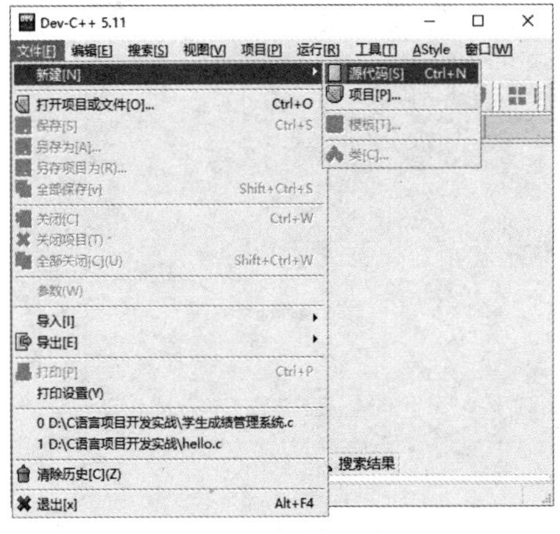

图 1-8　创建源代码文件

微课　用 Dev-C++创建与运行 C 语言程序

直接使用快捷键 Ctrl+N 也可创建一个空白源代码文件。

② 在代码编辑区域输入源代码，如图 1-9 所示。

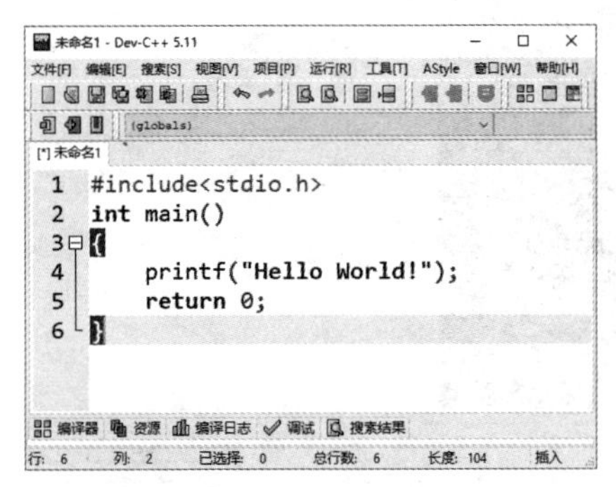

图 1-9　输入源代码

③ 单击“文件”→“另存为”，在“保存为”对话框中选择保存路径，输入文件名，选择保存类型为“C source files(*.c)”，如图 1-10 所示。

图 1-10　保存文件

请注意，文件名一般不能使用中文，建议使用英语单词或单词组合。

④ 单击“运行”→“编译运行”，如图 1-11 所示，也可单击快捷工具栏上的“编译运行”按钮，或者直接按 F11 键，Dev-C++会自动执行编译、链接以及运行操作。

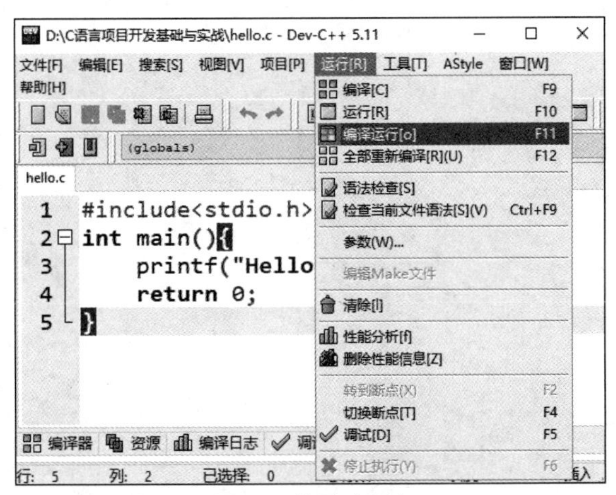

图 1-11　编译运行程序

⑤ 如果程序没有错误，则会输出运行结果，如图 1-12 所示。

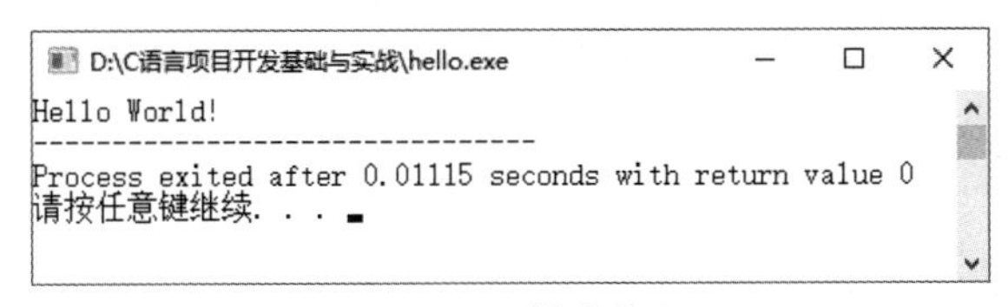

图 1-12　程序运行结果

读者可以右键单击运行窗口顶部标题栏，更改窗口的显示风格（如背景颜色、字体颜色、字体大小等）。

项目小结

本项目为学习 C 语言的先导项目，主要目的是使读者了解软件、程序设计语言等基本概念，了解 C 语言的发展历史、特点以及基本语法，掌握集成开发工具 Dev-C++的安装与使用方法等。读者可以进一步了解程序开发、C 语言等相关资料，搭建好用于 C 语言编码的开发环境，并实际操作一下本项目中的几个例子，以尽快熟悉 C 语言的特点、C 语言程序编写规范以及运行流程。

项目2
设计实验设备管理系统

02

技能目标

- 掌握变量的定义与使用方法。
- 掌握标准输入、输出函数以及格式控制字符。
- 掌握各种运算符的使用方法。
- 掌握各种流程控制语句的使用方法。

素质目标

- 掌握标识符命名规则，养成“无规矩不成方圆”的意识。
- 掌握运算符优先级要求，在项目开发时要会判断轻重缓急，分清主要矛盾和次要矛盾。
- 掌握标准输入、输出语法格式，理解“种瓜得瓜、种豆得豆”的哲理。
- 了解语法的常见错误，培养一丝不苟的工匠精神。

重点难点

- 常量、变量、算术运算和逻辑运算的概念。
- 标准输入、输出函数的使用。
- 运算符的优先级。
- 循环语句的用法。

2.1 项目分析

对学校的资产管理来说，实验设备管理是其中比较重要的一个组成部分。随着实验设备数量和种类的不断增加，传统的以纸为媒介记录设备信息的方法效率低、容易出错，已经跟不上时代的发展需求。本项目要设计的系统通过 C 语言编程，可以实现设备信息的录入、修改、分类统计、删除、查找，以及显示所有设备等相关功能，具体要求如下。

- 系统界面美观，使用流程和步骤清晰、准确无误。
- 能完成设备信息的添加、删除、修改以及设备信息的查找等操作。

2.2 系统架构设计

根据项目分析，可将实验设备管理系统分为六大主要功能模块，包括显示所有设备、设备信息录入、设备信息修改、设备信息分类统计、设备信息删除、设备信息查找，另外系统还要有退出功能。具体系统架构设计如图 2-1 所示。

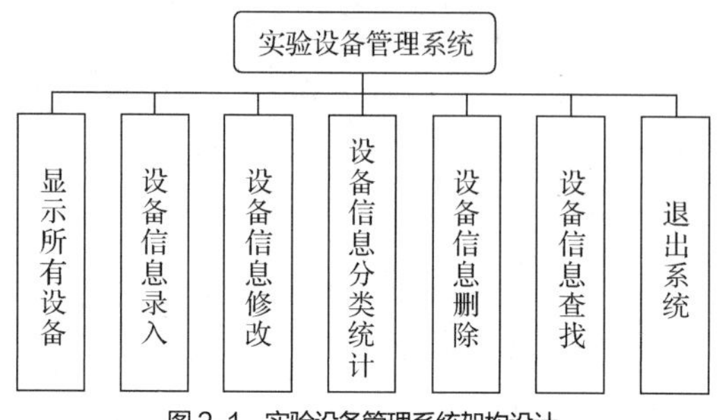

图 2-1　实验设备管理系统架构设计

2.3 技术知识准备

2.3.1　常量

在程序中，常量是其值不能改变的量。像 1，18，8.12 都是常量。常量一般通过#define 预处理指令或 const 关键字修饰。用#define 预处理指令定义的常量将永久性地代表此常量，不能被修改，声明格式如下：

```
#define WIDTH 10
```

const 关键字修饰指定类型的常量，声明格式如下：

```
const int a = 5;
```

2.3.2　变量

在程序运行期间，可能会用到一些临时数据，程序会将这些数据保存在一些内存单元中，每个内存单元都用一个标识符来标识。这些用于引用计算机内存地址的标识符称为变量，定义的标识符就是变量名，内存单元中存储的数据就是变量的值。变量是在程序运行过程中值可以改变的量。

变量的命名规则：必须以字母或下画线开头；只能由字母、数字和下画线组成；不能采用 C 语言已有的 32 个关键字（见表 2-1）；变量名的长度没有限制；变量名区分大小写。

表 2-1　C 语言关键字

关键字	含义	关键字	含义
int	定义整型变量或指针	goto	定义无条件跳转语句
long	定义长整型变量或指针	switch	定义 switch 语句
short	定义短整型变量或指针	case	定义 switch 中的 case 子句
float	定义单精度浮点型变量或指针	do	定义 do…while 语句
double	定义双精度浮点型变量或指针	while	定义 while 或 do…while 语句

续表

关键字	含义	关键字	含义
char	定义字符型变量或指针	for	定义 for 语句
unsigned	定义无符号的整型变量或指针	continue	在循环语句中，回到循环体的开始处重新执行循环
signed	定义有符号的整型变量或指针	break	跳出循环或 switch 语句
const	定义常量或参数	return	设置函数的返回值
void	定义空类型变量或指针，或指定函数没有返回值	default	定义 switch 中的 default 子句
volatile	变量的值可以在程序的外部被改变	typedef	为数据类型定义别名
enum	定义枚举类型	auto	定义自动变量
struct	定义结构体类型	register	定义寄存器变量
union	定义共用体类型	extern	定义外部变量或函数
if	定义条件语句	static	定义变量为静态变量，或指定函数是静态函数
else	定义条件语句否定分支	sizeof	获取某种类型的变量或数据所占内存的大小，是运算符

2.3.3 基本数据类型

不同的数据在存储时所需要的内存空间各不相同，因此，为了区分不同的数据，需要将数据划分为不同的数据类型。

1. 整型

在程序开发中，诸如 0、−72、512 等没有小数的数字，称为整型数据。在 C 语言中，根据取值范围，可以将整型分为短整型（short int）、基本整型（int）和长整型（long int）。整型变量的声明格式如下。

```
1    int a=3,b=4;
2    b=6;
```

以上代码将变量 a、b 定义为整型变量并分别赋值。

2. 实型

实型变量也可以称为浮点型变量，浮点型变量是用于存储小数的。在 C 语言中，浮点型变量分为两种：单精度浮点数用 float 表示；双精度浮点数用 double 表示。double 型变量所表示的浮点数比 float 型变量更精确。实型变量的声明格式如下。

```
1    float x=1.2,y=3.4;
2    double p,q;
3    p=678.23;
4    q=200.001;
```

在 C 语言中，不管是单精度实数还是双精度实数，输出时都默认保留 6 位小数。

3. 字符型

字符型变量用于存储字符常量，字符常量是以 ASCII 值的形式存储的。在 C 语言中，字符型变量用 char 定义，每个字符型变量占用 1 个字节。在给字符型变量赋值时，需要用一对单引号把字符引起来。字符型变量的声明格式如下。

```
1    char ch;
2    ch='A';
```

有些特殊的控制字符不能直接通过单引号把单个字符引起来使用，比如换行符、回车符等，可通过反斜线（即\）组成转义字符实现。常用的转义字符如表 2-2 所示。

表 2-2 常用的转义字符

转义字符	功能	转义字符	功能
\'	产生一个单引号	\n	换行
\"	产生一个双引号	\r	回车（移到本行开头）
\?	产生一个问号	\t	产生一个水平制表符
\\	产生一个反斜线	\v	产生一个垂直制表符
\a	产生一则警告铃声	\b	将光标退回一位

2.3.4 程序入口

任何一个程序文件都有一个程序入口，相当于一栋房子的大门。用 C 语言编写的源程序，有且仅有的一个入口，那就是 main()函数，即 C 语言程序是从 main()函数开始执行的。main()函数的声明格式如下。

```
1    int main(int argc,char *argv[])
2    {
3        函数体
4        return 0;
5    }
```

第 1 行代码中的第 1 个 int 指明了 main()函数的返回值类型为整型，圆括号中的是参数（可以省略）。第 4 行代码中的 return 语句用于设置函数的返回值，如果返回 0 则代表程序正常退出，否则代表程序异常退出。int 关键字、return 语句如果省略，则默认表示程序正常退出且返回值类型为整型。

需要注意的是，以下关于 main()函数的使用是错误的、非标准的。

```
1    //错误的 main()函数使用
2    void main()
3    {
4        函数体
5    }
```

第 2 行代码中的 void 表示 main()函数没有返回值，在这种情况下，操作系统无法判断程序是否正常执行。这种用法虽然在某些编译器中能正常执行，但是强烈建议读者一定要使用标准语法，以养成良好的编码习惯。

在自定义函数中，可以使用 void 关键字设置函数没有返回值。关于函数的参数、返回值的相关理论知识详解，请见项目 3。

2.3.5 数据的输入与输出

C 语言提供了 scanf()函数和 printf()函数用于数据的输入和输出。其中 scanf()函数用于读取用户的输入，printf()函数用于向控制台输出字符。这两个函数是由标准输入输出库提供的，要在源代码头部加入#include <stdio.h>才可以使用。下面为示例。

```
1    #include <stdio.h>
2    int main()
```

```
3    {
4         int a;
5         float b;
6         printf("请输入 a 和 b 的值，以空格隔开：\n")
7         scanf("%d%f",&a,&b);
8         printf("%d %f",a,b);
9         return 0;
10   }
```

1. printf()函数

格式：printf(格式控制字符,输出列表)。

格式控制字符是用双引号引起来的字符串，用于输出多个任意类型的数据。常用的格式控制字符如表 2-3 所示。输出列表即要输出的对象，可以是有具体值的变量，可以是常量或表达式，也可以没有输出项。

表 2-3　常用的格式控制字符

常用的格式控制字符	含义
%d	输出十进制整数
%c	输出字符
%s	输出字符串
%f	输出十进制单精度浮点数
%lf	输出十进制双精度浮点数

在显示输出数据时，为了使数据与数据之间有一定的间隔，可以直接在双引号中加上空格，比如"%d "。另外还可以在%后面加上整数，比如"%3d"表示输出数据占据 3 个字符宽度，右对齐；"%-3d"表示输出数据占据 3 个字符宽度，左对齐。

2. scanf()函数

格式：scanf(格式控制字符,地址列表)。

scanf()函数负责从标准输入设备上接收用户的输入，它可以灵活接收各种类型的数据，如字符串、字符、整数、浮点数等。scanf()函数也通过格式控制字符控制用户的输入，其用法与 printf()函数一样。需要注意的是，scanf()函数接收的是变量的地址，需要在变量名前面加上&符号。

2.3.6 运算符

1. 算术运算符

在数学运算中最常见的就是加、减、乘、除四则运算。C 语言中的算术运算符不仅可以处理四则运算，还可以求余。算术运算符如表 2-4 所示。

表 2-4　算术运算符

运算符	含义	示例	结果
+	加	5+2	7
−	减	5−2	3
*	乘	5*2	10
/	除（取商）	5/2	2
%	除（取余）	5%2	1

算术运算符使用示例如下。

```
1	int a=6,b=4;
2	printf("%d\n",a+b);
3	printf("%d\n",a-b);
4	printf("%d\n",a*b);
5	printf("%d\n",a/b);
6	printf("%d\n",a%b);
```

上面程序的运行结果如下。

```
10
2
24
1
2
```

a/b 是计算 a 除以 b 的商；a%b 是计算 a 除以 b 的余数。一定要注意，运算符%的操作数必须是整数。

2. 赋值运算符

不同于代数计算中的“=”，C 语言中的“=”代表赋值运算符，即将常量、变量或表达式的值赋给某一个变量。复合赋值运算符可以看作是将算术运算符和赋值运算符进行合并的一种运算符，它是一种缩写形式，如 a+=b，意味着 a=a+b。复合赋值运算符如表 2-5 所示。

表 2-5　复合赋值运算符

运算符	复合表达式	普通表达式	结果	备注
+=	x+=2	x=x+2	7	定义整型变量 int x=5;
-=	x-=2	x=x-2	3	
*=	x*=2	x=x*2	10	
/=	x/=2	x=x/2	2	
%=	x%=2	x=x%2	1	

除上述赋值方式以外，还有两个非常实用的运算符也可实现赋值功能，即自增运算符“++”和自减运算符“--”。++x、x++与 x=x+1 是等价的。自增和自减运算符既可放在操作数前面，也可放在操作数后面。

在进行自增运算时，如果运算符放在操作数前面，则先进行自增运算，再进行其他运算；反之，如果运算符放在操作数后面，则先进行其他运算，再进行自增运算。自减运算符的运算规则与自增运算符相同。自增运算符和自减运算符如表 2-6 所示。

表 2-6　自增、自减运算符

语句	功能描述	计算步骤	结果	备注
x=++i	首先 i 自增 1， 然后将 i 的值赋给 x	i=i+1 x=i	i=4 x=4	定义整型变量 int i=3,x,y;
x=i++	首先将 i 的值赋给 x， 然后 i 自增 1	x=i i=i+1	i=4 x=3	
y=--i	首先 i 自减 1， 然后将 i 的值赋给 y	i=i-1 y=i	i=2 y=2	
y=i--	首先将 i 的值赋给 y， 然后 i 自减 1	y=i i=i-1	i=2 y=3	

赋值运算符使用示例如下。

```
1  int a,b,c,d,e,f;
2  a=b=c=d=10;
3  a++;
4  ++b;
5  c--;
6  --d;
7  printf("a=%d b=%d c=%d d=%d\n",a,b,c,d);
8  e=a++;
9  f=++b;
10 printf("a=%d b=%d e=%d f=%d",a,b,e,f);
```

上面程序的运行结果如下。

```
a=11 b=11 c=9 d=9
a=12 b=12 e=11 f=12
```

注意，所有的变量都必须先定义，后赋值，再使用。对于自增和自减运算符，其操作数只能是变量，不能为常量或表达式等。比如，3++、(a+b)--都是错误的。

3. 关系运算符

关系运算符用于对两个数值或变量进行比较，其结果为一个逻辑值，即真或假。在编程中，条件通常都是由关系运算符和逻辑运算符综合起来的。关系运算符如表 2-7 所示。

表 2-7　关系运算符

运算符	含义	示例	结果
==	相等	1 = = 2	0
!=	不相等	1 ! = 2	1
<	小于	1 < 2	1
>	大于	1 > 2	0
<=	小于或等于	1 < = 2	1
>=	大于或等于	1> = 2	0

运算结果的真用 1 表示，假用 0 表示。

4. 逻辑运算符

逻辑运算符表示两个数据或表达式之间的逻辑关系。逻辑运算符有 3 个，即&&、|| 和!。逻辑运算符如表 2-8 所示。

表 2-8　逻辑运算符

运算符	运算	示例	结果
&&	与	a&&b	当 a 和 b 均为真时，结果才为真； 当 a 和 b 中有一个为假时，结果就为假
||	或	a||b	当 a 和 b 中有一个为真时，结果就为真； 当 a 和 b 均为假时，结果才为假
!	非	!b	如果 b 为真，则结果为假； 如果 b 为假，则结果为真

5. 运算符的优先级和结合性

在算术运算中，运算符的优先级规则为“先乘、除，后加、减”。如果操作数两侧运算符优先级相同，则按结合性决定计算顺序。运算符的优先级和结合性如表 2-9 所示。

表 2-9 运算符的优先级和结合性

运算符类型	运算符	结合性	优先级
逻辑运算符	!	从右向左	高
算术运算符	++、--、+（正号）、-（负号）、*（指针）		↑
	*（乘）、/、%	从左向右	
	+（加）、-（减）		
关系运算符	<、>、<=、>=		
	==、!=		
逻辑运算符	&&		
	||		
赋值运算符	=、+=、-=、*=、/=、%=	从右向左	低

2.3.7 选择结构程序设计

程序的三种基本控制结构是顺序结构、选择结构、循环结构。前文中提到的程序是由前到后按顺序执行，即顺序结构。在设计程序的过程中，有时首先需要检查一个条件，然后根据检查的结果执行不同的语句，这就是选择结构，在 C 语言中可以用分支语句实现。

1. 单分支结构 if 语句

单分支结构 if 语句的声明格式如下。

```
if(表达式)
{
    语句
}
```

如果表达式的值为真，则执行花括号中的语句，否则不执行该语句。其流程如图 2-2 所示。

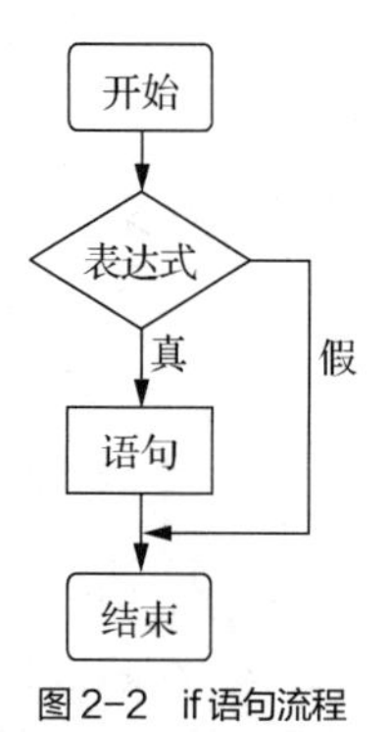

图 2-2 if 语句流程

【例 2.1】判断语文成绩是否及格，如果成绩大于或等于 60，则显示“及格！”。

```
1    #include<stdio.h>
2    int main()
3    {
4        int score;
```

```
5        printf("请输入语文成绩：");
6        scanf("%d",&score);
7        if(score>=60)
8        {
9            printf("及格！\n");
10       }
11       return 0;
12   }
```

第 7 行代码判断成绩变量 score 的值是否大于或等于 60，如果条件为真，则执行输出语句。

2. 双分支结构 if...else 语句

双分支结构 if...else 语句的声明格式如下。

```
if(表达式)
{
    语句 1
}
else
{
    语句 2
}
```

如果表达式的值为真，则执行语句 1，否则执行语句 2。其流程如图 2-3 所示。

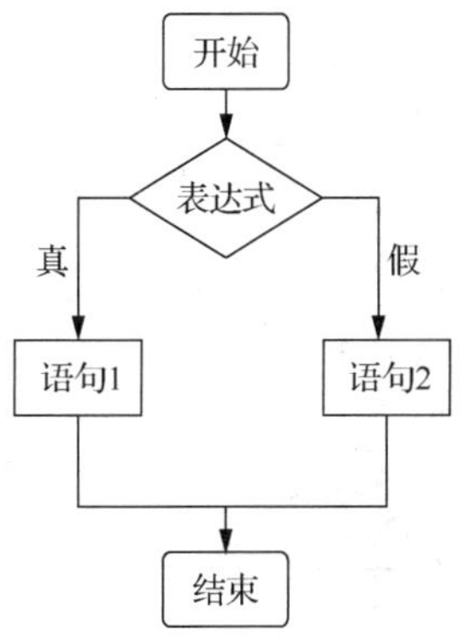

图 2-3　if...else 语句流程

【例 2.2】判断语文成绩是否及格，如果成绩大于或等于 60，则显示“及格!”；如果成绩小于 60，则显示“不及格!”。

```
1    #include<stdio.h>
2    int main()
3    {
4        int score;
5        printf("请输入语文成绩：");
6        scanf("%d",&score);
7        if(score>=60)
8        {
9            printf("及格！\n");
10       }
11       else
12       {
13           printf("不及格!\n");
14       }
15       return 0;
16   }
```

第 7 行代码判断成绩变量 score 的值是否大于或等于 60，如果条件为真，则输出“及格!”；反之，则输出“不及格!”。

3. 多分支结构 if...else if...else 语句

多分支结构 if...else if...else 语句的声明格式如下。

```
if (表达式 1)
{
    语句 1
}
else if(表达式 2)
{
    语句 2
}
else
{
    语句 3
}
```

如果表达式 1 的值为真，则执行语句 1；否则继续判断表达式 2，若表达式 2 的值为真，则执行语句 2；否则执行 else 分支中的语句 3。其流程如图 2-4 所示。

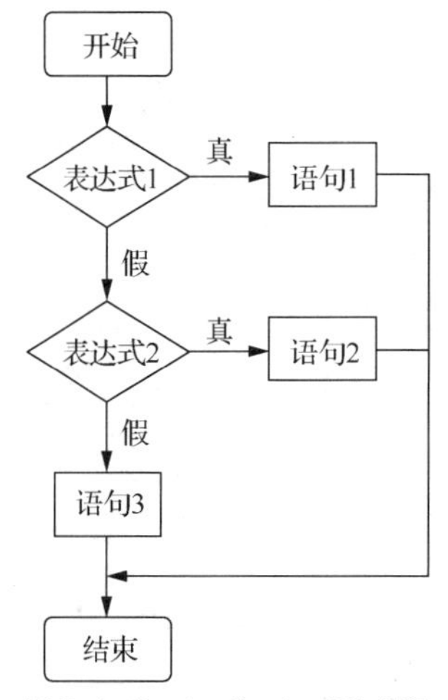

图 2-4　if...else if...else 语句流程

【例 2.3】根据输入的 x 值，求 y 的值，$y=\begin{cases}-1 & x<0\\ 0 & x=0\\ 1 & x>0\end{cases}$。

```
1    #include<stdio.h>
2    int main()
3    {
4        int x,y;
5        printf("请输入 x 的值：");
6        scanf("%d",&x);
7        if(x<0)
8        {
9            y=-1;
10       }
11       else if(x= =0)
12       {
```

```
13            y=0;
14        }
15        else
16        {
17            y=1;
18        }
19        printf("y=%d\n",y);
20        return 0;
21    }
```

4. 嵌套的 if 语句

if 语句中还可以包含一个或者多个 if 语句，此种情况称为 if 语句的嵌套。声明格式如下：

```
if（表达式 1）
{
  if（表达式 2）
  {
    语句 1
  }
  else
  {
    语句 2
  }
}
else
{
  if(表达式 3)
  {
    语句 3
  }
  else
  {
    语句 4
  }
}
```

在嵌套语句中，一定要注意 if 与 else 的配对情况，else 总是与前面最近的未配对的 if 进行配对。

【例 2.4】输入 3 个整数 a、b、c，找到其中的最大值，并输出。

```
1    #include<stdio.h>
2    int main()
3    {
4            int a,b,c,max;
5            scanf("%d%d%d",&a,&b,&c);
6            if(a>b)
7            {
8                    if(a>c)
9                    {
10                           max=a;
11                   }
12
13                   else
14                   {
15                           max=c;
16                   }
17           }
18           else
```

```
19        {
20                if(b>c)
21                {
22                        max=b;
23                }
24                else
25                {
26                        max=c;
27                }
28        }
29        printf("Max=%d\n",max);
30        return 0;
31  }
```

当 if 语句后面只有一条语句时，可以省略花括号。例如，第 8 行 if 语句对应的花括号，即第 9 行和第 11 行的花括号，这里可以省略。同理，第 13 行的 else 语句、第 20 行的 if 语句及第 24 行的 else 语句对应的花括号都可以省略。

5．多分支结构 switch 语句

多分支结构 switch 语句的声明格式如下。

```
switch(表达式)
{
    case 常量表达式 1:语句 1;
    case 常量表达式 2:语句 2;
    ...
    case 常量表达式 n:语句 n;
    default:语句 n+1;
}
```

在上述语句中，switch 语句将表达式的值与每个 case 中的目标值进行匹配，如果找到了匹配的值，就执行相应 case 后面的语句，否则执行 default 后面的语句。

【例 2.5】 要求输入一个整数，输出该整数对应为星期几。

```
1   #include<stdio.h>
2   int main()
3   {
4       int n;
5       printf("请输入一个整数：");
6       scanf("%d",&n);
7       switch(n)
8       {
9           case 1:printf("星期一");break;
10          case 2:printf("星期二");break;
11          case 3:printf("星期三");break;
12          case 4:printf("星期四");break;
13          case 5:printf("星期五");break;
14          case 6:printf("星期六");break;
15          case 7:printf("星期天");break;
16          default:printf("输入的整数错误！");
17      }
18      return 0;
19  }
```

代码中出现的 break 语句，专门用于跳出 switch 语句，如果没有 break 语句，匹配到目标值后会继续执行后面所有的 case 语句，而不论后面的分支语句是否与输入的值匹配。

2.3.8 循环结构程序设计

在 C 语言中，经常需要重复执行同一段语句，这时需要用到循环语句。C 语言的循环语句分为 while 循环、do...while 循环和 for 循环 3 种。

1. while 循环

while 循环的声明格式如下。

```
while(表达式)
{
    循环体
}
```

表达式称为循环条件，{}中的语句称为循环体。while 循环会反复判断表达式是否成立，成立则执行循环体，直到表达式不成立，循环结束。while 循环流程如图 2-5 所示。

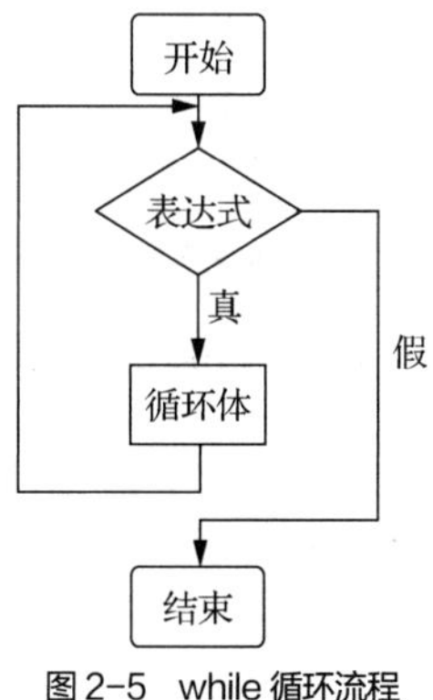

图 2-5 while 循环流程

【例 2.6】使用 while 循环计算 1+2+3+…+100 的结果。

```
1   #include<stdio.h>
2   int main()
3   {
4       int i,sum=0;
5       i=1;
6       while(i<=100)
7       {
8           sum+=i;
9           i++;
10      }
11      printf("sum=%d\n",sum);
12      return 0;
13  }
```

第 4 行代码中定义 sum=0（一般用于存储和的变量都要初始化为 0，一般用于存储乘积的变量都要初始化为 1）。第 6 行代码中，当 i 小于或等于 100 时，条件成立，执行循环体，每循环一次，都要执行 i++语句，如果没有 i++语句，程序会进入死循环，循环永远都不会结束；当 i 为 101 时，条件不再成立，循环结束。

2. do...while 循环

do...while 循环的声明格式如下。

```
do
{
    循环体
}while(表达式);
```

do...while 循环与 while 循环的功能类似，区别在于 while 循环需要先判断循环条件，条件成立则执行循环体；而 do...while 循环则先执行一次循环体，再判断循环条件，决定是否执行下一次循环。do…while 循环流程如图 2-6 所示。

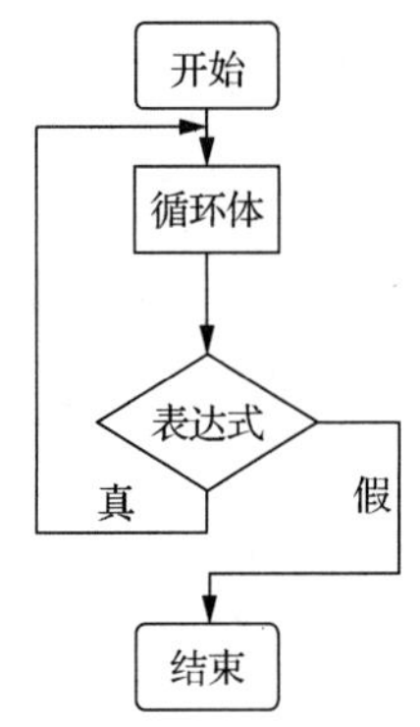

图 2-6 do...while 循环流程

【例 2.7】使用 do...while 循环计算 1+2+3+…+100 的结果。

```
1   #include<stdio.h>
2   int main()
3   {
4       int i,sum=0;
5       i=1;
6       do
7       {
8           sum+=i;
9           i++;
10      }while(i<=100);
11      printf("sum=%d\n",sum);
12      return 0;
13  }
```

需要注意的是，do...while 循环的 while()语句后面有一个分号，这是 while 循环没有的。

3. for 循环

for 循环的声明格式如下。

```
for(表达式 1;表达式 2;表达式 3)
{
    循环体
}
```

for 关键字后面的圆括号里包括初始化表达式、循环条件和操作表达式，它们之间用分号隔开。{}中的语句称为循环体。for 循环在执行时，遵循以下步骤。

第一步，执行表达式 1。

第二步，判断表达式 2 是否为真，如果为真，则执行循环体。

第三步，循环体每次执行完，都要执行表达式 3，将条件改变；然后跳转回第二步继续执行，直到条件不成立。

for 循环流程如图 2-7 所示。

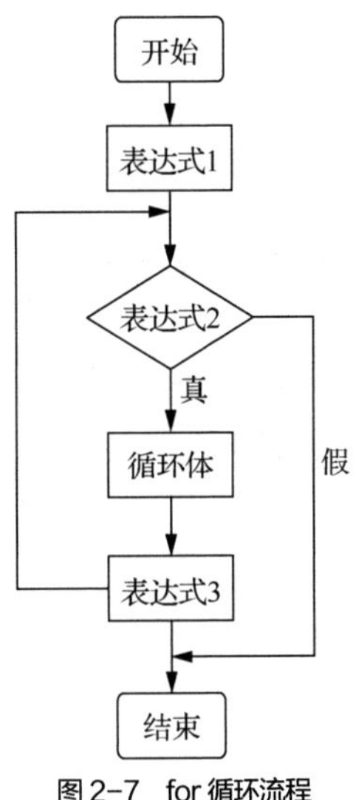

图 2-7　for 循环流程

【例 2.8】输出所有的水仙花数。所谓的水仙花数，是指一个 3 位数，其各位数字的立方和等于该数本身。

```
1    #include<stdio.h>
2    int main()
3    {
4        int i,a,b,c;
5        for(i=100;i<=999;i++)
6        {
7            a=i/100;
8            b=i%100/10;
9            c=i%10;
10           if(a*a*a+b*b*b+c*c*c==i)
11               printf("%d\n",i);
12       }
13       return 0;
14   }
```

因为水仙花数是 3 位数，所以循环的初始条件为 i=100，即 i 最小为 100，最大为 999。程序中的 a 为这个 3 位数的百位，b 为这个 3 位数的十位，c 为这个 3 位数的个位。

前面介绍的 3 种循环语句中，只有当条件不成立时，才能结束循环。有时我们需要提前结束循环，这就要用到 break 语句和 continue 语句。

4. break 语句

break 语句只能用在循环语句和 switch 语句中。break 语句在循环语句中用于终止循环。

【例 2.9】遍历输出 100 以内的所有整数，当输出到 59 时，循环结束。

```
1    #include<stdio.h>
2    int main()
3    {
4        int i;
5        for(i=1;i<=100;i++)
6        {
7            if(i= =60)
8            {
9                break;
```

```
10              }
11              printf("%3d",i);
12          }
13          return 0;
14      }
```

第 7 行代码为条件语句，当 i 为 60 时，则执行 break 语句，结束整个循环。

5. continue 语句

continue 语句用于结束本次循环，而不是结束整个循环。

【例 2.10】输出 100 以内不能被 3 整除的数。

```
1   #include<stdio.h>
2   int main()
3   {
4       int i;
5       for(i=1;i<=100;i++)
6       {
7           if(i%3==0)
8           {
9               continue;
10          }
11          printf("%4d",i);
12      }
13      return 0;
14  }
```

第 7 行代码判断 i 能否被 3 整除，若能，则执行 continue 语句，结束当前循环，不再执行后面的 printf 语句（即不输出当前 i 的值），继续下一次循环。

6. 循环嵌套

循环嵌套是指一个循环体内又包含另一个完整的循环结构。

【例 2.11】输出九九乘法表。

```
1   #include<stdio.h>
2   int main()
3   {
4       int i,j;
5       for(i=1;i<=9;i++)
6       {
7           for(j=1;j<=i;j++)
8           {
9               printf("%d*%d=%d ",i,j,i*j); //每一个乘法运算结束时加上空格
10          }
11          printf("\n");
12      }
13      return 0;
14  }
```

外层 for 循环中的变量 i 用于控制最终输出的行数，即一共会输出 9 行；内层 for 循环控制每一行的列数，使用 printf()函数输出乘法表中每个数字的格式化字符串。字符串中的变量 j 和 i 分别代表乘数和被乘数，i*j 代表积。

最终输出效果如下。

```
1*1=1
2*1=2 2*2=4
3*1=3 3*2=6 3*3=9
4*1=4 4*2=8 4*3=12 4*4=16
```

```
5*1=5 5*2=10 5*3=15 5*4=20 5*5=25
6*1=6 6*2=12 6*3=18 6*4=24 6*5=30 6*6=36
7*1=7 7*2=14 7*3=21 7*4=28 7*5=35 7*6=42 7*7=49
8*1=8 8*2=16 8*3=24 8*4=32 8*5=40 8*6=48 8*7=56 8*8=64
9*1=9 9*2=18 9*3=27 9*4=36 9*5=45 9*6=54 9*7=63 9*8=72 9*9=81
```

2.4 预处理模块

在实际项目开发中，对一些重复使用、容易出错的代码进行预先定义，在需要使用的地方直接引用对应的定义，不仅可以减少重复代码，而且在修改、维护时更加方便。本项目的预处理模块主要包括头文件引用、常量定义以及结构体定义等。

2.4.1 头文件引用

头文件（.h 文件）作为一种包含功能函数、数据接口声明的载体文件，主要用于保存程序的声明，包括标准输入输出库、字符数组库等。#include 是文件包含命令，用来引入相应的头文件。具体代码如下。

```
1    #include <stdio.h>     //标准输入输出库
2    #include <stdlib.h>    //标准库
3    #include <string.h>    //字符数组库
```

2.4.2 预定义

实验设备管理系统使用的常量主要包括实验设备最大总数量 COUNT 及设备数量初始值 count。具体代码如下。

```
1    #define COUNT 30   //实验设备最大总数量为 30
2    int count=0;
```

第 1 行代码通过#define 宏定义一个常量为 COUNT。第 2 行代码定义的变量名为 count，用于表示实际存储的实验设备数量。

2.4.3 结构体定义

根据实验设备管理系统的功能，确定使用结构体数组来临时存储每个实验设备的信息，包括设备的编号、种类、名称、价格、购买日期、状态、报废日期等。具体代码如下。

```
1    struct   deviceInfo{              //描述实验设备的结构体
2           char devNo[30];            //设备编号
3           int devCategory;           //设备种类，其中 1 代表微机，2 代表打印机，3 代表扫描仪
4           char devName[30];          //设备名称
5           int devPrice;              //设备价格
6           char devBuyDate[30];       //设备购买日期
7           int devState;              //设备状态，其中 1 代表未报废，0 代表报废
8           char devDoneDate[30];      //设备报废日期
9    }dev[COUNT];
```

第 1 行代码声明结构体名称为 deviceInfo；第 2 行到第 8 行代码分别定义设备编号（字符数组）、设备种类（整数）、设备名称（字符数组）、设备价格（整数）、设备购买日期（字符数组）、设备状态（整数，描述设备是否报废）和设备报废日期（字符数组）；第 9 行代码创建一个名为 dev 的 deviceInfo

类型的结构体数组，其长度（即数组中元素的数量）为 COUNT，即 30。

关于结构体和数组的相关理论知识详解，请见项目 3。

2.4.4 函数声明

在日常开发中，经常会通过自定义函数实现某一个具体功能模块。自定义函数放置的位置是灵活的，不过为了确保所有自定义函数皆可使用，通常在主函数 main()之前将所有自定义函数预先声明，这样一来，不管自定义函数在什么位置都可以正常使用。具体声明代码如下。

```
1    void menu();      //主菜单
2    void add();       //设备信息录入模块
3    void modify();    //设备信息修改模块
4    void del();       //设备信息删除模块
5    void show();      //显示所有设备模块
6    void sorting();   //设备信息分类统计模块
7    void search();    //设备信息查找模块
```

关于函数的相关理论知识详解，请见项目 3。

2.5 系统主界面设计

C 语言只有一个程序入口，即 main()函数，在该函数中放置的是用户看到的第一屏信息，比如系统欢迎信息、系统主菜单等，其他实现具体功能的自定义函数，通常都是在 main()函数中通过调用来使用的。

2.5.1 效果展示

实验设备管理系统运行后的第一个界面为系统主界面，该界面以菜单的形式显示了系统的主要功能，当用户需要使用某个功能时，输入对应的菜单编号即可。运行效果如图 2-8 所示。

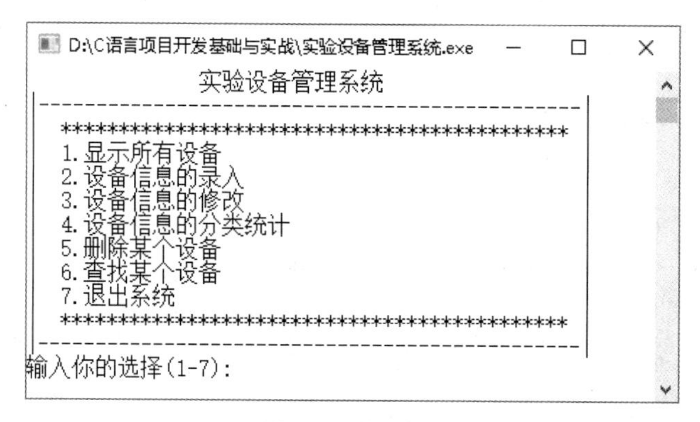

图 2-8 系统主界面

2.5.2 业务流程分析

系统主界面需要通过用户输入菜单编号，调用对应的自定义函数来实现相应功能。其业务流程如图 2-9 所示。

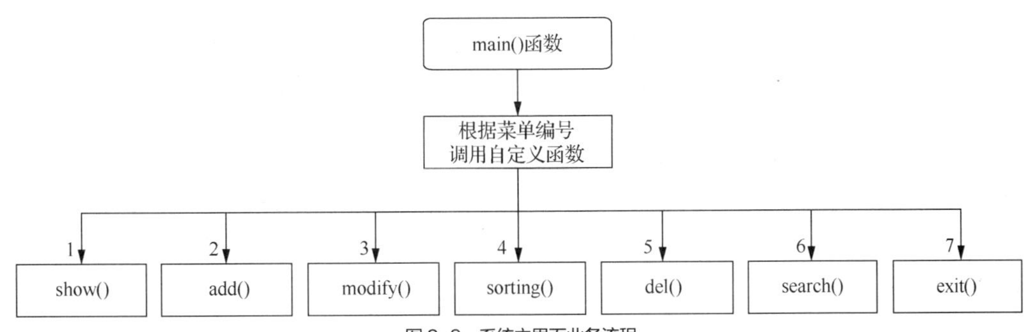

图 2-9　系统主界面业务流程

2.5.3　技术实现分析

在 main()函数中，首先调用 menu()函数显示系统主菜单，实现代码如下。

微课　系统主界面技术实现

```
1   int main()
2   {
3       while(1)
4       {
5           menu();
6       }
7   }
```

在 main()函数中通过 while 语句循环调用菜单模块。menu()函数的实现代码如下。

```
1   void menu()
2   {
3       int chi;
4       printf("                     实验设备管理系统\n");
5       printf("          |-------------------------------------------|\n");
6       printf("          |  ******************************************** |\n");
7       printf("          |  1.显示所有设备                                |\n");
8       printf("          |  2.设备信息的录入                              |\n");
9       printf("          |  3.设备信息的修改                              |\n");
10      printf("          |  4.设备信息的分类统计                          |\n");
11      printf("          |  5.删除某个设备                                |\n");
12      printf("          |  6.查找某个设备                                |\n");
13      printf("          |  7.退出系统                                    |\n");
14      printf("          |  ******************************************** |\n");
15      printf("          |-------------------------------------------|\n");
16      printf("             输入你的选择(1-7): ");
17      scanf("%d",&chi);
18      switch(chi)
19      {
20          case 1: show();break;
21          case 2: add();break;
22          case 3: modify();break;
23          case 4: sorting();break;
24          case 5: del();break;
25          case 6: search();break;
26          case 7: exit(0);break;
27          default:
28              printf("请输入数字 1-7。\n");
29              break;
30      }
31  }
```

第 3 行代码定义变量 chi，用于接收用户输入的菜单编号。第 4 至 16 行代码是标准的输出语句。其中，\n 为 C 语言的转义字符，实现的功能是换行。第 17 行代码接收用户输入的菜单编号。第 18 至 30 行代码中，switch 语句中的 chi 如果等于 7 则退出系统，程序结束，即实现了图 2-8 所示菜单编号为 7 的退出系统功能；如果 chi 等于数字 1～6，则执行 switch 语句中对应各 case 语句后的自定义函数；输入 1～7 以外的数字则执行 default 语句，此时提示用户输入 1～7 的数字。需要注意的是，switch 语句中的每条语句结束都有一个关键字 break，表示跳出 switch 语句，不再执行其后的语句。

2.6 显示所有设备模块设计

2.6.1 效果展示

在系统主界面中，输入菜单编号 1 即可进入显示所有设备模块，首先查找系统中是否有实验设备，有则显示具体设备信息，没有则输出相关提示。运行效果如图 2-10 和图 2-11 所示。

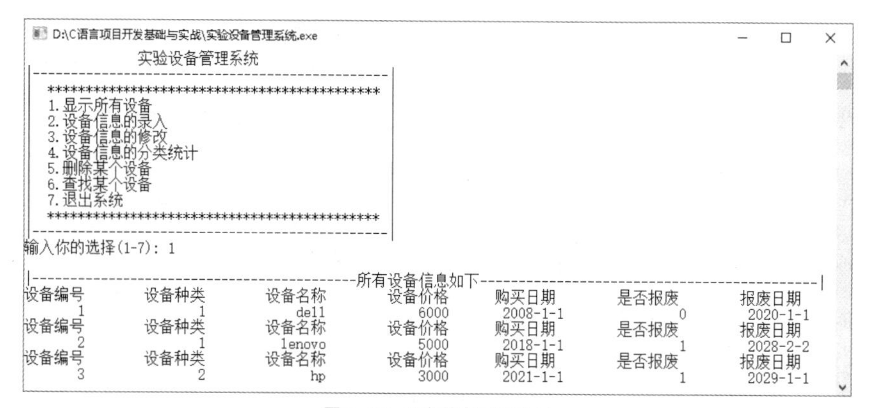

图 2-10　设备信息显示界面

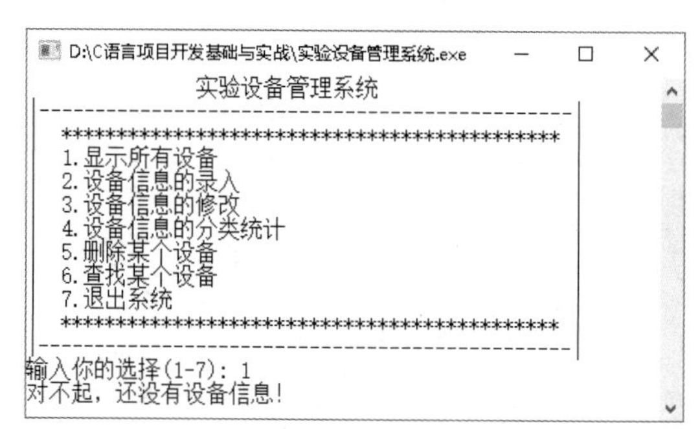

图 2-11　系统中无实验设备时的提示信息

2.6.2 业务流程分析

在显示所有设备模块中，变量 count 表示实验设备数量，count 为 0 时表示不存在实验设备，count 不为 0 时表示存在实验设备。存在实验设备的情况下，循环遍历结构体数组，输出所有实验设备的信息。该模块的业务流程如图 2-12 所示。

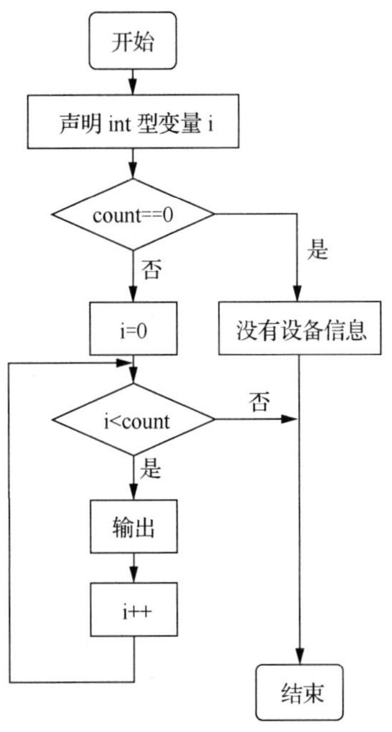

图 2-12　显示所有设备模块的业务流程

2.6.3　技术实现分析

实现代码如下。

```
1   void show()
2   {
3       int i;
4       if(count==0)
5           printf("对不起，还没有设备信息！");
6       else
7       {
8           printf("\n|---------------------------所有设备信息如下---------------------------|\n");
9           for(i=0;i<count;i++)
10          {
11              printf("设备编号\t 设备种类\t 设备名称\t 设备价格\t 购买日期\t 是否报废\t 报废日期\n");
12              printf("%8s\t%8d\t%8s\t%8d\t%8s\t%8d\t%8s\n",dev[i].devNo,dev[i].devCategory,
13              dev[i].devName,dev[i].devPrice,dev[i].devBuyDate,dev[i].devState,dev[i].devDoneDate);
14              }
15      }
16  }
```

微课　显示所有设备技术实现

第 4 行代码判断 count 是否为 0，以确认系统中是否存在实验设备。count 为 0，则输出“对不起，还没有设备信息！”；count 不为 0 时，则执行 else 语句，循环遍历结构体数组，输出所有设备信息。

2.7　设备信息录入模块设计

2.7.1　效果展示

在系统主界面中，输入菜单编号 2 即可进入设备信息录入模块，录入完毕之后，系统会提示“是否继续输入数据（y 代表是，n 代表否，字母不区分大小写）:"，输入 y 或 Y 则表示继续录入设备信息，输入 n 或 N 则表示不需要继续录入，返回系统主界面。运行效果分别如图 2-13、图 2-14 和图 2-15 所示。

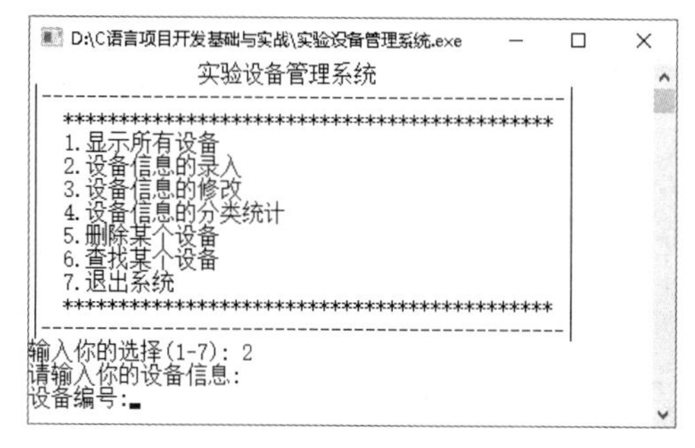

图 2-13　录入设备信息

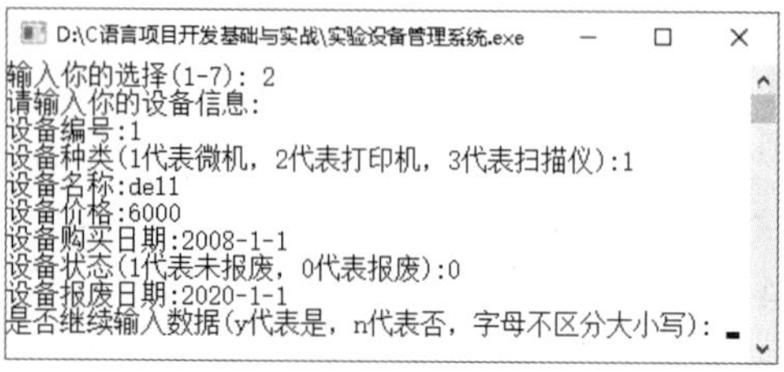

```
D:\C语言项目开发基础与实战\实验设备管理系统.exe
输入你的选择(1-7): 2
请输入你的设备信息:
设备编号:1
设备种类(1代表微机，2代表打印机，3代表扫描仪):1
设备名称:dell
设备价格:6000
设备购买日期:2008-1-1
设备状态(1代表未报废，0代表报废):0
设备报废日期:2020-1-1
是否继续输入数据(y代表是，n代表否，字母不区分大小写):
```

图 2-14　是否继续录入设备信息提示

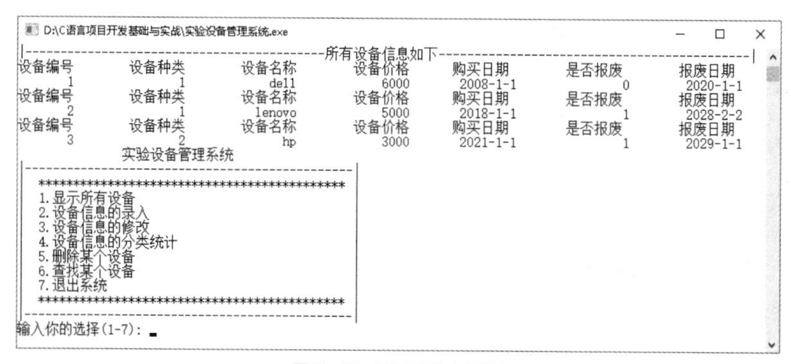

图 2-15　返回系统主界面

2.7.2　业务流程分析

在设备信息录入模块，首先应按设备相关信息的内容逐条提示用户录入相关信息，一条完整的设备信息录入完毕后还要提示用户是否需要继续录入信息。该模块的业务流程如图 2-16 所示。

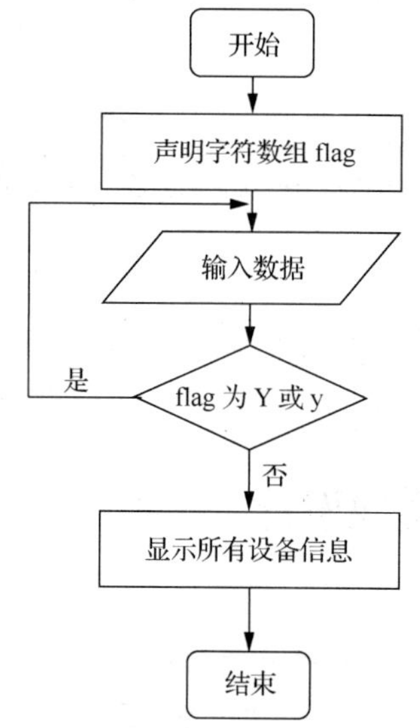

图 2-16　设备信息录入模块的业务流程

2.7.3 技术实现分析

微课 设备信息录入技术实现

在录入设备信息之前，首先需要定义用于存放用户选择结果的字符数组 flag。然后接收用户输入的相关设备信息并存入结构体数组中，每接收完一条完整的设备信息，都需要询问用户是否继续录入下一条设备信息。实现代码如下。

```
1	void add()
2	{
3	    char flag[20];
4	    do{
5	        printf("请输入你的设备信息:\n");
6	        printf("设备编号:");
7	        scanf("%s",dev[count].devNo);
8	        printf("设备种类(1 代表微机，2 代表打印机，3 代表扫描仪):");
9	        scanf("%d",&dev[count].devCategory);
10	        printf("设备名称:");
11	        scanf("%s",dev[count].devName);
12	        printf("设备价格:");
13	        scanf("%d",&dev[count].devPrice);
14	        printf("设备购买日期:");
15	        scanf("%s",dev[count].devBuyDate);
16	        printf("设备状态(1 代表未报废，0 代表报废):");
17	        scanf("%d",&dev[count].devState);
18	        printf("设备报废日期:");
19	        scanf("%s",dev[count].devDoneDate);
20	        count++;
21	        printf("是否继续输入数据(y 代表是，n 代表否，字母不区分大小写): ");
22	        scanf("%s",flag);
23	    }while(strcmp(flag,"y")==0||strcmp(flag,"Y")==0);
24	    show();
25	}
```

第 3 行代码定义字符数组 flag，用于存放用户的选择结果，即是否继续输入数据。第 4 至 23 行代码为 do…while 循环语句，用于多次不断地接收用户输入的数据，在循环体内部依次提示用户输入设备编号、设备种类、设备名称、设备价格、设备购买日期、设备状态、设备报废日期，最后让 count 加 1，即设备总数增加 1。第 21 行代码询问用户是否继续录入新设备信息，如果继续则输入 y 或 Y，不继续则输入 n 或 N。第 23 行代码判断用户输入的是不是 y 或 Y，如果是则继续下一次循环，即请用户输入下一条设备信息。第 24 行代码为显示所有设备的函数，即在添加设备信息后，将显示系统中所有设备的信息。

2.8 设备信息修改模块设计

2.8.1 效果展示

在系统主界面中，输入菜单编号 3 即可进入设备信息修改模块，首先询问用户是否确定要修改设备信息，如果确认则进入修改流程并请用户输入要修改的设备编号，如果没有找到相关设备信息，则提示用户该设备不存在（见图 2-17），返回系统主界面；如果找到了对应设备编号，则请用户修改设备相关信息，如图 2-18 所示。

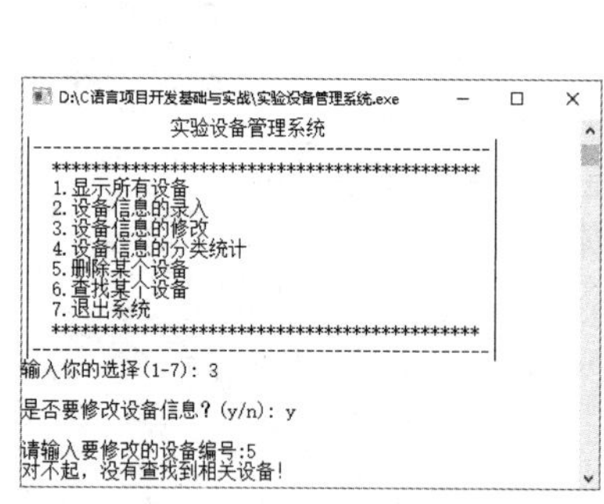

图 2-17　未找到相关设备

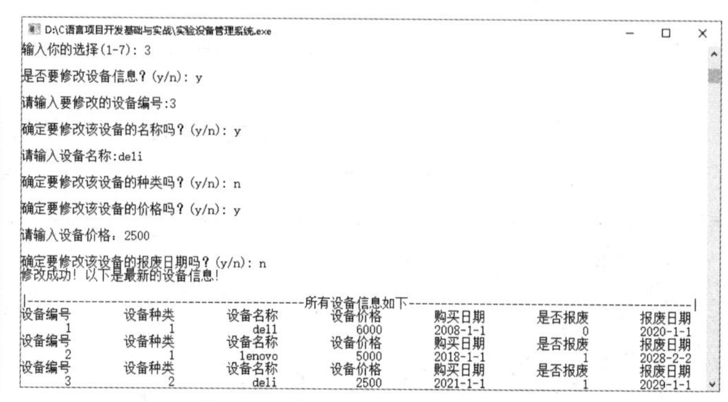

图 2-18　找到相关设备信息并进行修改

2.8.2　业务流程分析

当用户输入设备编号之后，程序需要通过循环去比对现有的设备信息，如果查找到相同的设备编号，则询问用户是否确定要修改该设备信息，用户输入 y 或 Y 则确认修改，用户输入 n 或 N 则不修改。设备信息修改模块的业务流程如图 2-19 所示。

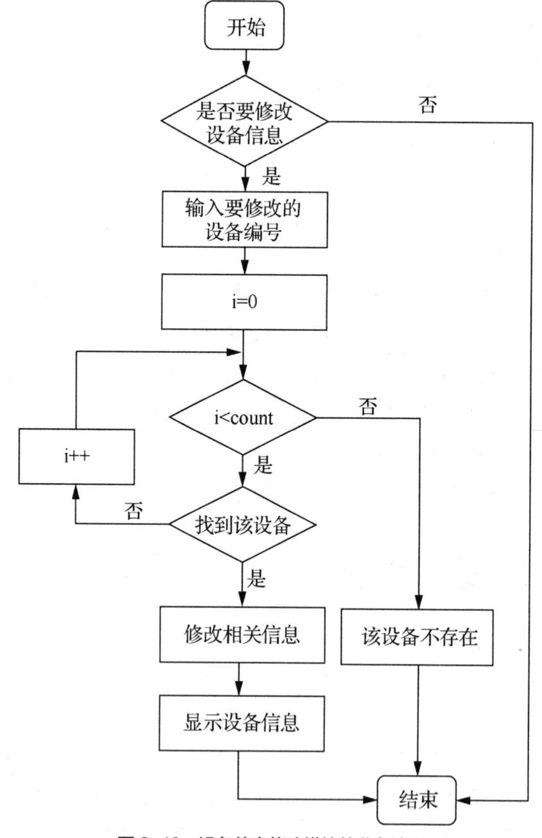

图 2-19　设备信息修改模块的业务流程

2.8.3 技术实现分析

实现代码如下。

微课 设备信息修改技术实现

```
1   void modify()
2   {
3       char ch[20],a[20];  //ch 用于存放用户的选择结果，a 用于存放用户输入的设备编号
4       int i;
5       printf("\n 是否要修改设备信息？(y/n): ");
6       scanf("%s",ch);
7       if(strcmp(ch,"y")==0||strcmp(ch,"Y")==0)
8       {
9           printf("\n 请输入要修改的设备编号:");
10          scanf("%s",a);
11          //循环查询结构体数组中存放的设备编号是否与用户输入的设备编号相同
12          for(i=0;i<count;i++)
13          {
14              if(strcmp(dev[i].devNo,a)==0)
15              {
16                  printf("\n 确定要修改该设备的名称吗？(y/n): ");
17                  scanf("%s",ch);
18                  if(strcmp(ch,"y")==0||strcmp(ch,"Y")==0)
19                  {
20                      printf("\n 请输入设备名称:");
21                      scanf("%s",dev[i].devName);
22                  }
23                  printf("\n 确定要修改该设备的种类吗？(y/n): ");
24                  scanf("%s",ch);
25                  if(strcmp(ch,"y")==0||strcmp(ch,"Y")==0)
26                  {
27                      printf("\n 请输入种类");
28                      scanf("%d",&dev[i].devCategory);
29                  }
30                  printf("\n 确定要修改该设备的价格吗？(y/n): ");
31                  scanf("%s",ch);
32                  if(strcmp(ch,"y")==0||strcmp(ch,"Y")==0)
33                  {
34                      printf("\n 请输入价格");
35                      scanf("%d",&dev[i].devPrice);
36                  }
37                  printf("\n 确定要修改设备报废日期吗？(y/n): ");
38                  scanf("%s",ch);
39                  if(strcmp(ch,"y")==0||strcmp(ch,"Y")==0)
40                  {
41                      printf("\n 请输入报废日期");
42                      scanf("%s",dev[i].devDoneDate);
43                  }
44                  printf("修改成功！以下是最新的设备信息！\n");
45                  show();
46                  break;
47              }
48          }
49          if(i==count)
50              printf("对不起，没有查找到相关设备！\n");
51      }
52  }
```

第 3 行代码定义字符数组 ch 用于存放用户的选择结果，字符数组 a 用于存放用户输入的设备编号。第 5 行、第 6 行代码询问用户是否要修改设备信息并接收用户的选择结果。第 7 行代码判断用户输入的选择结果，如果是 y 或 Y，就进入设备信息修改的流程。

设备信息修改的流程中，先提示用户输入要修改的设备编号，查找用户输入的设备编号是否存在。第 12 至 48 行代码为循环语句，用于查找存放设备的结构体数组中是否存在用户输入的设备编号对应的设备，如果循环结束都没有查找到相关设备，则在第 50 行代码输出“对不起，没有查找到相关设备！”。如果查找到设备，则从第 14 行代码开始进入真正的修改流程。

第 16 到 22 行代码询问用户是否要修改设备名称，用户若输入 y 或 Y，则请用户输入具体的设备名称，并存入结构体数组中。第 23 至 29 行代码询问用户是否要修改设备种类，用户若输入 y 或 Y，则请用户输入具体的设备种类，并存入结构体数组中。第 30 到 36 行代码询问用户是否要修改设备价格，用户若输入 y 或 Y，则请用户输入具体的设备价格，并存入结构体数组中。第 37 至 43 行代码询问用户是否要修改设备报废日期，用户若输入 y 或 Y，则请用户输入具体的设备报废日期，并存入结构体数组中。第 44 行代码提示用户修改成功。第 45 行代码为显示所有设备的函数，即在修改设备信息后，将所有设备的具体信息完整地展示给用户。第 46 行代码跳出循环语句，因为已经查找到对应设备并且修改完相关信息，不需要继续循环查找设备信息了。

2.9 设备信息分类统计模块设计

2.9.1 效果展示

在系统主界面中，输入菜单编号 4 即可进入设备信息分类统计模块，用户可以输入相应选项获得所需统计的结果，1 为统计报废设备总数，2 为分别统计微机、打印机和扫描仪的总数。运行效果如图 2-20、图 2-21 所示。

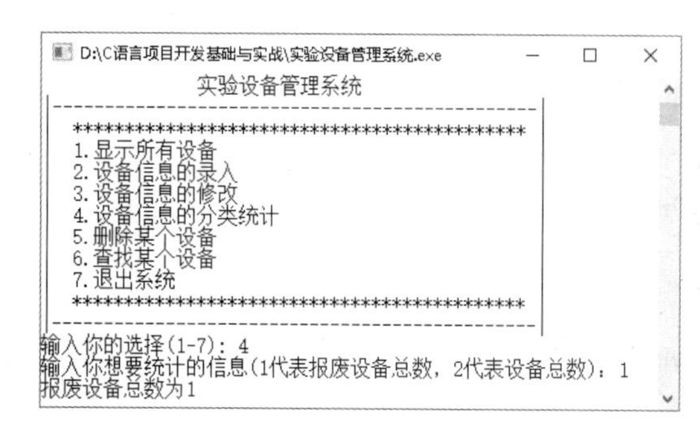

图 2-20 显示报废设备总数

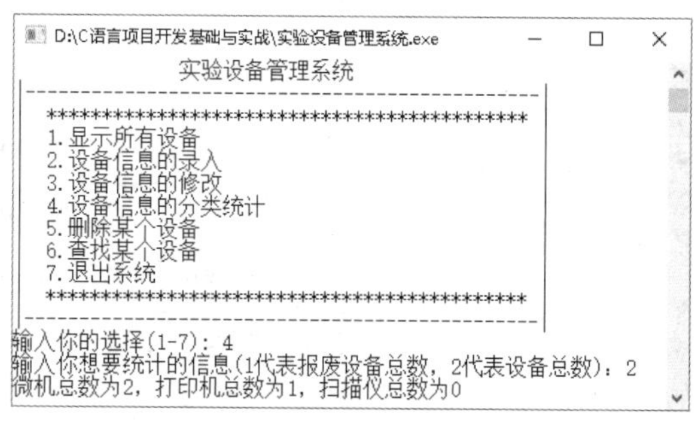

图 2-21 分类显示设备数量

2.9.2 业务流程分析

设备信息分类统计模块的业务流程比较简单，先判断用户的选择，是要显示报废设备的总数，还是各种类的设备总数，然后进入不同的分支语句。在分类统计这个分支中，分别统计微机、打印机和扫描仪的数据记录，如果存在相关数据就显示，没有则返回系统主界面。设备信息分类统计模块的业务流程如图 2-22 所示。

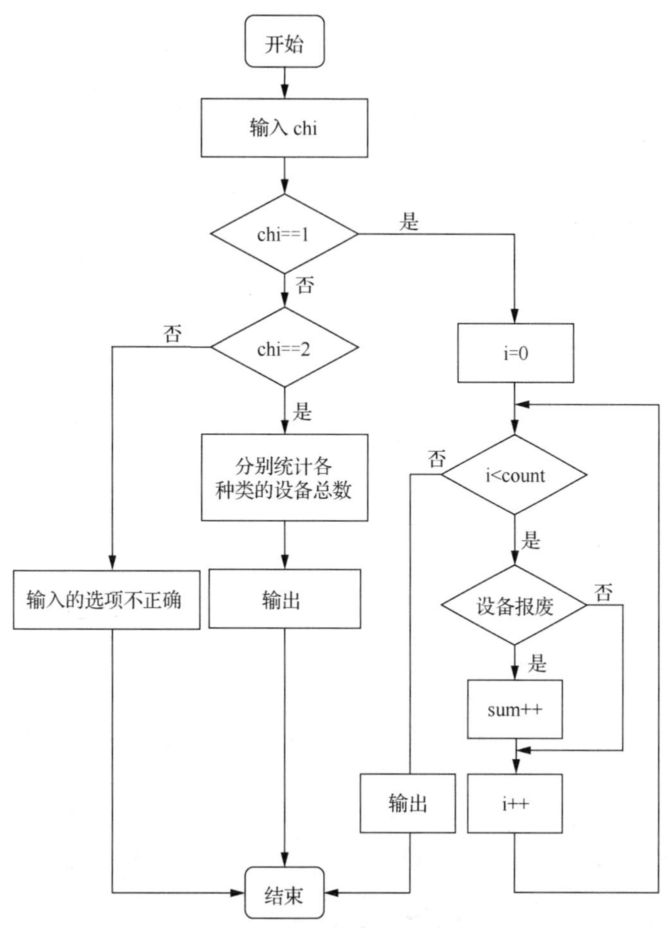

图 2-22　设备信息分类统计模块的业务流程

2.9.3　技术实现分析

实现代码如下。

```
1   void sorting()
2   {
3       int i,chi,sum=0,wei=0,da=0,sao=0;
4       printf("输入你想要统计的信息(1 代表报废设备总数，2 代表设备总数):");
5       scanf("%d",&chi);
6       if(chi==1)
7       {
8           for(i=0;i<count;i++)
9           {
10              if(dev[i].devState==0)   //如果查找到某设备的状态为报废状态，则数量加 1
11              {
12                  sum++;
13              }
14          }
15          printf("报废设备总数为 %d \n",sum);
```

微课　设备信息分类统计技术实现

```
16          }
17          else if(chi==2)
18          {
19          for(i=0;i<count;i++)
20                {
21                if(dev[i].devCategory==1)
22                      {
23                            wei++;
24                      }
25                      else   if(dev[i].devCategory==2) {
26                            da++;
27                      }
28                      else   if(dev[i].devCategory==3)
29                      {
30                            sao++;
31                      }
32                }
33                printf("微机总数为%d，打印机总数为%d，扫描仪总数为%d\n",wei,da,sao);
34          }
35          else
36          {
37                printf("你输入的选项不符合要求!\n");
38          }
39    }
```

第 3 行代码定义变量 chi 用于接收用户的选择结果，变量 sum 用于统计报废设备的总数，变量 wei 用于统计微机总数，变量 da 用于统计打印机总数，变量 sao 用于统计扫描机总数，后 4 个变量的初始值均为 0。

第 4 行、第 5 行代码要求用户输入想要统计的信息并接收用户的选择结果。用户选择 1 则执行第 6 至 16 行代码，统计报废设备总数；用户选择 2 则执行第 17 至 34 行代码，统计各种类设备的总数；如果用户输入错误，则执行第 35 至 38 行代码，即提示用户输入的选项不符合要求。

第 6 行至 16 行代码用于统计报废设备总数，其中第 8 至 14 行代码循环遍历结构体数组，查找每个设备的报废状态，第 10 行代码判断设备状态变量 devState 的值，如果 devState 值为 0，则报废总数 sum 的值加 1；第 15 行代码输出统计数据。

第 17 行至 34 行代码用于按照分类统计设备数量，其中第 19 至 32 行代码循环遍历结构体数组，查找每个设备的分类值，并分别统计微机、打印机、扫描仪的总数；第 33 行代码输出统计数据。

2.10 设备信息删除模块设计

2.10.1 效果展示

在系统主界面中，输入菜单编号 5 即可进入设备信息删除模块。在该模块中，首先会将当前存储在结构体数组中的所有数据显示，以方便用户选择。用户输入一个设备编号，系统会查找该设备是否存在，如果存在则将其删除并给出提示信息，如果不存在则提示用户相关设备不存在。运行效果如图 2-23 和图 2-24 所示。

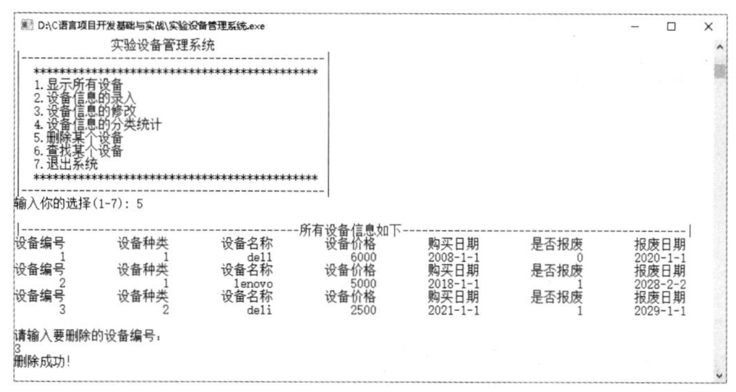

图 2-23　删除设备信息成功

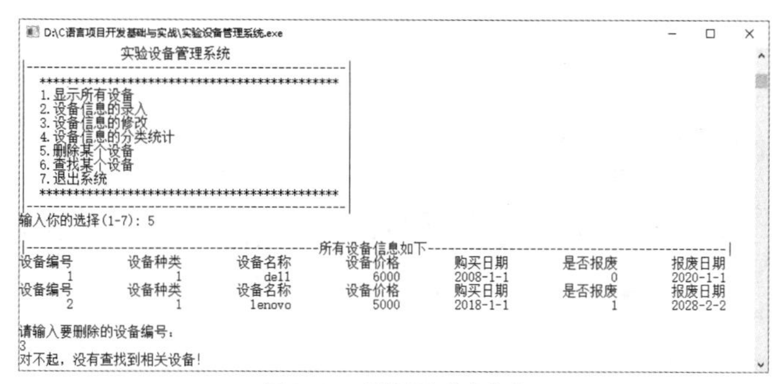

图 2-24　删除设备信息失败

2.10.2　业务流程分析

在设备信息删除模块中，首先通过查找设备编号判断设备是否存在，查找到设备存在则删除，不存在则提示“对不起，没有查找到相关设备!”其业务流程如图 2-25 所示。

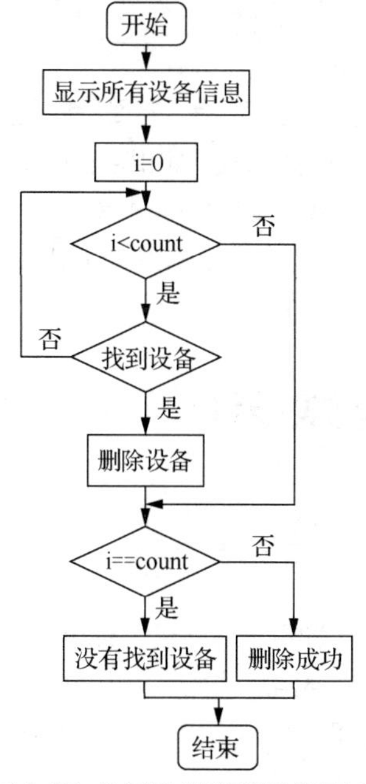

图 2-25　设备信息删除模块的业务流程

2.10.3 技术实现分析

实现代码如下。

```
1    void del()
2    {
3          int i,j;
4          char c[20];        //用于存放用户输入的设备编号
5          show();
6          printf("\n 请输入要删除的设备编号：\n");
7          scanf("%s",c);
8          for(i=0;i<count;i++)
9          {
10               if(strcmp(c,dev[i].devNo)==0)
11               {
12                     //循环遍历结构体数组，将需要删除的设备之后的所有设备的位置依次前移
13                     for(j=i;j<count-1;j++)
14                     {
15                        dev[j]=dev[j+1];   //覆盖所要删除的设备信息
16                     }
17                     break;
18               }
19          }
20          if(i==count)
21               printf("对不起，没有查找到相关设备！\n");
22          else
23          {
24               count--;   //删除成功后，设备总数减 1
25               printf("删除成功！\n");
26               show();
27          }
28   }
```

微课 设备信息删除技术实现

第 5 行代码显示所有设备信息，以供用户查看，方便用户选择要删除的设备编号。第 8 至 19 行的循环语句查找结构体数组中是否存在该设备编号，如果存在则实现删除操作，实现代码见第 13 至 16 行，然后跳出循环，不再继续查找。实现删除操作的过程，即将需要删除的设备之后的所有设备的位置依次前移，从而将要删除的设备信息覆盖。删除成功后的代码见第 22 至 27 行，即设备总数 count 减 1，提示用户删除成功并再次显示当前所有设备信息。

2.11 设备信息查找模块设计

2.11.1 效果展示

在系统主界面中，输入菜单编号 6 即可进入设备信息查找模块。在该模块中，首先会将当前存储在结构体数组中的所有数据显示，以方便用户选择。用户输入一个设备编号，系统会查找该设备是否存在，如果存在则显示相关信息，如果不存在则提示用户设备不存在。运行效果如图 2-26 和图 2-27 所示。

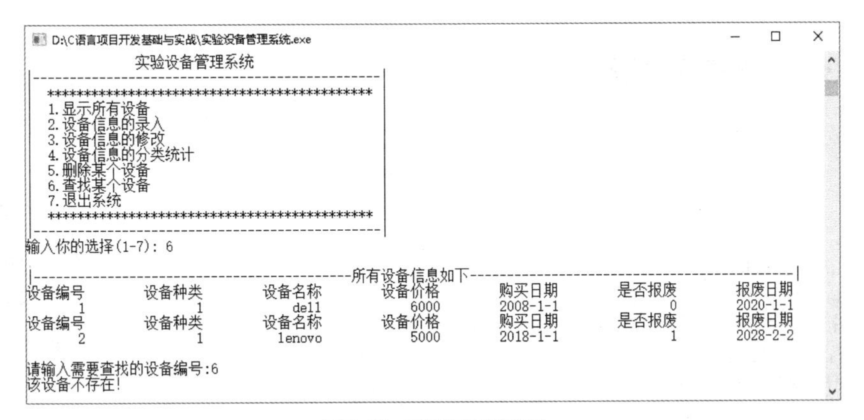

图 2-26 查找设备信息失败

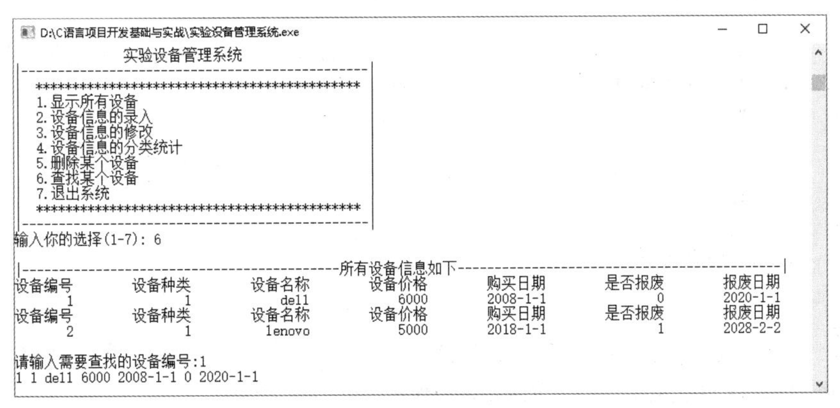

图 2-27 查找设备信息成功

2.11.2 业务流程分析

在设备信息查找模块中，主要通过查找设备编号判断该设备是否存在，其业务流程如图 2-28 所示。

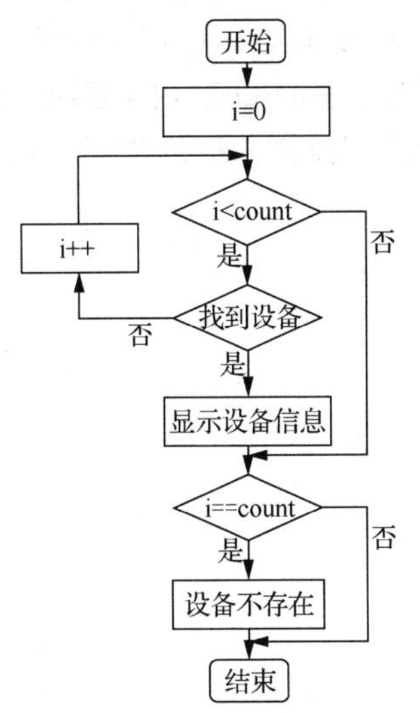

图 2-28 设备信息查找模块的业务流程

2.11.3 技术实现分析

实现代码如下。

```
1   void search()
2   {
3       int i;
4       char a[20],ch[10];
5       show();
6       printf("\n 请输入需要查找的设备编号:");
7       scanf("%s",a);
8       for(i=0;i<count;i++)
9       {
10          if(strcmp(dev[i].devNo,a)==0)
11          {
12              printf("%s %d %s %d %s %d %s\n",dev[i].devNo,dev[i].devCategory,dev[i].devName,
13  dev[i].devPrice,dev[i].devBuyDate,dev[i].devState,dev[i].devDoneDate);
14              break;
15          }
16      }
17      if(i==count)
18      {
19          printf("该设备不存在！");
20      }
21  }
```

微课 设备信息查找技术实现

第 6 行、第 7 行代码用于接收用户输入的设备编号，第 8 行至 16 行的循环语句，依次将接收到的设备编号与结构体数组中的进行对比，如果相等则输出对应的设备信息。

项目小结

本项目实现的是实验设备管理系统，其主要的功能模块包括设备信息的录入、修改、分类统计、删除和查找等，使用到的主要知识点包括变量的定义和赋值，标准输入、输出函数语法格式及格式控制字符，算术运算符、赋值运算符、关系运算符、逻辑运算符，以及选择结构、循环结构等流程控制语句。

本项目为 C 语言学习的入门项目，涉及的知识点并不复杂，但是读者一定要将基础知识牢固掌握，特别是要养成良好的编码习惯，以为后续复杂的项目开发打下坚实基础。

理论知识测评（满分 100 分）

姓名________ 学号________ 班级________ 成绩________

一、单项选择题（本大题共 10 小题，每小题 2 分，共计 20 分）

1. C 语言提供的基本数据类型包括（　　）。

   A. 整型、浮点型、逻辑型　　B. 整型、浮点型、双精度型
   C. 整型、字符型、实数型　　D. 整型、双精度型、字符型

2. 能正确表示逻辑关系“0≤x≤100”的 C 语言表达式是（　　）。

   A. x >= 0 and x <= 100　　B. 0 <= x <= 100
   C. x >= 0 || x <= 100　　D. x >= 0 && x <= 100

3. 已知有定义 char ch;，则下面正确的赋值为（　　）。

   A. ch='M'　　B. ch='55'　　C. ch= " M "　　D. ch= " 55 "

4. 已知 int i,j,k;scanf("%d%d%d",&I,&j,&k）;，若从键盘输入 i、j、k 的值分别为 1、2、3，则错误的输入方式是（　　）。

   A. 1,2,3　　B. 1（回车符）2（回车符）3（回车符）
   C. 1　2　3　　D. 1（回车符）2　3

5. C 语言中 while 循环和 do...while 循环的主要区别是（　　）。

   A. do...while 的循环体至少无条件执行一次
   B. do...while 的循环控制条件比 while 的循环控制条件严格
   C. do...while 允许从外部转到循环体内
   D. do...while 的循环体不能是复合语句

6. 在嵌套使用 if 语句时，C 语言规定 else 总是（　　）。

   A. 和之前与其具有相同缩进位置的 if 配对　　B. 和之前与其最近的 if 配对
   C. 和之前与其最近的且不带 else 的 if 配对　　D. 和之前的第一个 if 配对

7. 以下程序段的运行结果是（　　）。

```
1   int m = 5;
2   if (m > 5)
3   {
4       printf("%d", m);
5   }
6   else
7   {
8       printf("%d", m + 1);
9   }
```

   A. 4　　B. 5　　C. 6　　D. 7

8. 以下程序段运行结果后，sum 的值是（　　）。

```
1   int i, sum;
2   for (i = 0, sum = 0; i <= 10; i++)
3   {
4       if (i % 2 == 0)
5       {
6           continue;
7       }
```

```
8            sum += i;
9     }
```

A．0　　B．25　　C．30　　D．55

9．结构化程序设计所规定的3种流程控制结构是（　　）。

A．主程序、子程序、函数　基本结构　　B．树形、网形、环形

C．顺序、选择、循环　　D．输入、处理、输出

10．以下程序段的运行结果是（　　）。

```
1     int x;
2     for(x=5;x>0;x--)
3     {
4         if (x--<5)
5         {
6             printf("%d,",x);
7         }
8         else
9         {
10            printf("%d,",x++);
11        }
12    }
```

A．4,3,1　　B．4,3,1,　　C．5,4,2　　D．5,3,1,

二、程序阅读题（本大题共5小题，每小题10分，共计50分）

1．以下程序运行后的输出结果是＿＿＿＿＿＿＿＿。

```
1     #include<stdio.h>
2     int main()
3     {
4         char c='h'
5             if(c>='A' && c<='Z')
6         {
7             c=c+32;
8         }
9         else if(c>='a' && c<='z')
10        {
11            c=c-32;
12        }
13        printf("%c",c);
14        return 0;
15    }
```

2．以下程序运行后的输出结果是＿＿＿＿＿＿＿＿。

```
1     #include<stdio.h>
2     int main()
3     {
4         int x,y,t;
5         x=7;
6         y=9;
7         if(x<y)
8         {
9             t=x;
10            x=y;
11            y=t;
12        }
13        printf("%d,%d\n",x,y);
14        return 0;
15    }
```

3．以下程序运行后的输出结果是____________________。

```
1    #include<stdio.h>
2    int main()
3    {
4        char c ='b';
5        int k = 4;
6        switch(c)
7        {
8            case  'a': k = k + 1; break;
9            case  'b': k = k + 2;
10           case  'c': k = k + 3;
11       }
12       printf("%d\n", k);
13       return 0;
14   }
```

4．以下程序运行后的输出结果是____________________。

```
1    #include<stdio.h>
2    int main()
3    {
4        int num = 0, s = 0;
5        while (num <= 10)
6        {
7            s = s + num;
8            num = num + 2;
9        }
10       printf("%d\n", s);
11       return 0;
12   }
```

5．以下程序运行后的输出结果是____________________。

```
1    #include <stdio.h>
2    int main()
3    {
4        int i, j;
5        for(i=1; i<=4; i++)
6        {
7            for(j=1; j<=4; j++)
8            {
9                printf("%-4d", i*j);
10           }
11           printf("\n");
12       }
13       return 0;
14   }
```

三、程序设计题（本大题共 2 小题，每小题 15 分，共计 30 分）

1．由用户输入一个 3 位数，将该数反序输出。例如，用户输入 318，则输出 813。

2．一个球从 100m 高度自由落下，每次落地后反跳回原高度的一半，然后落下，如此反复。求它在第 10 次落地时，共经过多少米，第 10 次反弹多高。

项目3 设计学生成绩管理系统

技能目标

➢ 掌握数组的定义与使用方法。

➢ 掌握函数的定义与使用方法。

➢ 掌握结构体、共用体的使用方法。

➢ 掌握文件操作的一般方法。

素质目标

➢ 掌握一维数组、二维数组的区别以及各自的定义方法，培养归纳推理能力。

➢ 理解函数的定义和参数传递，养成分工合作、团队协作意识。

➢ 掌握结构体的使用方法，了解语法规范的重要性，培养严谨、细致的学习习惯，能正确处理个体与集体的关系。

➢ 掌握文件操作方法，了解索取和奉献的相互依存关系，树立"我为人人，人人为我"的观念。

重点难点

➢ 一维数组、二维数组的定义和使用。

➢ 结构体和共用体的使用。

➢ 文件操作的步骤和方法。

3.1 项目分析

在学校的各类应用系统中，学生成绩管理系统的使用率比较高，它通常采用 Java、PHP 等编程语言，并基于浏览器/服务器（Browser/Server，B/S）架构开发完成。本项目采用 C 语言开发一个学生成绩管理系统，可以实现成绩的录入、修改、查找等功能，具体要求如下。

➢ 系统界面美观，操作步骤清晰。

➢ 能实现成绩的录入、删除、修改、查找等。

➢ 能将成绩信息写入磁盘文件。

➢ 能从磁盘文件读取成绩信息。

3.2 系统架构设计

根据项目分析，可将学生成绩管理系统分为六大主要功能模块，包括录入学生成绩、查找学生成绩、删除学生成绩、修改学生成绩、插入学生成绩以及显示学生成绩等，另外系统还具有退出功能。具体系统架构设计如图 3-1 所示。

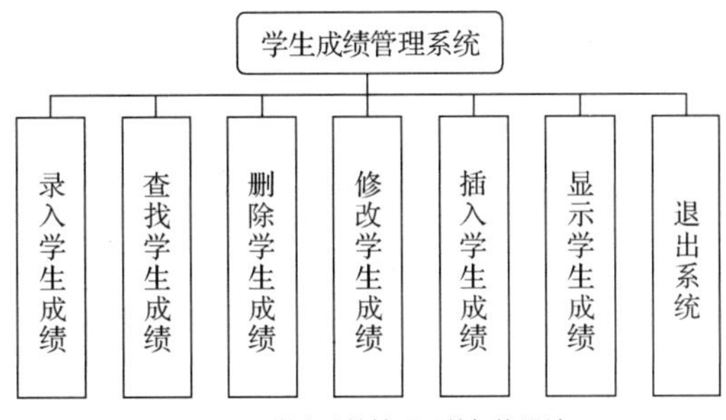

图 3-1 学生成绩管理系统架构设计

3.3 技术知识准备

3.3.1 数组

假如有一个成绩管理应用需求：需要输入某个班级 50 个学生的数学成绩，并计算平均成绩。要解决这个应用需求，可以根据前文介绍的内容，分别为 50 个学生定义 50 个浮点型变量，用于存放每个学生的数学成绩，当要计算平均成绩时，将所有变量相加并除以 50 即可。可以想象，这种方法不仅程序代码冗长，而且使用非常不方便。

数组（Array）是一系列具有相同类型数据的集合。对于上述应用需求，可以使用数组元素来表示每个学生的数学成绩，利用循环语句来操作数组元素，这样就能方便、高效地解决大量数据的使用问题。

数组中的每个元素，其数据类型可以是 int、float 等基本数据类型，也可以是结构体、指针等类型。根据维数的不同，可以将数组分为一维数组、二维数组和多维数组（这里不作介绍）。

1. 一维数组

一维数组的声明格式如下。

```
data_Type    arr_Name[length];
```

data_Type 是数据类型，可以是 int、float、char 等。arr_Name 是数组名称，它是标识符的一种，命名规则和标识符相同。length 是数组长度，只能是整数。

例如，定义一个用于存放一个学生的 5 门课程成绩的数组，如下。

```
int a[5];
```

该数组中的元素是 int 类型的，数组名称为 a，数组长度为 5（即最多只能存放 5 门课程成绩）。数组元素的序号从 0 开始，每个数组元素的引用方式依次为 a[0]、a[1]、a[2]、a[3]、a[4]。

和普通变量一样，数组也可以在定义时进行赋值，这一过程称为数组的初始化，如下。

```
1    int a[5]={2,1,5,4,9};
2    int b[]={3,2,5,6,4};
```

第 1 行中的数组在定义时，已经定义了长度为 5，则等号后面的初值最多只能有 5 个，每个数组元素的值依次为：a[0]=2、a[1]=1、a[2]=5、a[3]=4、a[4]=9。第 2 行中的数组在定义时，虽然没有明确定义长度，但是因为初值为 5 个，所以该数组长度为 5。需要特别注意的是，如果数组没有初始化，则其长度不能省略，如下所示的数组定义是错误的。

```
int a[];
```

对于一维数组，还有以下几种特殊的初始化方法。

（1）可以只给数组的前几个元素赋值，其余元素值默认为 0，如下。

```
int a[5]={2,1,5};
```

该数组中的元素值依次为：a[0]=2、a[1]=1、a[2]=5、a[3]=0、a[4]=0。

（2）如果一个数组中全部元素的值都为 0，则可以简写如下。

```
int a[5]={0};
```

注意，以下简写是错误的。

```
int a[5]=0;
```

（3）可以通过元素序号为指定的元素赋值，如下。

```
1   int a[5];
2   a[0]=2;
3   a[1]=1;
4   a[2]=5;
5   a[3]=4;
6   a[4]=9;
```

初始化一维数组时，需注意以下两点。

（1）如果初值的个数大于数组的长度，则会产生编译错误，错误示例如下。

```
int a[5]={2,1,5,4,9,3};
```

数组的初值有 6 个，大于数组长度 5。

（2）数组的初值只能是常量，不能是变量，错误示例如下。

```
1   int b=2;
2   a[1]=b;
```

可以通过循环语句，依次遍历输出一维数组中的每个元素。其实现代码如下。

```
1   #include<stdio.h>
2   int main(){
3       int a[]={2,1,5,4,9},i;
4       for(i=0;i<5;i++){
5           printf("%-2d",a[i]);
6       }
7       return 0;
8   }
```

【例 3.1】定义一个一维数组，要求输入一个学生的 5 门课程成绩，输出总成绩。

```
1   #include<stdio.h>
2   int main(){
3       int a[5],i,sum=0;
4       printf("请输入 5 门课程的成绩：\n");
5       for(i=0;i<5;i++){
6           scanf("%d",&a[i]);
7       }
8       for(i=0;i<5;i++){
9           sum=sum+a[i];
10      }
11      printf("总成绩=%d\n",sum);
12      return 0;
13  }
```

该示例的输出结果如下。

```
请输入 5 门课程的成绩：
67 90 72 69 88
总成绩=386
```

2. 二维数组

二维数组的声明格式如下。

```
data_Type    arr_Name[length1] [length2];
```

data_Type、arr_Name 与一维数组一样，分别代表数据类型和数组名称。length1 为第一维的长度，length2 为第二维的长度。为了方便，可以将二维数组看成一个表格，length1 表示行数，length2 表示列数。

例如，定义一个用于存放 3 个学生的 4 门课程成绩的数组，如下。

```
int a[3][4];
```

该数组中的元素是 int 类型的，数组名称为 a，一共有 3×4=12 个元素。其中，第一个学生的 4 门课程成绩的引用方式依次为 a[0][0]、a[0][1]、a[0][2]、a[0][3]，第二个学生的 4 门课程成绩的引用方式依次为 a[1][0]、a[1][1]、a[1][2]、a[1][3]，依次类推。

二维数组可以按行分段赋值，也可以按行连续赋值。

例如，对前面定义的二维数组 a 按行分段赋值，如下。

```
int a[3][4]={{82,67,66,91},{77,69,86,71},{64,68,79,75}};
```

这种赋值方式比较直观，初值中大括号的对数代表二维数组的行数，即第一对大括号内的数据赋给第一行的元素，第二对大括号内的数据赋给第二行的元素，依次类推。

还可以将所有数据放在一个大括号内，即按数组元素排列的顺序连续赋值，如下。

```
int a[3][4]={82,67,66,91,77,69,86,71,64,68,79,75};
```

这种赋值方式的效果与按行分段赋值的效果相同，不过当数据较多时，这种赋值方式容易出错且不易检查。

为了使读者更直观地理解二维数组的用法，将赋值后的二维数组 a 的元素结构以表 3-1 进行展示。

表 3-1　二维数组元素结构

序号	课程一	课程二	课程三	课程四	备注
0	82 a[0][0]	67 a[0][1]	66 a[0][2]	91 a[0][3]	第一个学生
1	77 a[1][0]	69 a[1][1]	86 a[1][2]	71 a[1][3]	第二个学生
2	64 a[2][0]	68 a[2][1]	79 a[2][2]	75 a[2][3]	第三个学生

对于二维数组，还有以下几种特殊的初始化方法。

可以对二维数组的部分元素赋初值，其余元素值默认为 0，如下。

```
int a[3][4]={{8},{3},{5}};
```

上述语句只对各行第一列元素赋值，赋值后该数组各元素为

8 0 0 0

3 0 0 0

5 0 0 0

可以对二维数组各行中的部分元素赋初值，如下。

```
int a[3][4]={{2},{4,3},{6,1,7}};
```

赋值后该数组各元素为

2 0 0 0

4 3 0 0

6 1 7 0

可以只对二维数组某些行的某些元素赋初值，如下。

```
int a[3][4]={{3,2},{6}};
```

赋值后该数组各元素为

3 2 0 0

6 0 0 0

0 0 0 0

在定义二维数组时，行数可以省略，但列数不能省略，如下所示的定义方式是正确的。

```
1    int a[][3]={3,2,6,4,1,7};
2    int b[][3]={{3,2,6},{4,1,7}};
3    int c[][4]={5,3,2,6,8,1,5,9,4}
```

当行数省略时，会自动根据初值的个数与列数来确定行数，比如前面第 1 行定义的二维数组 a，赋值后各元素为

3 2 6

4 1 7

第 3 行定义的二维数组 c，赋值后各元素为

5 3 2 6

8 1 5 9

4 0 0 0

二维数组的列数不能省略，如下所示的定义方式是错误的。

```
int a[3][]={3,2,6,4,1,7};
```

二维数组元素的遍历输出，可以通过循环嵌套实现。其实现代码如下。

```
1    #include<stdio.h>
2    int main(){
3        int i,j;
4        int a[3][3]={{80,75,92}, {61,65,71}, {59,63,70}};
5        for(i=0;i<3;i++){ //外层循环控制行
6            for(j=0;j<3;j++){ //内层循环控制列
7                printf("%-3d",a[i][j]);
8            }
9            printf("\n"); //每完成一行输出就换行
10       }
11       return 0;
12   }
```

【例 3.2】定义一个二维数组，要求依次输入 3 个学生的 3 门课程成绩，并输出每个学生的总成绩和平均成绩。

```
1    #include<stdio.h>
2    int main(){
3        int i,j,a[3][3];
4        for(i=0;i<3;i++){
5            int sum=0;
6            float aver=0;
7            printf("请输入第%d 个学生的三门课程成绩：\n",i+1);
8            for(j=0;j<3;j++){
```

```
9                 scanf("%d",&a[i][j]);
10                sum=sum+a[i][j];
11            }
12            aver=sum/3.0;
13            printf("该学生的总成绩为%d，平均成绩为%.1f\n",sum,aver);
14        }
15        return 0;
16    }
```

该示例的输出结果如下。

```
请输入第 1 个学生的三门课程成绩：
67 81 70
该学生的总成绩为 218，平均成绩为 72.7
请输入第 2 个学生的三门课程成绩：
80 77 69
该学生的总成绩为 226，平均成绩为 75.3
请输入第 3 个学生的三门课程成绩：
71 66 90
该学生的总成绩为 227，平均成绩为 75.7
```

【例 3.3】要求找出给定二维数组 a{{7,2,10},{4,6,9}}中最大的元素，并输出该元素所在位置的行号和列号。

```
1     #include<stdio.h>
2     int main(){
3         int a[2][3]={{7,2,10},{4,6,9}};
4         int i,j,max,r=0,c=0; //r 代表行号，c 代表列号
5         max=a[0][0]; //假设第一个元素最大
6         for(i=0;i<=1;i++){
7             for(j=0;j<=2;j++){
8                 if(a[i][j]>max){
9                     max=a[i][j];
10                    r=i; //记录行号
11                    c=j;
12                }
13            }
14        }
15        printf("最大值为%d，行号为%d，列号为%d\n",max,r,c);
16        return 0;
17    }
```

该示例的输出结果如下。

```
最大值为 10，行号为 0，列号为 2
```

由于数组元素序号是从 0 开始的，所以输出结果行号为 0 即表示第 1 行，列号为 2 即表示第 3 个元素。

3. 字符数组和字符串

专门用于存放字符型数据的数组就是字符数组，如下。

```
1     char a[5]={'c', 'h', 'i', 'n', 'a'};
2     char b[2][5]={{'c', 'h', 'i', 'n', 'a'},{'g', 'r', 'e', 'a', 't'}};
```

第 1 行定义并初始化的字符数组 a，其内存示意如图 3-2 所示。

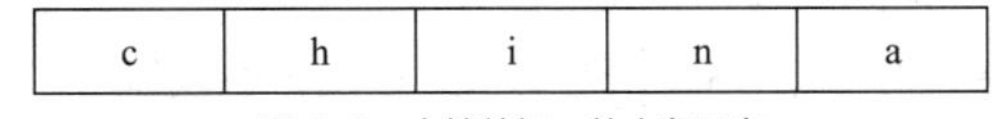

图 3-2 字符数组 a 的内存示意

可以使用字符串对字符数组进行初始化，例如下面的语句是等价的。

```
1    char a[5]={'c', 'h', 'i', 'n', 'a'};
2    char a[]={'c', 'h', 'i', 'n', 'a'};
3    char a[]={"china"};
4    char a[]="china";
```

不能在定义字符数组之后再对数组名赋值，例如下面的语句是错误的。

```
1    char a[5];
2    a="china";
```

字符串是一系列连续字符的组合，在C语言中，字符串以字符'\0'作为结束标志。

```
1    char c[]={"china"};
2    char d[]="very";
```

以双引号引起来的字符串会自动在末尾添加结束标志'\0'，所以上面的字符数组c、d的长度为字符个数加1，即分别为6、5。以字符数组c为例，它的内存示意如图3-3所示。

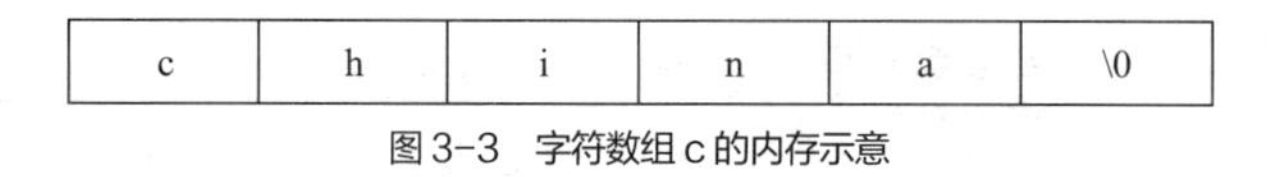

图3-3　字符数组c的内存示意

需要注意的是，如果是逐个字符地给数组赋值，则不会自动添加结束标志'\0'，如下所示的字符数组e，其长度是5，并不是6。

```
char e[5]={'c', 'h', 'i', 'n', 'a'};
```

如果在定义字符数组时设置其长度，则长度值必须要大于或等于初值的个数加1，如下所示的字符数组f，其初值有5个，所以其长度必须至少为6。

```
char f[6]= "great";
```

3.3.2　函数

在实际软件开发中，通常将复杂的问题分解为若干个模块，当需要解决相同的问题时，可以直接重复使用已经开发完成的模块。模块化的好处包括：便于结构化开发，方便管理、维护；提高代码的复用性。

C语言通过函数实现模块化开发。C语言中的函数分为库函数和自定义函数。库函数是由编译系统事先定义好的，用于解决通用的、常用的功能问题，用户在使用时只需要使用#include命令将相关头文件包含到源代码文件中即可。比如，使用#include <stdio.h>语句引入标准输入输出库，则用户可以使用printf()、scanf()等函数完成输出和输入功能。自定义函数是由用户定义的，用于实现特定的应用功能需求。例如，项目2中用于显示系统主菜单的menu()、用于录入设备信息的add()和用于查找设备信息的search()等都是自定义函数。

1. 无参函数的定义

无参（即没有参数）函数不需要接收用户传递的数据，其声明格式如下。

```
return_Type funName(){
    函数体
    return 返回值;//可选
}
```

return_Type是返回值类型，它可以是C语言中的任意数据类型，如int、float、char等，也可以定义为void，即没有返回值。funName是函数名称，其命名规则和标识符相同。函数体是需要执行的代码，是函数的主体部分。如果函数体只有一条语句，则花括号可以省略。如果有返回值，在函数体中使用return语句返回，但要确保返回值的数据类型和return_Type一致。

【例3.4】定义一个函数sum()，返回1+2+3+…+100的结果。

```
1    #include <stdio.h>
2    int sum(){
3        int i, sum=0;
4        for(i=1; i<=100; i++){
5            sum+=i;
6        }
7        return sum;
8    }
9    int main(){
10       int a = sum();
11       printf("1+…+100= %d\n", a);
12       return 0;
13   }
```

第 2 行代码定义一个函数 sum()，它通过第 7 行代码将变量 sum 的值返回。在 main()主函数中，第 10 行代码进行了两个操作，一是调用 sum()函数，二是将其返回值赋给变量 a。第 11 行的 printf()函数用于将 a 的值输出。

当函数不需要返回值，或者返回值类型不确定时，可以用 void 来定义，例如：

```
1    void hello(){
2        printf ("Hello,world \n");
3        //没有返回值就不需要 return 语句
4    }
```

当调用 hello()函数时，该函数直接通过 printf()函数输出信息，没有返回值。

2. 有参函数的定义

如果函数需要接收用户传递的数据，那么定义时就要带上参数，其声明格式如下。

```
return_Type funName(dataType1 param1, dataType2 param2,...){
    函数体
    return 返回值;//可选
}
```

dataType1 param1, dataType2 param2,...是参数列表。函数的参数可以只有一个，也可以有多个，不过多个参数之间需要用逗号分隔。数据通过参数传递到函数内部进行处理，处理完成以后再通过返回值“告知”函数外部。

【例 3.5】定义一个函数 begin_sum()，返回从给定的开始数字到结束数字的和。

```
1    #include <stdio.h>
2    int begin_sum(int m, int n){
3        int i, sum=0;
4        for(i=m; i<=n; i++){
5            sum+=i;
6        }
7        return sum;
8    }
9    int main(){
10       int begin = 10, end = 75;
11       int result = begin_sum(begin, end);
12       printf("从 %d 到%d 的和为%d\n", begin, end, result);
13       return 0;
14   }
```

在第 11 行调用 begin_sum()函数时，传入了两个参数 begin 和 end。在第 2 行的函数定义中，传递过来的 begin 和 end 分别通过局部变量 m 和 n 进行接收，在 for 循环语句中 i 的初值为 m，循环条件为 i 小于或等于 n，即该循环语句只会计算从 m 到 n 的和。

C 语言函数的参数在函数定义处和函数调用处使用，这两个地方的参数是有区别的：函数定义中的参数，用于接收函数被调用时传递过来的数据，称为形式参数，简称形参；在函数调用时给出的参数，是具体的数据，称为实际参数，简称实参。

在自定义函数时，要特别注意函数的名字应尽量做到见名知义，比如例 3.4 中的自定义函数的名字为 sum，意即求和。如果有多个求和的自定义函数，可以为函数名加上特定的单词前缀以示区分，比如例 3.5 中的自定义函数的名字为 begin_sum。

3.3.3 结构体

对于具有相同数据类型的数据集合，可以通过数组进行存放。但在实际应用开发中，有些信息的数据类型往往不同，比如对一条学生成绩信息来说，其包括姓名（字符串）、年龄（整数）、成绩（浮点数）等，显然无法通过一个数组来进行存放。在 C 语言中，可以通过结构体解决不同数据类型的信息存放问题。

1. 结构体定义

结构体的声明格式如下。

```
struct 结构体名称{
    结构体成员
};
```

结构体是一种泛类型的数据集合，它的成员可以是相同类型的，也可以是不同类型的。例如，定义一个关于学生信息的结构体，如下。

```
1   struct stu{
2       char *name;     //姓名
3       int num;        //学号
4       int age;        //年龄
5       char group;     //小组
6       float score;    //成绩
7   };
```

int、float、char 等是由 C 语言提供的基本数据类型。结构体也是一种数据类型，它由程序员定义，可以包含多个其他类型的数据。既然结构体是一种数据类型，那么可以用它来定义变量。例如：

```
struct stu stu1, stu2;
```

上述语句定义了两个变量 stu1 和 stu2，它们都是 stu 类型的，都由 5 个成员组成。

2. 结构体成员的赋值与获取

结构体使用点号“.”获取单个成员。

【例 3.6】定义一个关于学生信息的结构体，通过它创建结构体变量，并对变量赋值。

```
1   #include <stdio.h>
2   int main(){
3       struct{
4           char *name;     //姓名
5           int num;        //学号
6           int age;        //年龄
7           char group;     //小组
8           float score;    //成绩
9       } stu1;
10      //给结构体成员赋值
11      stu1.name = "Tom";
12      stu1.num = 1001;
13      stu1.age = 21;
```

```
14        stu1.group = 'B';
15        stu1.score = 95.5;
16        //获取结构体成员的值
17        printf("%s 的学号是%d，年龄是%d，在%c 组，今年的成绩是%.1f! \n", stu1.name, stu1.num, stu1.age,
    stu1.group, stu1.score);
18        return 0;
19    }
```

3. 结构体数组

结构体数组是指数组中的每个元素都是一个结构体。结构体数组常被用来表示一个拥有相同数据结构的群体，比如一个班的学生信息，每条学生信息都包括姓名、学号、年龄、小组、成绩等属性。

定义一个关于学生信息的结构体数组并初始化，实现代码如下。

```
1     struct{
2         char *name;
3         int num;
4         int age;
5         char group;
6         float score;
7     }class[5] = {
8         {"Li ping", 1001, 21, 'C', 145.0},
9         {"Zhang ping", 1002, 19, 'A', 130.5},
10        {"He fang", 1003, 17, 'A', 148.5},
11        {"Cheng ling", 1004, 19, 'F', 139.0},
12        {"Wang ming", 1005, 18, 'B', 144.5}
13    };
```

结构体数组的使用也很简单，例如，获取 Zhang ping 的成绩：

```
      class[1].score;
```

【例 3.7】定义一个关于学生信息的结构体数组，要求输出全班总成绩以及成绩低于 135 分的学生人数。

```
1     #include <stdio.h>
2     struct{
3         char *name;       //姓名
4         int num;          //学号
5         int age;          //年龄
6         char group;       //小组
7         float score;      //成绩
8     }class[] = {
9         {"Li ping", 1001, 21, 'C', 145.0},
10        {"Zhang ping", 1002, 19, 'A', 130.5},
11        {"He fang", 1003, 17, 'A', 148.5},
12        {"Cheng ling", 1004, 19, 'F', 139.0},
13        {"Wang ming", 1005, 18, 'B', 144.5}
14    };
15    int main(){
16        int i, num_135 = 0;
17        float sum = 0;
18        for(i=0; i<5; i++){
19            sum += class[i].score;
20            if(class[i].score < 135){
21                num_135++;
22            }
23        }
24        printf("总成绩为%.2f，成绩低于 135 分的学生人数为%d\n", sum, num_135);
25        return 0;
26    }
```

【例 3.8】通过结构体数组设计一个学生通讯录，要求通过循环依次输入 3 个学生的姓名和电话号码。

```
1    #include <stdio.h>
2    #define N 3
3    struct stu{
4        char name[10];
5        char num[20];
6    };
7    int main(){
8        struct stu tel[N];
9        int i;
10       for(i=0;i<N;i++){
11           printf("请输入第%d 个学生的姓名和电话号码：\n",(i+1));
12           scanf("%s%s",tel[i].name,tel[i].num);
13       }
14       printf("\n 姓名\t 电话号码\n");
15       for(i=0;i<N;i++){
16           printf("%s\t%s\n",tel[i].name,tel[i].num);
17       }
18       return 0;
19   }
```

3.3.4 共用体

共用体有时也被称为联合体，它与结构体的区别在于：结构体的各个成员会占用不同的内存空间，相互之间没有影响；而共用体的各个成员虽然在内存中占的字节数不同，但它们都是从同一地址开始存放的，占用同一段内存，修改一个成员会影响其余所有成员。共用体的声明格式如下。

```
union 共用体名称{
    共用体成员;
};
```

在实际应用中，常常利用共用体的特性，在一个结构体中嵌套一个共用体，这样可以实现复杂的数据存储。例如，有一个学生和教师共用的信息表，每条记录都有姓名、编号、性别、职业、成绩/任教科目（由职业决定）。其字段结构如表 3-2 所示。

表 3-2 学生、教师信息表

姓名	编号	性别	职业	成绩/任教科目
张三	1001	F	S	95.5
李四	5002	M	T	计算机
王五	1002	F	S	87

【例 3.9】综合利用结构体和共用体，实现表 3-2 所示的学生、教师信息表的数据存储。

```
1    #include <stdio.h>
2    #define n 3
3    struct{
4        char name[20];
5        int num;
6        char sex;
7        char profession;
8        union{
```

```
9               float score;
10              char course[20];
11          } category;
12      } person[n];
13      int main(){
14          int i;
15          for(i=0; i<n; i++){
16              printf("请输入第%d 个人员信息: ",(i+1));
17              scanf("%s %d %c %c", person[i].name, &(person[i].num), &(person[i].sex),
        &(person[i].profession));
18              if(person[i].profession == 'S'){ //S 表示学生，T 表示教师
19                  scanf("%f", &person[i].category.score);
20              }else{
21                  scanf("%s", person[i].category.course);
22              }
23              fflush(stdin); //清空输入缓存区
24          }
25          printf("\n 姓名\t 编号\t 性别\t 职业\t 成绩/任教科目\n");
26          for(i=0; i<n; i++){
27              if(person[i].profession == 'S'){
28                  printf("%s\t%d\t%c\t%c\t%.2f\n", person[i].name, person[i].num, person[i].sex,
        person[i].profession, person[i].category.score);
29              }else{
30                  printf("%s\t%d\t%c\t%c\t%s\n", person[i].name, person[i].num, person[i].sex,
        person[i].profession, person[i].category.course);
31              }
32          }
33          return 0;
34      }
```

3.3.5 文件操作

数据信息如果没有写入数据库或磁盘文件，则程序运行结束时，这些数据信息都会丢失。用 C 语言操作文件非常方便，比如打开文件、读取和追加数据、插入和删除数据、关闭文件、删除文件等，都能很轻松地实现。在后续的项目中，还会讲解如何将数据信息存入数据库。

1. 打开文件

在操作文件之前，必须先打开文件，即让程序和文件建立连接。使用<stdio.h>头文件中的 fopen()函数即可打开文件，它的语法如下。

```
FILE *fopen(char *filename, char *mode);
```

FILE 是<stdio.h>头文件中的一个结构体，它专门用来保存文件信息。fopen()函数会获取文件的信息，包括文件名、文件状态、当前读写位置等，并将这些信息保存到一个 FILE 类型的结构体变量中，然后将该变量的地址返回。如果希望接收 fopen()函数的返回值，就需要定义一个 FILE 类型的指针（关于指针的相关理论知识详解，请见项目 4）。filename 为文件名（包括文件路径），mode 为打开模式（具体打开模式见表 3-3），它们都是字符串。打开文件并判断是否打开成功的实现代码如下。

```
1   FILE *fp;    //定义 FILE 类型的指针 fp，用于接收 fopen()函数的返回值
2   if( (fp=fopen("D:\\stu.txt","rb")) == NULL ){
3       printf("文件打开失败!\n");
4       exit(0);   //退出程序（结束程序）
5   }
```

在操作文件时，获取文件的权限是必须的。若只想读取文件中的数据，“只读”权限就够了；如果

既想读取数据又想写入数据，就必须具备“读写”权限。C 语言中的文件权限如表 3-3 所示。

表 3-3　C 语言中的文件权限

模式	含义	备注
"r"（只读）	打开一个文本文件，只能读	文件必须存在，否则 fopen()函数将返回 NULL
"r+"（读写）	可读取或写入一个文本文件	
"rb"（只读）	打开一个二进制文件，只能读	
"rb+"（读写）	可读取或写入一个二进制文件	
"w"（只写）	写入一个文本文件，只能写	如果文件不存在则创建新文件，如果文件存在则清空原有数据
"w+"（读写）	可读取或写入一个文本文件	
"wb"（只写）	写入一个二进制文件，只能写	
"wb+"（读写）	可读取或写入一个二进制文件	
"a"（追加）	向文本文件末尾添加数据，只能写	如果文件不存在则创建新文件，如果文件存在则在原有数据末尾添加内容
"a+"（读写）	可读取或写入一个文本文件	
"ab"（追加）	向二进制文件末尾添加数据，只能写	
"ab+"（读写）	可读取或写入一个二进制文件	

文件使用完毕后，应该用 fclose()函数把文件关闭，以释放相关资源。fclose()函数的语法如下。

```
fclose(fp);
```

【例 3.10】通过文件操作，读取 D:\stu.txt 文件中的所有信息。

```
1   #include <stdio.h>
2   #define N 100
3   int main() {
4       FILE *fp;
5       char str[N + 1];
6       //判断文件是否打开失败
7       if ( (fp = fopen("D:\\stu.txt","r")) == NULL ) {
8           printf("文件打开失败!");
9           exit(0);
10      }
11      //循环读取文件的每一行数据
12      while( fgets(str, N, fp) != NULL ) {
13          printf("%s", str);
14      }
15      fclose(fp);//操作结束后关闭文件
16      return 0;
17      }
```

2. 读写文件

C 语言提供了多种读写文件的函数，主要包括如下函数。

字符读写函数：fputc()和 fgetc()。

字符串读写函数：fputs()和 fgets()。

数据块读写函数：fread()和 fwrite()。

格式化读写函数：fscanf()和 fprintf()。

以字符形式读写文件时，每次可以从文件中读取或写入一个字符，效率较低。以字符串形式读写文件时，每次最多只能从文件中读取一行内容，因为 fgets()遇到换行符就结束读取，其效率与实际要求仍有一定差距。如果希望灵活读取数据，比如既可以读取一个字符，又可以读取一个字符串，甚至是多行数据，可以使用数据块的形式。

fread()函数用来从指定文件中读取数据块，其语法如下。

```
fread( void *ptr, size, count, FILE *fp );
```

fwrite()函数用来向指定文件中写入数据块，其语法如下。

```
fwrite( void *ptr, size, count, FILE *fp );
```

ptr 为内存区块指针，它可以是数组、变量、结构体等。fread()中的 ptr 用来存放读取到的数据，fwrite()中的 ptr 用来存放要写入的数据。size 表示每个数据块的字节数。count 表示要读写的数据块的块数。fp 表示文件指针。

【例 3.11】利用结构体和文件操作，从键盘输入两个学生的信息，将信息写入磁盘文件，并输出到屏幕上显示。

```
1    #include<stdio.h>
2    #define N 2
3    struct stu{
4        char name[10];  //姓名
5        int num;        //学号
6        int age;        //年龄
7        float score;    //成绩
8    }boya[N], boyb[N], *pa, *pb;
9    int main(){
10       FILE *fp;
11       int i;
12       pa = boya;
13       pb = boyb;
14       //以二进制形式操作文件
15       if( (fp=fopen("D:\\stu.txt", "wb+")) == NULL ){
16           printf("文件打开失败!");
17           exit(0);
18       }
19       printf("请依次输入学生信息:\n");
20       for(i=0; i<N; i++,pa++){
21           scanf("%s %d %d %f",pa->name, &pa->num,&pa->age, &pa->score);
22       }
23       fwrite(boya, sizeof(struct stu), N, fp);//将数组 boya 的数据写入磁盘文件
24       rewind(fp);//将文件指针重置到文件开头
25       fread(boyb, sizeof(struct stu), N, fp);//从文件读取数据并保存到数组 boyb
26       //将数组 boyb 中的数据输出到屏幕
27       printf("学生信息如下：\n");
28       for(i=0; i<N; i++,pb++){
29           printf("%s  %d  %d  %.2f\n", pb->name, pb->num, pb->age, pb->score);
30       }
31       fclose(fp);
32       return 0;
33   }
```

程序运行结束后，打开 D:\stu.txt 文件会发现里面的内容为乱码，这是因为在写入磁盘文件时是按照二进制形式写入的，计算机可以识别，但人无法正常识别。如果需要使磁盘文件里的内容让人可正常识别，可通过格式化读写函数 fscanf()和 fprintf()完成文件操作。

【例 3.12】使用格式化读写函数 fscanf()和 fprintf()完成例 3.11 的功能，要求保存的磁盘文件内容可正常识别。

```
1    #include<stdio.h>
2    #define N 2
3    struct stu{
4        char name[10];
5        int num;
6        int age;
7        float score;
8    } boya[N], boyb[N], *pa, *pb;
9    int main(){
10       FILE *fp;
11       int i;
12       pa=boya;
13       pb=boyb;
14       if( (fp=fopen("D:\\stu.txt","wt+")) == NULL ){
15           puts("文件打开失败!");
16           exit(0);
17       }
18       printf("请依次输入学生信息:\n");
19       for(i=0; i<N; i++,pa++){
20           scanf("%s %d %d %f", pa->name, &pa->num, &pa->age, &pa->score);
21       }
22       pa = boya;
23       //将数组 boya 中的数据写入磁盘文件
24       for(i=0; i<N; i++,pa++){
25           fprintf(fp,"%s %d %d %.2f\n", pa->name, pa->num, pa->age, pa->score);
26       }
27       rewind(fp);
28       //从文件中读取数据，保存到数组 boyb
29       for(i=0; i<N; i++,pb++){
30           fscanf(fp, "%s %d %d %f\n", pb->name, &pb->num, &pb->age, &pb->score);
31       }
32       pb=boyb;
33       printf("学生信息如下：\n");
34       //将数组 boyb 中的数据输出到屏幕
35       for(i=0; i<N; i++,pb++){
36           printf("%s   %d   %d   %.2f\n", pb->name, pb->num, pb->age, pb->score);
37       }
38       fclose(fp);
39       return 0;
40   }
```

运行该程序，输入学生信息后，打开磁盘文件 stu.txt，其内容如图 3-4 所示。

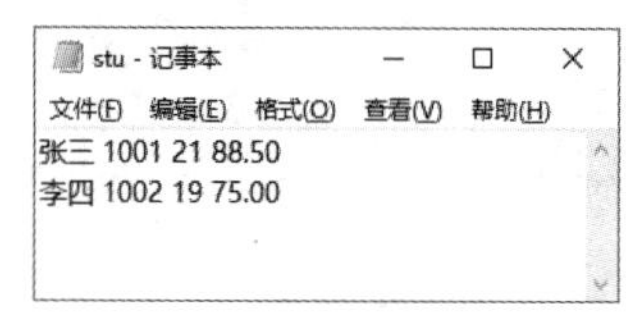

图 3-4　磁盘文件 stu.txt 的内容

3.4 预处理模块

3.4.1 头文件引用

本项目需要使用标准输入输出库、字符数组库等。具体代码如下。

```
1    #include<stdio.h>
2    #include<stdlib.h>
3    #include<string.h>
```

3.4.2 预定义

本项目使用的预定义主要用来统一信息输出格式、设置结构体中元素的值，以及定义数据存储文件名等。具体代码如下。

```
1    #define LEN sizeof(struct student)
2    #define FORMAT "\t%d\t%s\t%.1lf\t%.1lf\t%.1lf\t%.1lf\n"
3    #define ELEMENT stu[i].num,stu[i].name,stu[i].language,stu[i].math,stu[i].cprogram,stu[i].sum
4    #define FILENAME "stuscore.txt"
```

第 1 行代码定义的常量名为 LEN，其值等于 student 结构体的长度。第 2 行代码定义的常量名为 FORMAT，其值为格式化的输出以及水平制表符。第 3 行代码定义的常量名为 ELEMENT，表示结构体中的每个元素值。第 4 行代码定义的常量名为 FILENAME，其值为一个文本文件，该文件用于永久存储学生成绩信息，其默认路径为当前项目源代码所在路径。

3.4.3 结构体定义

根据学生成绩管理系统的功能，确定使用结构体数组来临时存储每个学生的成绩信息，包括学号、姓名、语文成绩、数学成绩、C 语言成绩以及总成绩。具体代码如下。

```
1    struct student
2    {
3        int num;
4        char name[15];
5        double language;
6        double math;
7        double cprogram;
8        double sum;
9    };
10   struct student stu[50];
```

第 1 行代码声明结构体名称为 student；第 3 行到第 8 行代码分别定义学号（整数）、姓名（字符数组，用于存储字符串，长度为 15）、语文成绩（浮点数）、数学成绩（浮点数）、C 语言成绩（浮点数）和总成绩（浮点数）；第 10 行代码创建一个名为 stu 的 student 型结构体数组，其长度为 50。

3.4.4 函数声明

自定义函数声明代码如下。

```
1    void add();           //录入学生成绩
2    void show();          //显示学生成绩
3    void del();           //删除学生成绩
4    void modify();        //修改学生成绩
5    void menu();          //主菜单
6    void insert();        //插入学生成绩
7    void search();        //查找学生成绩
```

在自定义函数时，函数名尽量使用英语单词并做到见名知义，比如第 1 行定义的函数名为 add，为学生成绩录入函数。

3.5 系统主界面设计

3.5.1 效果展示

学生成绩管理系统运行后的第一个界面为系统主界面，该界面以菜单的形式显示了系统的主要功能，当用户需要使用某个功能时，输入对应的菜单编号即可。运行效果如图 3-5 所示。

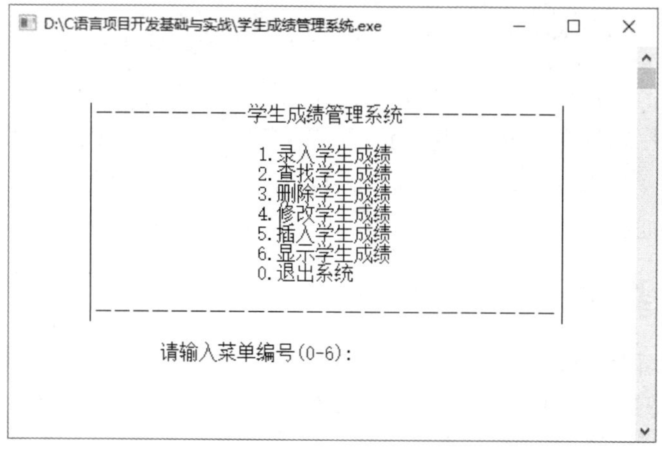

图 3-5 系统主界面

3.5.2 业务流程分析

系统主界面需要通过用户输入菜单编号，调用对应的自定义函数来完成相应功能。其业务流程如图 3-6 所示。

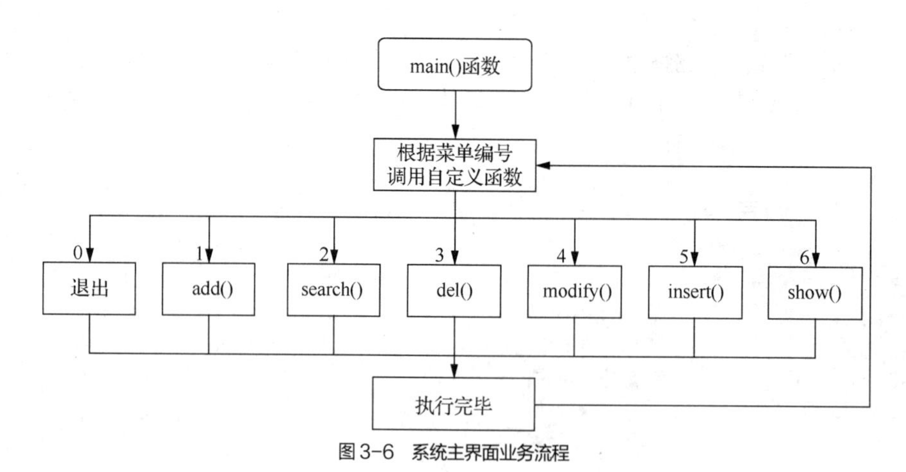

图 3-6 系统主界面业务流程

3.5.3 技术实现分析

首先定义一个 menu()函数显示系统主菜单，menu()函数的实现代码如下。

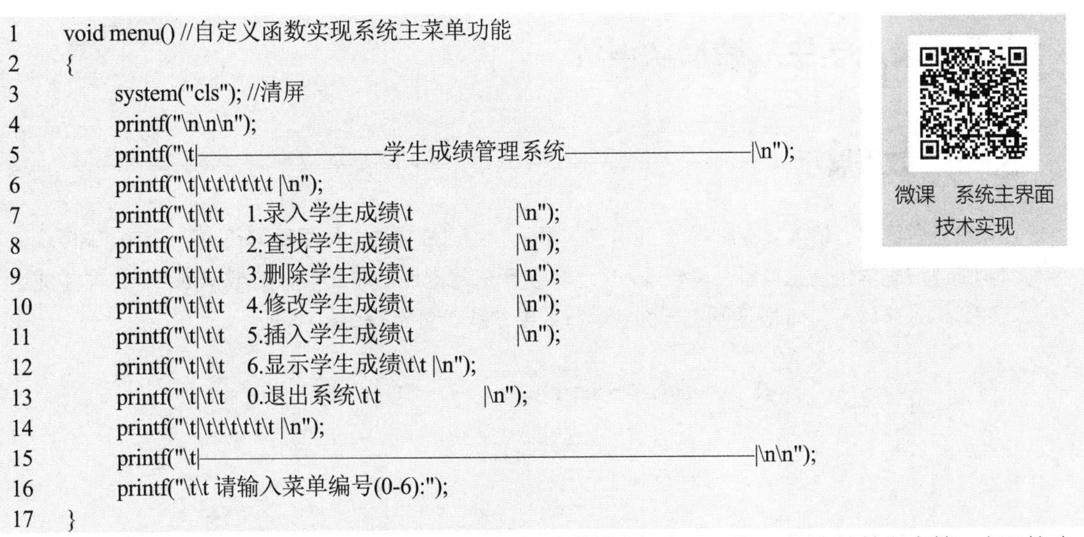

```
1   void menu() //自定义函数实现系统主菜单功能
2   {
3       system("cls"); //清屏
4       printf("\n\n\n");
5       printf("\t|——————————学生成绩管理系统——————————|\n");
6       printf("\t|\t\t\t\t\t |\n");
7       printf("\t|\t\t   1.录入学生成绩\t          |\n");
8       printf("\t|\t\t   2.查找学生成绩\t          |\n");
9       printf("\t|\t\t   3.删除学生成绩\t          |\n");
10      printf("\t|\t\t   4.修改学生成绩\t          |\n");
11      printf("\t|\t\t   5.插入学生成绩\t          |\n");
12      printf("\t|\t\t   6.显示学生成绩\t\t |\n");
13      printf("\t|\t\t   0.退出系统\t\t          |\n");
14      printf("\t|\t\t\t\t\t |\n");
15      printf("\t|——————————————————————————————|\n\n");
16      printf("\t\t 请输入菜单编号(0-6):");
17  }
```

微课　系统主界面技术实现

第 3 行代码实现清屏效果，其他的语句皆是标准的输出语句。\t 为 C 语言的转义字符，实现的功能是生成水平制表符。

在 main()主函数中，通过调用 menu()在内的自定义函数实现不同功能，main()主函数的完整代码如下。

```
1   int main()
2   {
3       int n;
4       menu(); //调用 menu()函数显示系统主菜单
5       scanf("%d",&n);
6       while(n)
7       {
8           switch(n)
9           {
10              case 1: add();break;
11              case 2: search();break;
12              case 3: del();break;
13              case 4: modify();break;
14              case 5: insert();break;
15              case 6: show();break;
16              default:
17                  printf("请输入数字 0-6，按任意键返回重新输入。\n");
18                  break;
19          }
20          getch();
21          menu();
22          scanf("%d",&n);
23      }
24  }
```

当 menu()函数被调用后，通过第 3 行代码定义的 int 类型变量 n，接收用户输入的菜单编号。while 语句中的 n 如果等于 0 则该循环终止，程序运行结束，即实现了图 3-5 所示菜单编号为 0 的退出系统功能；如果不等于 0，则执行 switch 语句中数字 1～6 分别对应的 case 语句，否则执行 default 语句，提示用户输入的菜单编号必须是从 0 到 6 的数字。需要注意的是，switch 语句中的每条语句结束都有一个关键字 break，表示跳出 switch 语句，不再执行其后的语句。注意，第 10 行至 15 行代码调用的自定义函数还没完成编码，此时直接运行程序会报错。

3.6 录入学生成绩模块设计

3.6.1 效果展示

在系统主界面中，输入菜单编号 1 即可进入录入学生成绩模块，如果是第一次使用该功能模块，会有“当前还没有学生信息！是否需要录入？”的提示信息出现。输入字母 Y 或 y 则会进入学生成绩录入流程，输入字母 N 或 n 则返回主界面，运行效果分别如图 3-7 和图 3-8 所示。

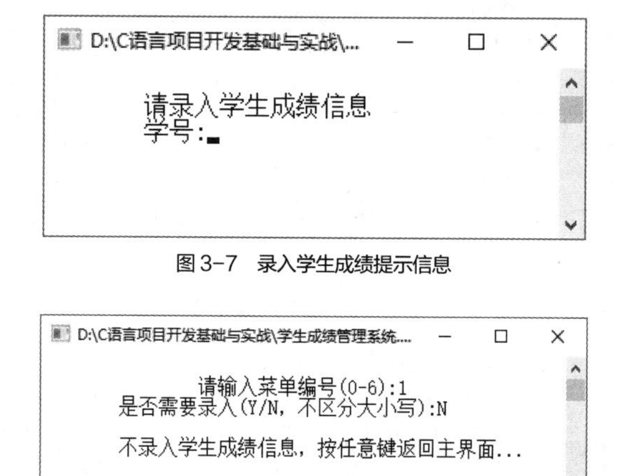

图 3-7　录入学生成绩提示信息

图 3-8　不录入学生成绩提示信息

在录入学生成绩界面中，依次输入学号、姓名、语文成绩、数学成绩、C 语言成绩并按 Enter 键，系统提示成绩信息已保存，如图 3-9 所示。如果需要继续录入则输入字母 Y 或 y，不需要则输入字母 N 或 n 返回系统主界面。

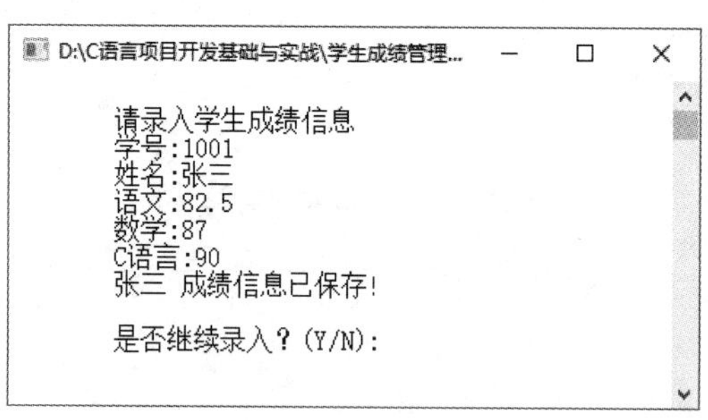

图 3-9　录入学生成绩演示

3.6.2 业务流程分析

当第一次使用录入学生成绩功能模块时，系统中还没有任何数据，此时应该询问用户是否需要录入，如果用户确定录入，则进入具体的学生成绩录入流程，一条记录录入完毕后还要提示用户是否需要继续录入。录入学生成绩模块的业务流程如图 3-10 所示。

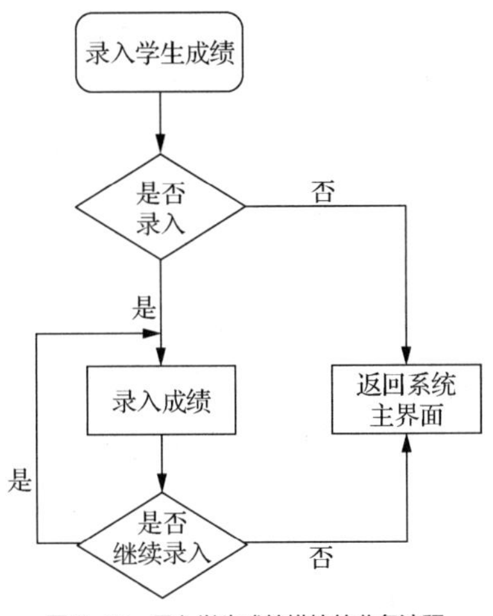

图 3-10 录入学生成绩模块的业务流程

3.6.3 技术实现分析

在录入学生成绩信息之前，首先需要打开存储学生成绩信息的文件（如果文件不存在则需要建立）；其次需要统计当前学生成绩信息记录数量，如果还没有学生成绩信息，则提示“当前还没有学生信息!”，同时询问用户是否录入信息。实现代码如下。

```
1    void add() //录入学生成绩信息
2    {
3        int i,m=0; //m 是记录数
4        char ch[2];
5        FILE *fp; //定义文件指针
6        if((fp=fopen(FILENAME,"a+"))==NULL) //打开指定文件
7        {
8            printf("\t 文件有误！ \n");
9            return;
10       }
11       while(!feof(fp))
12       {
13           if(fread(&stu[m] ,LEN,1,fp)==1)
14           {
15               m++; //自增，以统计当前记录数
16           }
17       }
18       if(m==0)
19       {
20           printf("\t 当前还没有学生信息！ \n");
21       }
22       printf("\t 是否需要录入(Y/N，不区分大小写):");
23       scanf("%s",ch);
     //后续代码
```

微课 录入学生成绩技术实现

第5行至第10行代码中，定义了一个文件指针名为fp，通过fopen()函数打开预处理模块FILENAME定义的文件，当返回值为NULL时意味着文件打开失败或创建失败，提示“文件有误!”后返回系统主界面。如果返回值不为NULL则打开文件成功，从第11行代码进入while循环语句，通过fread()函数

依次从文件中读取数据并将数据存储到结构体数组 stu 中，返回值为 1 表示读取一条记录成功，变量 m 自增 1，循环语句结束时 m 的值就等于当前总的记录数。如果 m 的值为 0，则表示当前文件中没有任何学生成绩信息，通过第 20 行代码给出提示。

接下来就要判断用户是否需要录入学生成绩信息，以及如何检测学号的重复问题。实现代码如下。

```
    //续接第 23 行
24          while(strcmp(ch,"Y")==0||strcmp(ch,"y")==0)//如果用户输入字母 Y 或 y，则表示需要录入
25          {
26              system("cls");
27              printf("\n");
28              printf("\t 请录入学生成绩信息\n");
29              printf("\t 学号:");
30              //当前有 m 条记录则最后一条记录的索引为 stu[m-1]，stu[m]表示最后新增的一条记录
31              scanf("%d",&stu[m].num);
32              for(i=0;i<m;i++)
33              {
34                  //通过 stu[i]依次判断每个学号是否与新录入的学号相等
35                  if(stu[i].num==stu[m].num)
36                  {
37                      printf("\t 学号已经存在了，按任意键继续!");
38                      getch();
39                      fclose(fp); //关闭文件流
40                      //按任意键返回系统主界面
41                      return;
42                  }
43              }
    //后续代码
```

第 24 行代码通过 strcmp()函数将用户输入给变量 ch 的值与字母 Y 或者 y 进行比较，返回值为 0 代表二者相等，即用户需要录入学生成绩信息。确认录入学生成绩信息后，首先让用户输入学号并通过第 32 行代码开始的 for 循环，判断系统中是否存在相同学号，如果存在则给出相应提示，关闭文件流，按任意键返回系统主界面，如图 3-11 所示。

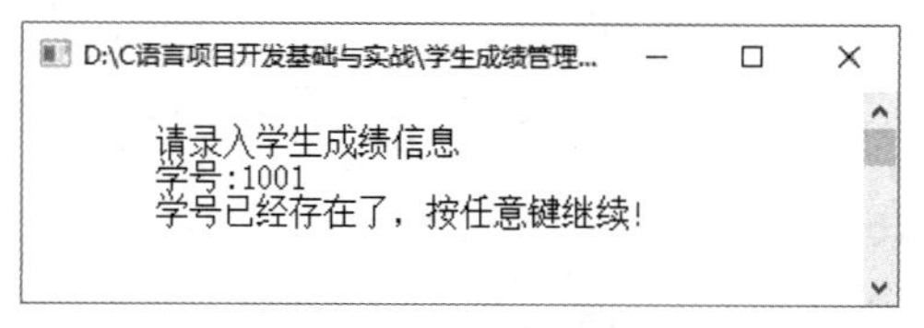

图 3-11　学号重复性检测

若没有检测到重复的学号，则通过标准的输入、输出语句依次让用户录入姓名、各科成绩等信息，其运行效果见图 3-9。实现代码如下。

```
    //续接第 43 行
44              printf("\t 姓名:");
45              scanf("%s",stu[m].name);
46              printf("\t 语文:");
47              scanf("%lf",&stu[m].language);
48              printf("\t 数学:");
49              scanf("%lf",&stu[m].math);
50              printf("\tC 语言:");
51              scanf("%lf",&stu[m].cprogram);
52              stu[m].sum=stu[m].language+stu[m].math+stu[m].cprogram;//计算出总成绩
    //后续代码
```

目前录入的学生成绩信息是存放到结构体数组 stu 中的，是临时性的，一旦退出系统，这些信息就会丢失，所以还需要将其存放到磁盘文件中，以永久保存。实现代码如下。

```
    //续接第 52 行
53              if(fwrite(&stu[m],LEN,1,fp)!=1)
54              {
55                  printf("不能保存!");
56                  getch();
57              }
58              //返回值等于 1 则已存入磁盘文件
59              else
60              {
61                  printf("\t%s 成绩信息已保存!\n",stu[m].name);
62                  m++;
63              }
64              printf("\n");
65              printf("\t 是否继续录入？ (Y/N):");//询问用户是否继续录入信息
66              scanf("%s",ch);
67          }
68          fclose(fp);//关闭文件流
69          printf("\n\t 不录入学生成绩信息，按任意键返回主界面...\n");
70  }
```

第 53 行代码通过 fwrite()函数，将 stu[m]中的信息写入磁盘文件（由第 5 行代码定义的文件指针 fp 确定写入哪个文件），如果写入失败，即返回值不等于 1，给出提示“不能保存!”，如果返回值等于 1，表示写入文件成功。当用户需要继续录入信息时，即第 66 行代码获得字母 Y 或 y，那么第 24 行代码定义的 while 循环条件仍然满足，所以重复录入过程，直到用户输入字母 N 或 n 终止 while 循环。一个文件使用完毕后，必须通过第 68 行的 fclose()函数将其关闭。当用户确定不录入学生成绩信息时，通过第 69 行代码给出相应提示并按任意键返回系统主界面。

3.7 查找学生成绩模块设计

当一个应用系统已经有若干数据内容时，在实际使用中通常会查找满足特定条件的信息，比如一个电商平台根据手机号可以查找其所有订单信息等。在本项目中，通过学号可以查找学生信息（请读者想一想，如果通过姓名查找，其查找结果与通过学号查找相比可能会有什么区别）。

3.7.1 效果展示

在系统主界面中，输入菜单编号 2 即可进入查找学生成绩模块，用户输入学号后如果找到了对应的学生信息则将其显示出来，如图 3-12 所示；如果未找到对应的学生信息则给出相应提示，并可以按任意键返回系统主界面，如图 3-13 所示。

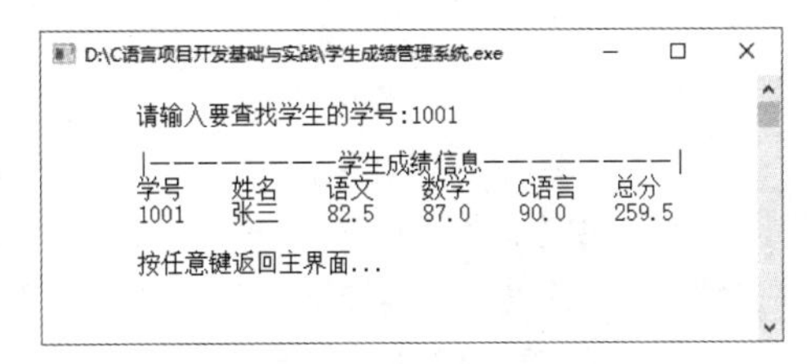

图 3-12　找到学生成绩信息

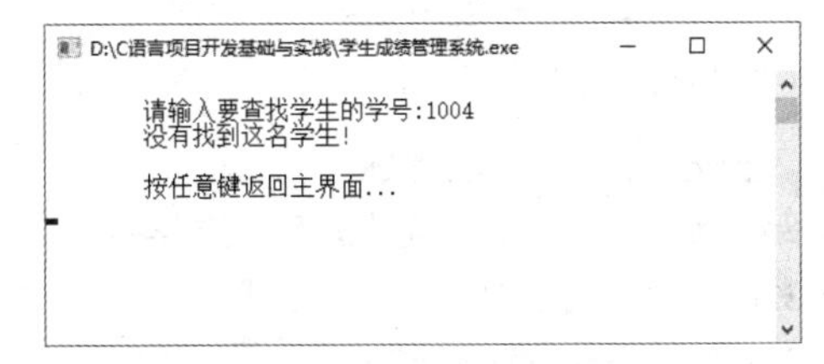

图 3-13　未找到学生成绩信息

3.7.2 业务流程分析

用户输入学号之后，程序需要通过循环依次对比已有的数据记录，如果有匹配的数据记录，即找到了学生信息，就将该条信息显示出来，否则提示“没有找到学生信息！”，待用户按任意键后返回系统主界面。查找学生成绩模块的业务流程如图 3-14 所示。

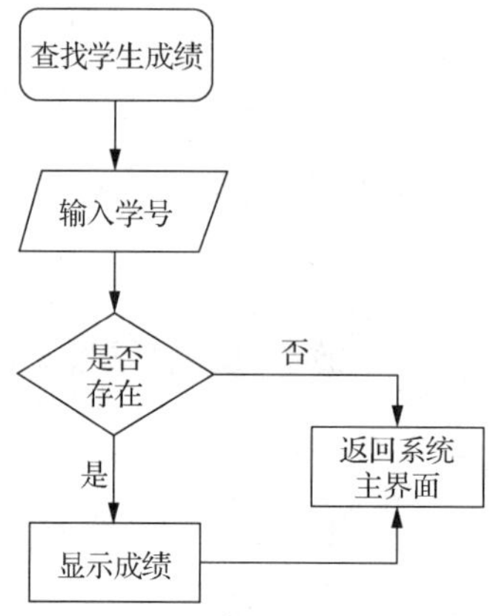

图 3-14 查找学生成绩模块的业务流程

3.7.3 技术实现分析

在使用查找学生成绩功能时，首先需要将磁盘文件内容读取到结构体数组中，并统计当前所有记录的总数。实现代码如下。

```
1    void search()//自定义查找函数
2    {
3        FILE *fp;
4        int snum,i,m=0;
5        if((fp=fopen(FILENAME,"r"))==NULL) //以只读模式打开指定文件
6        {
7            printf("文件有误！ \n");
8            return;
9        }
10       while(!feof(fp))
11       {
12           if(fread(&stu[m],LEN,1,fp)==1)
13           m++;
14       }
15       if(m==0)
16       {
17           printf("文件中没有记录！ \n");
18           return;
19       }
     //后续代码
```

微课 查找学生成绩技术实现

变量 snum 用于临时存放用户输入的学号，以与结构体数组中的记录进行对比。打开磁盘文件的操作与 3.6 节类似，不同的是，在 3.6 节中需要录入学生成绩信息，而此处只需要读取信息即可，所以第 5 行代码中的 fopen()函数参数为"r"，意即只读。第 12 行代码实现的功能有两个，一是依次将磁盘文件

中的数据记录读取到结构体数组中；二是通过判断返回值来确定记录数，如果返回值等于 1 则变量 m 自增 1。数据记录读取到结构体数组中后，将用户输入的学号与结构体数组中的记录进行对比，若有匹配的记录则输出，若没有则给出提示。实现代码如下。

```
    //续接第 19 行
20          system("cls");
21          printf("\n");
22          printf("\t 请输入要查找学生的学号:");
23          scanf("%d",&snum);
24          for(i=0;i<m;i++)
25          {
26                if(snum==stu[i].num)//如果输入的学号与现有记录匹配
27                {
28                      printf("\n\t|------------------学生成绩信息------------------|\n");
29                      printf("\t 学号\t 姓名\t 语文\t 数学\tC 语言\t 总分\t\n");
30                      printf(FORMAT,ELEMENT);//用预定义的格式输出信息
31                      break;//找到一条匹配的记录后就跳出循环，i 的值永远不会等于 m
32                }
33          }
34          //如果 i 的值等于 m，则表示没有匹配的记录
35          if(i==m)
36          {
37                printf("\t 没有找到这名学生!\n");
38          }
39          fclose(fp);
40          printf("\n\t 按任意键返回主界面...\n");
41    }
```

当结构体数组中存放有数据记录时，stu[i].num 就代表每条记录的学号值，通过第 24 行代码开始的循环语句即可实现对比功能。如果找到第一条也是唯一一条匹配的记录（在录入学生成绩时，同一学号只能录入一次），则输出当前学生成绩信息并通过 break 语句跳出循环。如果变量 i 的值等于 m，表示第 31 行的 break 语句没有执行，即没有找到匹配的记录，则给出相应提示。

3.8 删除学生成绩模块设计

对学生成绩管理系统来说，不仅需要录入学生成绩，有时还需要删除学生成绩。本项目设计的删除学生成绩模块，会直接从存储文件中删除数据。

3.8.1 效果展示

在系统主界面中，输入菜单编号 3 即可进入删除学生成绩模块。在该模块中，首先会将当前存储的所有数据显示，以方便用户选择。运行效果如图 3-15 所示。

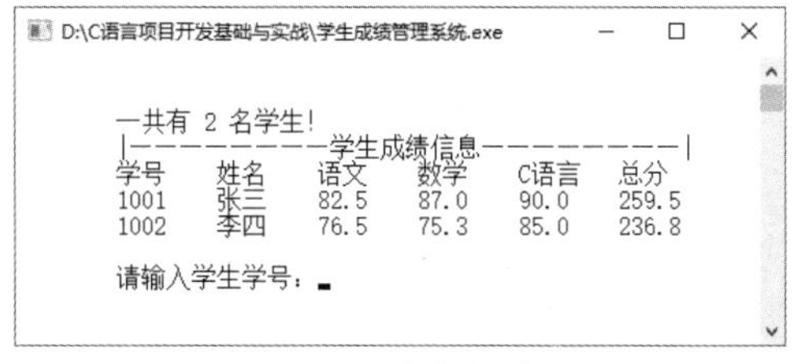

图 3-15　删除学生成绩主界面

输入一个学号，如 1001，系统首先会查找是否存在与之匹配的信息，若存在则提示用户确认是否删除（请读者想一想，为什么要设置提示是否删除的步骤呢？），运行效果如图 3-16 所示。

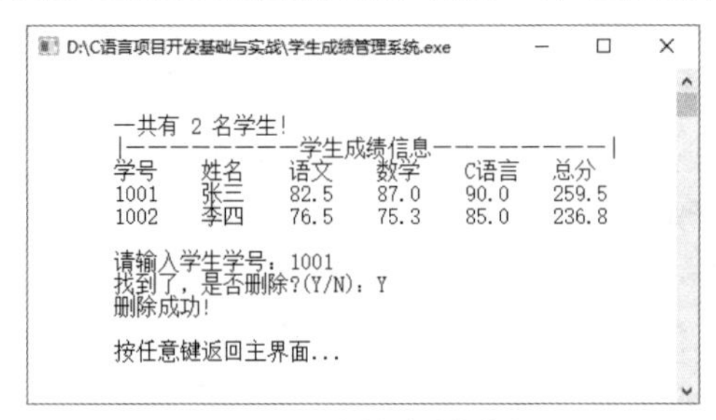

图 3-16 删除学生成绩成功

在上一步中，学号为 1001 的学生成绩信息已经被删除了，如果再次输入 1001 进行删除，系统会提示没有找到学生信息，如图 3-17 所示。

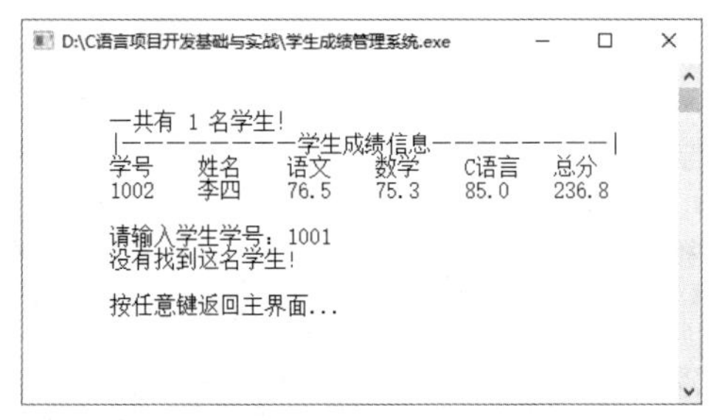

图 3-17 删除学生成绩失败

3.8.2 业务流程分析

在删除学生成绩模块中，主要通过查找学号是否存在，从而实现删除和不删除两种情况。其业务流程如图 3-18 所示。

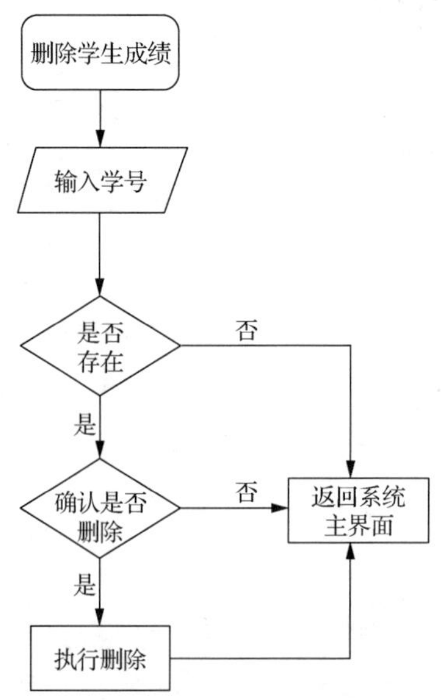

图 3-18 删除学生成绩模块的业务流程

3.8.3 技术实现分析

首先需要通过文件指针以读写模式打开存储学生成绩信息的文件，并计算总记录数，如果没有记录就直接返回系统主界面。实现代码如下。

微课 删除学生成绩技术实现

```
1    void del()//删除学生成绩信息
2    {
3        FILE *fp;
4        int snum,i,j,m=0;
5        char ch[2];
6        if((fp=fopen(FILENAME,"r+"))==NULL)
7        {
8            printf("文件有误！\n");
9            return;
10       }
11       while(!feof(fp))
12       {
13           if(fread(&stu[m] ,LEN,1,fp)==1)
14           m++;
15       }
16       if(m==0)
17       {
18           printf("文件中没有记录！\n");
19           return;
20       }
21       system("cls");
22       printf("\n");
23       show();
24       printf("\t 请输入学生学号：");
25       scanf("%d",&snum);
     //后续代码
```

删除学生成绩信息后需要将剩余数据重新写入文件，所以第 6 行的 fopen()函数是通过"r+"模式打开文件的，即读写模式。在正式删除之前，通过第 23 行代码调用 show()函数（详见 3.11 节），将当前所有数据记录显示出来，以方便用户选择。当用户输入要删除学生的学号时，将其赋给变量 snum。

接收到用户输入的学号后，通过 for 循环将用户输入的学号与现有数据记录中的学号进行对比，一旦匹配成功则提示用户是否需要删除。实现代码如下。

```
     //续接第 25 行
26       for(i=0;i<m;i++)
27       {
28           if(snum==stu[i].num) //与已有数据记录对比
29           {
30               printf("\t 找到了，是否删除?(Y/N)：");
31               scanf("%s",ch);
32               if(strcmp(ch,"Y")==0||strcmp(ch,"y")==0)/*需要删除*/
33               {
34                   for(j=i;j<m;j++)
35                   {
36                       //将记录前移，变相实现删除前一条记录
37                       stu[j]=stu[j+1];
38                       m--;//记录的总数减 1
```

```
39                      }
40                      if((fp=fopen(FILENAME,"wb"))==NULL)
41                      {
42                          printf("文件不存在\n");
43                          return;
44                      }
45                      //通过循环将最新的所有记录存入磁盘文件
46                      for(j=0;j<m;j++)
47                      {
48                          if(fwrite(&stu[j] ,LEN,1,fp)!=1)
49                          {
50                              printf("不能保存\n");
51                              getch();
52                          }
53                      }
54                      fclose(fp);
55                      printf("\t 删除成功!\n");
56                      printf("\n\t 按任意键返回主界面...\n");
57                      return;
58                  }
59                  else
60                  {
61                      printf("\t 找到了记录，选择不删除！ \n");
62                      printf("\n\t 按任意键返回主界面...\n");
63                      return;
64                  }
65              }
66          }
67          printf("\t 没有找到这名学生!\n");
68          printf("\n\t 按任意键返回主界面...\n");
69      }
```

当匹配成功时，首先给出是否删除的提示，并通过第 32 行的 strcmp()函数判断用户的选择，输入字母 Y 或 y 表示确认删除。这里采用了一个比较巧妙的实现删除的方法，即将待删除记录之后所有记录依次前移，相当于让后一条记录“占领”前一条记录，从而变相实现某条记录的删除，同时变量 m 自减 1 以使记录总数相应减少（第 34 行至第 39 行代码）。删除记录后，从第 46 行代码开始将最新的所有记录写入磁盘文件并给出删除成功的提示。如果用户输入字母 N 或 n，则执行第 59 行 else 之后的代码，给出相应提示并按任意键返回系统主界面。

如果匹配不成功，会跳出 for 循环从第 67 行代码开始执行，给出相应提示并按任意键返回系统主界面。

3.9 修改学生成绩模块设计

对学生成绩管理系统来说，当录入信息出错，或者需要修改科目成绩时，都会用到修改功能。如果是一个使用数据库的商业系统，当需要修改某条数据记录时，一般是通过程序语言执行一条 update 语句，将修改后的数据更新到数据库以实现修改功能。

3.9.1 效果展示

在系统主界面中，输入菜单编号 4 即可进入修改学生成绩模块。在该模块中，首先会将当前存储的所有数据显示，以方便用户选择。当用户输入的学号不存在时，给出“没有找到学生成绩信息！”的提示，运行效果如图 3-19 所示。

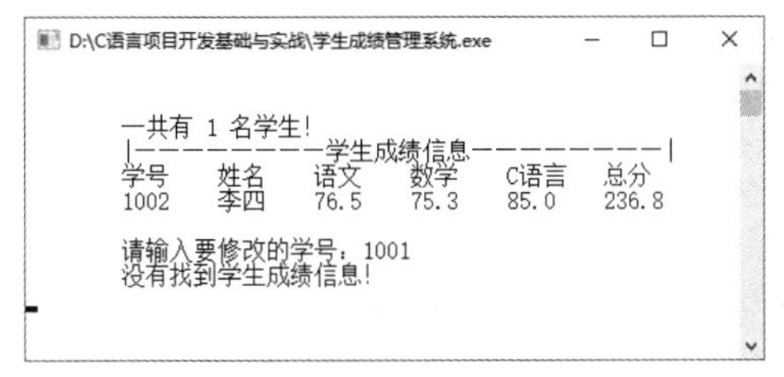

图 3-19　没有找到学生成绩信息

当用户输入的学号存在时，给出“找到了，请录入新的成绩信息！”的提示，并让用户依次输入姓名、各科成绩，运行效果如图 3-20 所示。

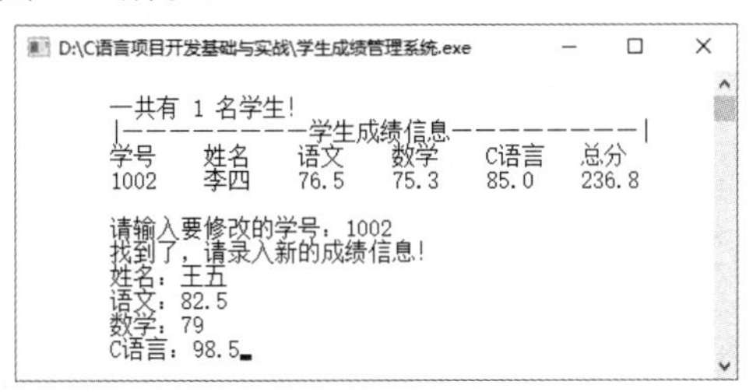

图 3-20　修改学生成绩信息

所有信息修改完毕后，给出提示“修改成功！”，并将修改后的最新数据信息显示出来，运行效果如图 3-21 所示。

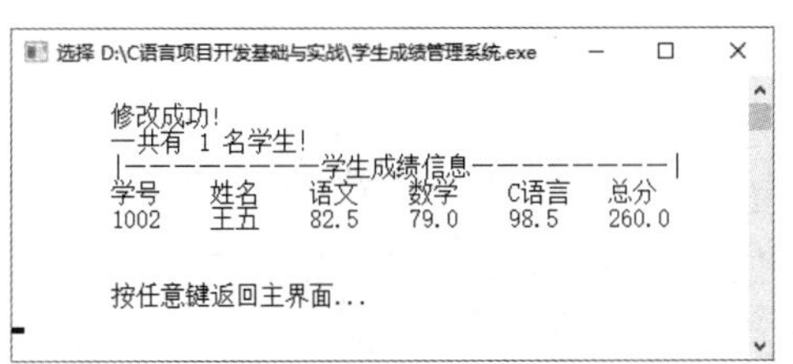

图 3-21　成功修改学生成绩信息提示

3.9.2　业务流程分析

与 3.8 节删除学生成绩模块一样，修改学生成绩信息也是通过学号来完成的，如果用户输入的学号在数据记录中存在，则提示用户输入新的成绩信息，否则提示没有找到学生成绩信息，待用户按任意键后返回系统主界面。修改学生成绩模块的业务流程如图 3-22 所示。

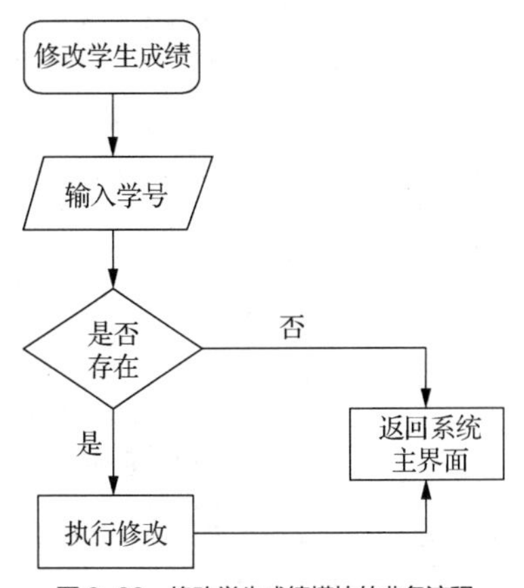

图 3-22　修改学生成绩模块的业务流程

3.9.3　技术实现分析

首先需要通过文件指针以读写模式打开存储学生成绩信息的文件，同时计算总记录数，当没有记录时则给出提示并返回系统主界面。实现代码如下。

微课　修改学生成绩技术实现

```
1   void modify()//修改学生成绩信息
2   {
3       FILE *fp;
4       int i,j,m=0,snum;
5       if((fp=fopen(FILENAME,"r+"))==NULL)
6       {
7           printf("文件有误！\n");
8           return;
9       }
10      while(!feof(fp))
11      {
12          if(fread(&stu[m] ,LEN,1,fp)==1)
13          m++;
14      }
15      if(m==0)
16      {
17          printf("文件中没有记录！\n");
18          return;
19      }
20      system("cls");
21      printf("\n");
22      show();
23      printf("\t 请输入要修改的学号：");
24      scanf("%d",&snum);
    //后续代码
```

用户输入学号后，通过 for 循环依次将用户输入的学号与现有数据记录进行对比，如果找到了匹配的记录则提示添加新的信息。实现代码如下。

```
    //续接第 24 行
25      for(i=0;i<m;i++)
26      {
27          if(snum==stu[i].num)//如果输入的学号与现有数据记录匹配
28          {
29              printf("\t 找到了，请录入新的信息！\n");
30              printf("\t 姓名：");
31              scanf("%s",stu[i].name);
32              printf("\t 语文：");
33              scanf("%lf",&stu[i].language);
34               printf("\t 数学：");
35              scanf("%lf",&stu[i].math);
36               printf("\tC 语言：");
37              scanf("%lf",&stu[i].cprogram);
38              stu[i].sum=stu[i].language+stu[i].math+stu[i].cprogram;
39              if((fp=fopen(FILENAME,"wb"))==NULL)
40              {
41                  printf("不能打开文件！\n");
42                  return;
43              }
44              //通过 fwrite()函数向磁盘文件循环写入
45              for(j=0;j<m;j++)
46              {
47                  if(fwrite(&stu[j] ,LEN,1,fp)!=1)
48                  {
49                      printf("不能保存！");
50                      getch();
```

```
51                      }
52              }
53              system("cls");
54              printf("\n");
55              fclose(fp);
56              printf("\t 修改成功!");
57              show(); //显示修改后的最新信息
58              printf("\n\t 按任意键返回主界面...\n");
59              break;
60          }
61      }
62      if(i==m)
63      {
64          printf("\t 没有找到学生成绩信息！ \n");
65          printf("\n\t 按任意键返回主界面...\n");
66      }
67      fclose(fp);
68  }
```

当第 27 行代码中的 if 语句条件成立时，则找到了匹配的学生学号，从第 30 行代码开始让用户依次输入新的姓名以及各科成绩（请读者想一想，为什么没有提供学号的修改呢？）。所有信息输入完毕后，计算最新的总成绩，通过 fwrite()函数将更新后的信息循环写入磁盘文件，写入成功后再将最新的学生成绩信息显示出来。如果变量 i 与 m 相等，则给出没有找到学生成绩信息的提示并按任意键返回系统主界面。

在修改学生成绩模块中，是依次修改除学号之外的其他信息，如果有些信息不需要修改怎么办？在实际应用中，可以设计一个二级子菜单，由用户选择要修改的项目，比如：1. 修改姓名；2. 修改语文成绩；3. 修改数学成绩；4. 修改 C 语言成绩；5. 返回系统主界面；6. 修改所有信息；7. 退出系统。

3.10 插入学生成绩模块设计

插入学生成绩与录入学生成绩功能类似，不同的是，插入学生成绩时可以指定插入位置。比如当前一共有 3 条记录，用户选择在第 2 条记录所在位置处插入，那么原来的第 2 条记录及之后的所有记录均需要依次往后移动 1 位。

3.10.1 效果展示

在系统主界面中，输入菜单编号 5 即可进入插入学生成绩模块。在该模块中，首先会将当前存储的所有数据显示，以方便用户选择插入位置，待用户输入位置之后，依次输入学号、姓名、各科成绩等信息，插入成功时给出提示。具体运行效果如图 3-23 所示。

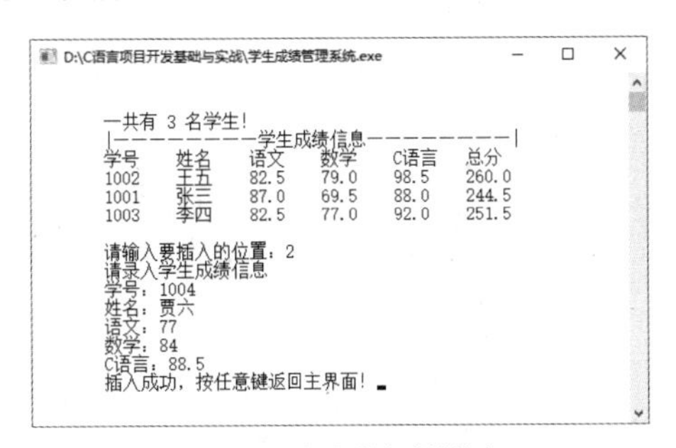

图 3-23　插入学生成绩信息

插入成功之后，在系统主界面中输入菜单编号 6 显示学生成绩信息，可以看到学号 1004 的相关信息已经插入指定位置，原本排在第 2 位的张三、排在第 3 位的李四依次往后移动了 1 位。具体运行效果如图 3-24 所示。

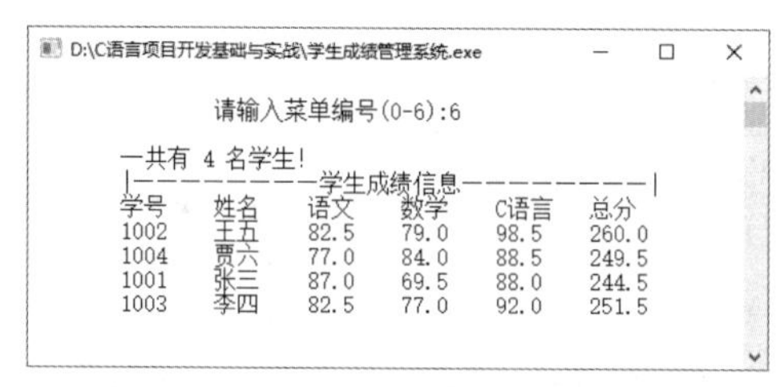

图 3-24　插入成功后数据记录位置变化示意

如果新插入的学号已经存在，则给出“学号已经存在”的相关提示，这样做的目的与录入学生成绩时一样，即保证一个学号仅对应一条记录。具体运行效果如图 3-25 所示。

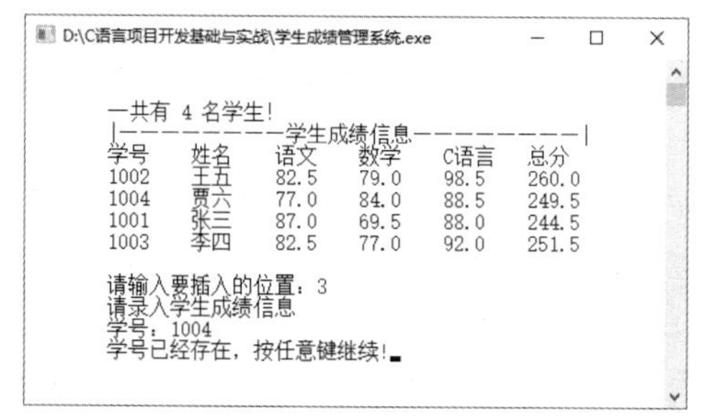

图 3-25　学号重复性检测

3.10.2　业务流程分析

插入学生成绩信息时，最关键的是要先确定插入位置，然后将该位置及之后的所有记录依次往后移动 1 位，如果学号不重复则依次输入学生成绩信息，如果学号已存在则给出提示，待用户按任意键后返回系统主界面。插入学生成绩模块的业务流程如图 3-26 所示。

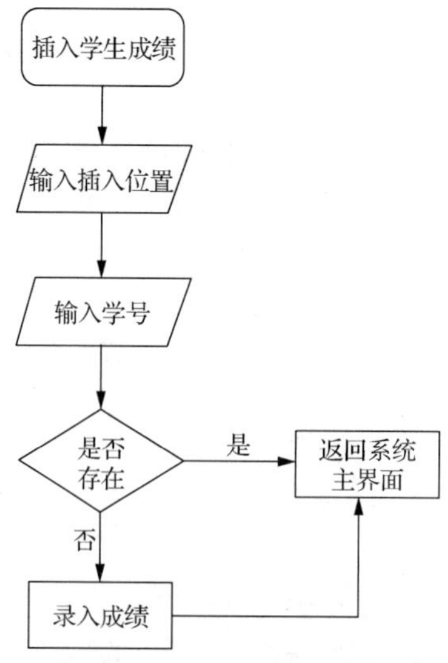

图 3-26　插入学生成绩模块的业务流程

3.10.3 技术实现分析

首先需要通过文件指针以读写模式打开存储学生成绩信息的文件，同时计算总记录数，当没有记录时则给出提示并返回系统主界面。实现代码如下。

微课　插入学生成绩技术实现

```
1     void insert()//插入学生成绩信息到指定位置
2     {
3         FILE *fp;
4         int i,j,k,m=0,n,snum;
5         if((fp=fopen(FILENAME,"r+"))==NULL)
6         {
7             printf("文件有误！ \n");
8             return;
9         }
10        while(!feof(fp))
11        {
12            if(fread(&stu[m],LEN,1,fp)==1)
13            m++;
14        }
15        if(m==0)
16        {
17            printf("文件中没有记录!\n");
18            return;
19        }
          //后续代码
```

如果系统中已有学生成绩信息，则将其显示出来，方便用户选择要插入的位置。位置确定之后，即可插入新记录。实现代码如下。

```
      //续接第 19 行
20        system("cls");
21        printf("\n");
22        show();
23        printf("\t 请输入要插入的位置：");
24        scanf("\t%d",&n);//要插入的位置
25        for(i=0;i<m;i++)
26        {
27            for(j=m-1;j>i;j--)
28            {
29                stu[j+1]=stu[j];//依次向后移 1 位
30            }
31            printf("\t 请录入学生成绩信息\n");
32            printf("\t 学号：");
33            scanf("%d",&snum);
34            for(k=0;k<m;k++)
35            {
36                if(snum==stu[k].num)
37                {
38                    printf("\t 学号已经存在，按任意键继续!");
39                    getch();
40                    fclose(fp);
41                    return;
42                }
43            }
          //后续代码
```

第 22 行代码调用 show()函数将已有的学生成绩信息显示出来，第 23 行、第 24 行代码用来实现接收用

户输入的插入位置。从第27行代码开始，通过循环实现后移1位的操作，其实现原理为：假如一共有5条记录，如果将第3条记录（数组索引为stu[2]。想一想，为什么索引号是2而不是3呢？）和之后的所有记录依次往后移动，其实质是将stu[2]的值重新赋给索引号+1的新元素，即stu[3]=stu[2]，这样操作后原本排在第3位的元素排在了第4位，原本排在第4位的元素排在了第5位，原本排在第5的元素排在了第6位。

所有位置移动完毕后，由用户输入学号，通过第34行开始的代码进行重复性检测，如果学号重复则给出相关提示。学号未重复时，通过如下代码让用户依次输入姓名和各科成绩。

```
   //续接第 43 行
44             stu[n-1].num=snum;//如果学号未重复则存入
45             printf("\t 姓名：");
46             scanf("%s",stu[n-1].name);
47             printf("\t 语文：");
48             scanf("%lf",&stu[n-1].language);
49             printf("\t 数学：");
50             scanf("%lf",&stu[n-1].math);
51             printf("\tC 语言：");
52             scanf("%lf",&stu[n-1].cprogram);
53             stu[n-1].sum=stu[n-1].language+stu[n-1].math+stu[n-1].cprogram;
54             printf("\t 插入成功，按任意键返回主界面！");
55             break;
56         }
57         if((fp=fopen(FILENAME,"wb"))==NULL)
58         {
59             printf("不能打开！\n");
60             return;
61         }
62         for(k=0;k<=m;k++)
63         {
64             if(fwrite(&stu[k] ,LEN,1,fp)!=1)//将修改后的记录写入磁盘文件
65             {
66                 printf("不能保存!");
67                 getch();
68             }
69         }
70         fclose(fp);
71   }
```

用户输入的插入位置为变量n的值，在数组中的索引号为n−1，所以通过第44行开始的代码直接将数据存入stu[n−1]。新记录插入完毕之后，通过fwrite()函数将新的记录写入磁盘文件。

在本功能模块中，没有考虑到用户输入的插入位置大于现有记录数的情况，比如一共有5条记录，而输入的插入位置为10。请读者自行思考并完成代码编写。

3.11 显示学生成绩模块设计

在实际的应用系统中，数据信息浏览功能使用比较频繁，比如一个电商购物系统，其管理后台通常可以根据各种条件浏览数据信息。需要注意的是，本功能模块不涉及数据记录的分页。

3.11.1 效果展示

在系统主界面中，输入菜单编号6即可进入显示学生成绩模块，如果数据记录不为空，则会出现图3-27所示的学生成绩显示效果。

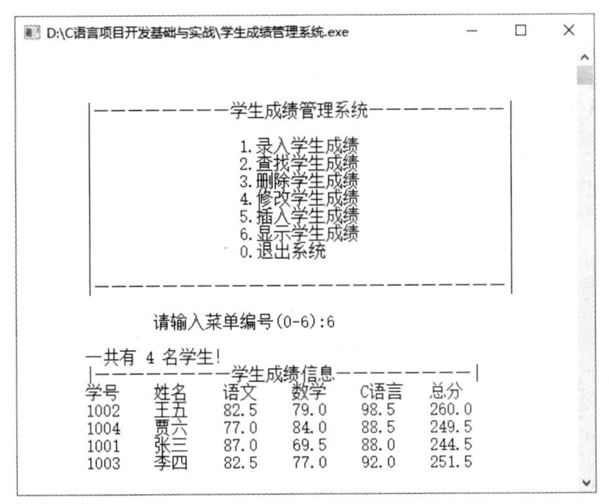

图 3-27 显示学生成绩

3.11.2 业务流程分析

显示学生成绩模块的业务流程比较简单，即有数据记录存在就显示，没有就给出提示并按任意键返回系统主界面。其业务流程如图 3-28 所示。

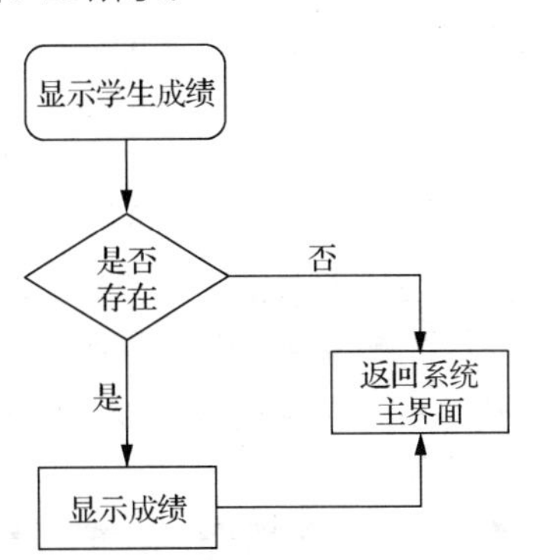

图 3-28 显示学生成绩模块的业务流程

3.11.3 技术实现分析

首先需要通过文件指针将数据记录读取到结构体数组，并统计学生成绩记录数量，如果数量为 0 则给出提示并返回系统主界面。实现代码如下。

```
1    void show() //显示所有学生成绩信息
2    {
3        FILE *fp;
4        int i,m=0;
5        if((fp=fopen(FILENAME,"r"))==NULL)//以只读模式打开指定文件
6        {
7            printf("\t 文件有误！ \n");
8            return;
9        }
10       while(!feof(fp))
```

微课 显示学生成绩技术实现

```
11          {
12                if(fread(&stu[m] ,LEN,1,fp)==1)
13                m++;
14          }
15          if(m==0)
16          {
17                printf("\t 当前还没有学生信息！ \n");
18                return;
19          }
20          printf("\n\t 一共有  %d  名学生！ \n",m);
21          printf("\t|————————学生成绩信息————————|\n");
22          printf("\t 学号\t 姓名\t 语文\t 数学\tC 语言\t 总分\t\n");
23          for(i=0;i<m;i++)
24          {
25                /*
26                  用预定义的格式输出信息
27                  FORMAT 表示输出格式，ELEMENT 为对应结构体元素的值
28                */
29                printf(FORMAT,ELEMENT);
30          }
31          printf("\n");
32          fclose(fp);
33    }
```

文件操作部分与前面的功能模块差不多，不同的是本模块只需要读取数据记录，所以在第 15 行代码判断记录数量时，如果当前没有数据记录，则直接通过 return 语句返回系统主界面，不执行第 20 行及以后的代码。

如果数据记录不为 0，则首先通过第 20 行至第 22 行的 printf()函数输出提示和辅助信息，然后从第 23 行代码开始通过 for 循环语句，并使用 FORMAT 和 ELEMENT 预定义格式（见 3.4.2 节），将结构体数组中的所有信息循环显示出来，其显示效果如图 3-27 所示。

显示学生成绩模块除用户在系统主界面输入编号 6 会被调用外，在其他几个功能模块中也会被调用。由于该功能模块已经定义在 show()函数中，所以任何需要调用该功能模块的地方直接调用 show()函数即可。

项目小结

本项目实现的是学生成绩管理系统，其主要的功能模块包括学生成绩的录入、修改、查找、删除、插入和显示等，使用到的主要知识点包括数组、函数的定义与使用，结构体、共用体的使用，文件操作等。

本项目与项目 2 实现的都是对数据信息的管理，不同的是，项目 2 中的数据为临时性的，一旦程序执行结束数据就会丢失，而本项目通过文件操作将相关数据写入磁盘文件，更加符合现实应用需求。

理论知识测评（满分 100 分）

姓名＿＿＿＿＿＿ 学号＿＿＿＿＿＿ 班级＿＿＿＿＿＿ 成绩＿＿＿＿＿＿

一、单项选择题（本大题共 10 小题，每小题 2 分，共计 20 分）

1. 若对函数类型未加显式说明，则函数的隐含类型为（　　）。

A. void　　B. double　　C. char　　D. int

2. 以下选项中，正确的函数声明格式是（　　）。

A. double fun(int x, int y)　　B. double fun(int x; int y)

C. double fun(int x, int y);　　D. double fun(int x, y);

3. 如果在一个函数中定义了一个变量，则该变量（　　）。

A. 无效　　B. 在该函数中有效　　C. 在本程序中有效　　D. 为非法变量

4. 有数组定义如下：

```
int a[10];
```

以下说法不正确的是（　　）。

A. 数组 a 拥有 10 个元素　　B. 数组 a 的最大索引是 10

C. 数组 a 是整型数组　　D. 数组 a 的起始索引是 0

5. 若有定义 int a[2][3];，以下选项中对数组元素引用正确的是（　　）。

A. a[2][0]　　B. a[2][3]　　C. a[0][3]　　D. a[1][2]

6. 若有定义 char x[] = "abcdefg"; char y[] = {'a', 'b', 'c', 'd', 'e', 'f', 'g'};，下列叙述正确的是（　　）。

A. 数组 x 和数组 y 等价　　B. 数组 x 与数组 y 的长度相同

C. 数组 x 的长度大于数组 y 的长度　　D. 数组 x 的长度小于数组 y 的长度

7. C 语言中对文件操作的一般步骤是（　　）。

A. 读文件—写文件—关闭文件　　B. 操作文件—修改文件—关闭文件

C. 读写文件—打开文件—关闭文件　　D. 打开文件—操作文件—关闭文件

8. 设有如下语句，则以下说法不正确的是（　　）。

```
1	struct student
2	{
3		int age;
4		float height;
5	};
6	struct student stuZhangSan;
```

A. struct student 是用户定义的结构体类型

B. stuZhangSan 是用户定义的结构体变量

C. age 和 height 都是结构体成员名

D. 该结构体只能存放 2 个结构体变量

9. 设有如下语句，则语句 printf("%d\n", s.y);的输出结果是（　　）。

```
1	struct point
2	{
3		int x, y;
4	};
5	struct point s = {1, 3};
```

A. 0　　B. 1　　C. 2　　D. 3

10. 以下数组声明语句中正确的是（　　）。

A. int n,a[n];　　B. int a[];　　C. int a[6];　　D. int a={1,2,3};

二、程序阅读题（本大题共 5 小题，每小题 10 分，共计 50 分）

1. 以下程序运行后的输出结果是__________。

```
1   #include <stdio.h>
2   int main()
3   {
4       int a[6] = { 309, 271, 28, 519, 318, 276 }, min;
5       min = a[0];
6       for (int i = 1; i < 6; i++)
7       {
8           if (min > a[i]) { min = a[i]; }
9       }
10      printf("The min value is %d\n", min);
11      return 0;
12  }
```

2. 以下程序运行后的输出结果是__________。

```
1   #include <stdio.h>
2   int add(int a, int b)
3   {
4       return a + b;
5   }
6   int main()
7   {
8       int c = add(2, 3);
9       printf("%d\n", c);
10      return 0;
11  }
```

3. 以下程序运行后的输出结果是__________。

```
1   #include <stdio.h>
2   int main()
3   {
4       int aa[3][4] = { 1, 2, 3, 4, 5, 6, 7, 8, 9, 10, 11, 12 };
5       int i, s = 0;
6       for (i = 0; i < 3; i++)
7           s = s + aa[i][i];
8       printf("%d\n", s);
9       return 0;
10  }
```

4. 对于以下定义的递归函数 f()，如果传入的参数 n=4，则返回值是__________。

```
1   int f(int n)
2   {
3       if (n != 1)
4           return f(n - 1) + n;
5       else
6           return 1;
7   }
```

5. 以下程序运行后的输出结果是__________。

```
1   #include <stdio.h>
2   int main(){
3       int nums[10];
4       int i;
```

```
5         for(i=0; i<10; i++){
6             nums[i] = (i+1);
7         }
8         for(i=0; i<10; i++){
9             printf("%d ", nums[i]);
10        }
11        return 0;
12    }
```

三、程序设计题（本大题共 2 小题，每小题 15 分，共计 30 分）

1. 由用户输入 5 个数字组成 int 类型的数组，要求逆序输出数组中的每个元素。

2. 将给定二维数组 a 的行和列交换后存入数组 b，并将数组 b 遍历输出。其交换示意如下。

数组 a　　　　数组 b

1 2 3　　　　1 4

4 5 6　　　　2 5

　　　　　　　3 6

项目4 设计家庭财务管理系统

技能目标

- 掌握指针、指针变量的定义与使用方法。
- 掌握数组指针、字符串指针的定义与使用方法。
- 掌握链表的定义与使用方法。

素质目标

- 通过指针、链表的学习过程，培养刻苦钻研、不畏艰难的精神。
- 通过项目的实现过程，培养严谨规范、精益求精的工匠精神。

重点难点

- 各类型指针的区别与应用。
- 链表的定义与使用方法。
- 指针、链表在内存中的存储表现。

4.1 项目分析

在日益丰富的家庭消费场景中，如果各种开支仍使用手工记录，存在书写量大、数据统计灵活性差、数据保存周期短等问题，而使用计算机进行电子数据收集与统计则会极大提升效率，且保存后的数据可在未来重复使用（复用）。本项目将利用C语言开发一个家庭财务管理系统，涉及的知识点主要包括指针操作与链表操作。项目具体要求如下。

- 系统界面美观、条理清晰。
- 能对家庭成员收入、支出进行添加、查询、删除、修改。
- 能对家庭成员收入、支出进行简单统计。

4.2 系统架构设计

4.2.1 功能设计

根据项目分析，将系统分为新增记录、显示记录、查询记录、删除记录、编辑记录五大主要功能模块，另外系统还具有退出功能。具体系统架构设计如图 4-1 所示。

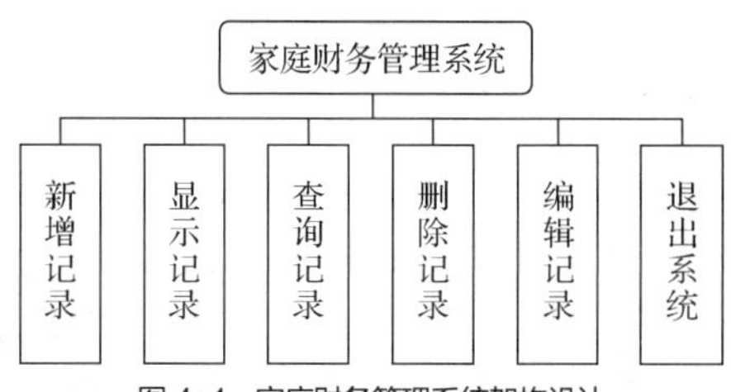

图 4-1　家庭财务管理系统架构设计

4.2.2 项目设计与函数声明

一般来讲用户更关注软件的功能性、易用性和稳定性等，这些称为软件的外部质量属性，但程序员通常更重视软件代码的可读性与复用性等，这些称为软件的内部质量属性。功能设计重点是面向用户的，而程序员为了完成功能设计目标，会进一步对软件内部进行模块化处理，形成更小的、更灵活的、更便于团队协同工作的一个个独立的函数。图 4-2 所示为家庭财务管理系统内部各函数之间的调用关系。对比图 4-1 与图 4-2，可以明显看出它们存在某种关联，图 4-2 由一个个函数及各函数的关系组成，更加详细地描述了实现功能的途径。

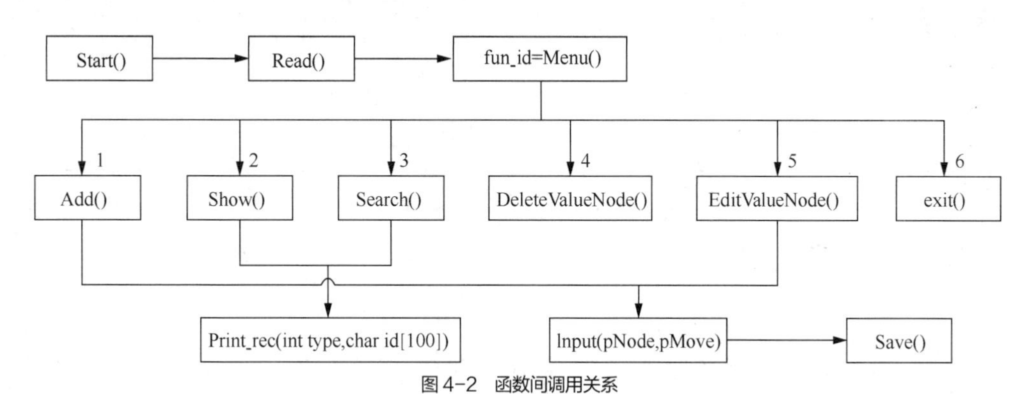

图 4-2　函数间调用关系

以下代码是对图 4-2 中各个函数的具体声明及功能简介。

```
1   void Start()                    //欢迎界面
2   void Read()                     //将文件中的数据按指定格式读入链表（内存）中
3   int Menu()                      //输出主菜单，并负责收集用户输入
4   void Add()                      //增加记录
5   void Show()                     //显示已在内存中的数据
6   void Search()                   //查询记录
```

```
7   void DeleteValueNode()              //删除记录
8   void EditValueNode()                //编辑记录
9   void Input(pNode,pMove)             //收集键盘输入信息，更新内存数据
10  void Print_Rec(int type,char id[100])  /*将链表（内存）数据输出至计算机屏幕。其中：type=1 表示按姓
                                        名查找后输出；type=2 表示按收入支出类型查找后输出；type=99
                                        表示输出全部记录*/
11  void Save()                         //将内存数据存储到文件
```

4.3 技术知识准备

4.3.1 内存空间与地址

在计算机系统中，读者可简单将内存空间（其示意见表 4-1）理解成一连串的“格子”。如表 4-1 中的“位”行，一共有 16 个格子，每一个格子只存储 0 或 1，即 1 位（bit）。计算机在实际工作中一次最小的读取或写入必须为 8 位，即 1 字节（Byte），所以字节是计算机系统的最小管理单位。

表 4-1 中第 1 组存储的二进制数为 01000001，通过 ASCII 转换后可看出实际存储的是字符 A，而第 2 组实际存储的是字符 B。因为所有计算机都遵循 ASCII 转换标准，所以 01000001 这个 8 位二进制数，在所有计算机中都会被转换为字符 A。但是 01000001 这样的数字组合对人类交流与书写来说明显不方便，为了弥补这一缺陷，我们常常将二进制数转换为十进制数或十六进制数来表示。通过 ASCII 转换也可以看出，ASCII 一次转换的单位是 8 位，即 1 字节。

表 4-1 所示的内存空间有 2 个字节（16 位）的数据。计算机在调用第 1 个字节与第 2 个字节的数据时，就需要用到“地址”。表 4-1 中“地址”行的 0x0001（0x 是十六进制数的标志）与 0x0002 分别对应第 1 组数据的首地址与第 2 组数据的首地址。

表 4-1　内存空间示意 1

	内存空间															
位	0	1	0	0	0	0	0	1	0	1	0	0	0	0	1	0
ASCII	A								B							
容量	1 字节								1 字节							
编组	1 组								2 组							
地址	0x0001								0x0002							

4.3.2 变量与指针

1. 数据变量

数据变量是用来存储和表示数据值的一种标识符。在 C 语言中，声明变量实际是在计算机内存中划分出一个连续的存储空间。划分空间需要用到两个要素，第一个是从某个地址开始（首地址），第二个是容量（偏移量），这样就标明了数据从哪里开始到哪里结束。声明变量的示例代码如下。

```
char a;
```

上述代码声明了一个数据变量 a，a 会存储一个具体的字符。代码执行后计算机会分配 1 个地址给该数据变量，该地址也称为数据变量 a 的首地址，容量为 1 字节（char 已在 C 语言中定义为 1 字节的容量，同理其他类型的变量都有固定的容量）的存储空间。a 为变量名，其实质作用与地址一样，均是指代这个存储空间的首地址，其示意如表 4-2 所示。

表 4-2　内存空间示意 2

	内存空间															
位																
容量	1 字节								1 字节							
编组	1 组								2 组							
地址	0x0001								0x0002							
变量名	a															

当代码执行后，通过表 4-2 可以看出，计算机仅划分了一个空间，实际上“位”行并没有数据或者也可能还保留着某一次使用后未被删除的数据。在未来使用时可以通过 0x0001 地址或 a 变量名，指代第 1 组数据的首地址，再通过 a 的容量判断第 1 组数据在何处结尾。特别提醒：&a 这种变量名前加上&的表示方法，实际表示 0x0001 这个首地址，在 scanf()等函数中经常会看到这种表示方法。

2. 指针变量

通过上述介绍可知，变量就是用于存储实际数据的一连串内存空间，它包含首地址与容量的信息。但有一种特殊的变量仅用于记录其他变量的首地址，即指针变量（简称指针）。

假设有一个 char 类型的变量 c，它存储了字符 A，并占据从地址 0x0001 开始、容量为 1 字节的内存空间。另外有一个指针变量 p，它存储的值是 0x0001，正好等于变量 c 的地址。这种情况我们就称 p 指向了变量 c，或者说 p 是指向变量 c 的指针。指针变量 p 在内存空间的存储示意如表 4-3 所示，实现代码如例 4.1 所示。

表 4-3　内存空间示意 3

	内存空间															
实际存储	0	1	0	0	0	0	0	1	0	0	0	0	0	0	0	1
实际表示	A								存储变量 c 的地址							
容量	1 字节								1 字节							
编组	1 组								2 组							
地址	0x0001								0x0002							
变量	c								p							

【例 4.1】定义指针变量 p，存储 char 类型变量 c 的首地址。

```
1    char c='A';
2    char *p=&c;
```

第 1 行代码表示计算机将为变量 c 分配一个首地址 0x0001（实际工作中首地址由计算机随机分配），容量为 1 字节，分配完成后将'A'存储于该空间。第 2 行代码中的*表示它后面的 p 是一个存储地址的变量即指针变量，该指针变量存储&c（c 变量的首地址），从这个地址开始读取 1 字节，即 c 变量的值，而这里的 1 字节容量是由第 2 行代码的 char 决定的。这种情况我们就称 p 是指向字符型变量 c 的指针，或者说 p 是存储地址的专用变量，称为指针变量。

4.3.3 数组指针与字符串指针

指针变量是用来存储内存地址的一种特殊变量，而能被程序调用的数据一定是存储在内存中的，且每个被申请的内存空间有自己的唯一地址，因此通过指针可以使用在内存中存储的数据。根据数据在内存中组织方式的不同，数组与字符串（字符数组）是常见的两种变量使用结构。下面将通过数组与字符串介绍指针的工作原理。

1. 数组与数组名

【例 4.2】数组与数组名的容量与地址。

```
1   #include <stdio.h>
2   int main() {
3       int data[4]={101,102,103,104};
4       printf("data[4]数组容量是%d 字节\n",sizeof(data));
5       printf("data 的地址是 0x%x\n",data);
6       printf("&data 的地址是 0x%x\n",&data);
7       for(int i=0;i<4;i++)
8        {
9           printf("data[%d]的地址是 0x%x，存储的值是%d，容量是%d 字节\n",i,&data[i],data[i],sizeof(data[i]));
10       }
11      system("pause");
12      return 0;
13  }
```

上述示例的运行效果如图 4-3 所示。

```
D:\C语言项目开发基础与实战\例4.2 数组与数组名的容量与地址\main.exe
data[4]数组容量是16字节
data的地址是0x29fecc
&data的地址是0x29fecc
data[0]的地址是0x29fecc，存储的值是101，容量是4字节
data[1]的地址是0x29fed0，存储的值是102，容量是4字节
data[2]的地址是0x29fed4，存储的值是103，容量是4字节
data[3]的地址是0x29fed8，存储的值是104，容量是4字节
请按任意键继续. . .
```

图 4-3 例 4.2 的运行效果

第 3 行代码中的 data 就是数组名。需要注意的是，数组名是一个地址常量。第 5 行代码进行了 data 地址的输出，结果为 0x29fecc。根据图 4-3 可以看出，data、&data 和 data[0]的地址均是 0x29fecc。那么，它们有什么区别？请先看程序运行完以后的内存空间示意（见表 4-4）。

表 4-4 内存空间示意 4

	内存空间			
存储值	101	102	103	104
容量	4 字节	4 字节	4 字节	4 字节
地址	0x29fecc	0x29fed0	0x29fed4	0x29fed8
变量名	data[0] data	data[1]	data[2]	data[3]

通过表 4-4 可以看出，当第 3 行代码执行完成后，data 和 data[0]都以 0x29fecc 为首地址，那么第 6 行代码中&data 的意义是什么呢？从数值上看，data、data[0]和&data 都输出了同一个值。但是需要注意的是，指针除数值外，还有一个重要的概念——容量。在例 4.2 的基础上增加几行新代码，如下。

【例 4.3】地址容量的变化。

```
1   #include <stdio.h>
2   int main() {
3       int data[4]={101,102,103,104};
4       printf("data[4]数组容量是%d 字节\n",sizeof(data));
5       printf("data 的地址是 0x%x\n",data);
6       printf("&data 的地址是 0x%x\n",&data);
7       for(int i=0;i<4;i++)
8        {
9           printf("data[%d]的地址是 0x%x，存储的值是%d，容量是%d 字节\n",i,&data[i],data[i],sizeof(data[i]));
10       }
11      printf("----------------------------------------------\n");
12      printf("data[0]的地址是 0x%x，容量是%d 字节\n",&data[0],sizeof(data[0]));
13      printf("(&data[0])+1 的地址是 0x%x\n",(&data[0])+1);
14      printf("data 的地址是 0x%x，容量是%d 字节\n",data,sizeof(data));
15      printf("data+1 的地址是 0x%x\n",data+1);
16      printf("&data 的地址是 0x%x，容量是%d 字节\n",&data,sizeof(&data));
17      printf("(&data)+1 的地址是 0x%x\n",(&data)+1);
18      system("pause");
19      return 0;
20  }
```

上述示例的运行效果如图 4-4 所示。

```
D:\C语言项目开发基础与实战\例4.3 地址容量的变化\main.exe
data[4]数组容量是16字节
data的地址是0x29fecc
&data的地址是0x29fecc
data[0]的地址是0x29fecc，存储的值是101，容量是4字节
data[1]的地址是0x29fed0，存储的值是102，容量是4字节
data[2]的地址是0x29fed4，存储的值是103，容量是4字节
data[3]的地址是0x29fed8，存储的值是104，容量是4字节
----------------------------------------------
data[0]的地址是0x29fecc，容量是4字节
(&data[0])+1的地址是0x29fed0
data的地址是0x29fecc，容量是16字节
data+1的地址是0x29fed0
&data的地址是0x29fecc，容量是4字节
(&data)+1的地址是0x29fedc
请按任意键继续. . .
```

图 4-4　例 4.3 运行效果

当一个指针和整数进行算术运算时会调整指针指向的内存地址。例如，在进行加法运算时，实质是将指针指向的内存地址向后移动，移动的量就是该指针类型容量的整数倍。例如，在例 4.3 中的第 13 行代码中的语句“(&data[0])+1”表达的意思是：从 0x29fecc 开始，向后移动 1×4 字节，得到 0x29fed0。通过表 4-4 发现该地址正好是第 2 个格子 102 所在的地址。同时也可以看到 data 数组的内存空间分别是 0x29fecc、0x29fed0、0x29fed4、0x29fed8，故第 1 个格子的准确描述是它以 0x29fecc 为首地址的 4 字节组成，这里的 4 字节便是容量。在 C 语言中，数组名代表数组的首地址，也是第 0 号元素的地址。因此第 12 行代码的 data[0]的地址与第 14 行代码的 data 的地址相同，但容量不同。data[0]是数组的 0 号元素，该元素容量为 4 字节。第 14 行代码的 data 的地址虽然与 data[0]、&data 数值相同，但 data 的容量却是 16 字节，说明 data 的容量是整个数组 data[]的容量。第 16 行代码&data 的作用就是取出 data 数组在内存中的地址，它和 14 行的代码均输出 0x29fecc，因为数组名直接代表了数组的首地址。这与普通变量名有所区别，直接使用普通变量名输出的是变量存储的数值，而使用数组名输出的是数组的首地址，所以它的运行结果和 data[0]、data 的地址是相同的。

通过上面的分析可知，数组是连续的内存空间。如果将一个数组的首地址赋给一个指针变量，那么这个指针变量就称为“数组指针”，表示指向数组的指针。数组指针的使用见例 4.4。

【例 4.4】数组指针的使用。

```
1   #include <stdio.h>
2   int main() {
3       int data[4]={101,102,103,104};
4       printf("data 数组的首地址是 0x %x,容量是%d 字节\n",&data,sizeof(data));
5       for(int i=0;i<4;i++)
6       {
7       printf("data[%d]的首地址是 0x %x,存储的值是%d，容量是%d 字节\n",i,&data[i],data[i],sizeof(data[i]));
8       }
9       int *p;                    //指针变量
10      p=&data;                   //指针指向数组后，变为数组指针
11      printf("p 的地址是 0x%x,p 存储的地址是 0x %x\n",&p,p);
12      printf("data[0]的值是%d,data[1]的值是%d\n",*p,*(p+1));
13      system("pause");
14      return 0;
15  }
```

上述示例的运行效果如图 4-5 所示。

```
D:\C语言项目开发基础与实战\例4.4 数组指针的使用\main.exe
data数组的首地址是0x29fecc,容量是16字节
data[0]的首地址是0x29fecc,存储的值是101，容量是4字节
data[1]的首地址是0x29fed0,存储的值是102，容量是4字节
data[2]的首地址是0x29fed4,存储的值是103，容量是4字节
data[3]的首地址是0x29fed8,存储的值是104，容量是4字节
p的地址是0x29fec8,p存储的地址是0x29fecc
data[0]的值是101,data[1]的值是102
请按任意键继续. . .
```

图 4-5 例 4.4 的运行效果

第 9 行代码表示向计算机申请一个新变量空间，指针名为 p，*表示该变量空间存储的是地址，变量容量为 4 字节（C 语言规定指针类型容量均为 4 字节），其分配地址为 0x29fec8。int 表示该指针将会指向一个 int 类型变量，同时还代表该指针的容量为 4 字节。第 12 行代码的输出，*p 输出的是第 1 个空间（0x29fecc+4 字节）存储的 101，*(p+1)输出的是第 2 个空间（0x29fed0+4 字节）的 102。也就是说，*p 输出以 p 存储的 0x29fecc 地址开始，容量为 4 字节的内存空间中存储的值。*(p+1)输出以 p 为基准，向后移 4 字节的地址开始，容量为 4 字节的内存空间中存储的值。从 0x29fecc 向后移动 4 个字节，正好是 0x29fed0，所以输出的结果为 102。通过这个例子可以了解到如果不指定 p 的类型，计算机仅知道 p 是开始地址，无法确认数据结束的位置。程序运行后的内存空间示意如表 4-5 所示。

表 4-5 内存空间示意 5

	内存空间			
存储值	0x29fecc	101	102	…
容量	4 字节	4 字节	4 字节	…
地址	0x29fec8	0x29fecc	0x29fed0	…
变量名	p	data[0] data	data[1]	…
指针		p		…

通过对上述代码的分析，知道 p 指向了数组，所以 p 是一个数组指针。当获取数组指针后，可以对数组指针进行算术运算，从而方便地操作数组中的数据。

2. 字符串指针

由于 C 语言只提供了基本的字符型变量，一个字符型变量只能存储 1 个字符（ASCII），如果要存储 abcd 这样的一串字符，就需要定义并使用 4 个字符型变量，这会给开发带来不便。在 C 语言中可使用字符串来存储一串字符。字符串的实质是字符数组。

【例 4.5】字符串与字符串指针。

```
1    #include <stdio.h>
2    int main() {
3        char str[]="abcd";
4        int i=0;
5        printf("str 数组的首地址是 0x%x,容量是%d 字节\n",&str,sizeof(str));
6        while(str[i]!='\0')
7            {
8                printf("str[%d]的地址是 0x%x,str[%d]存储的值是%c\n",i,&str[i],i,str[i]);
9                i++;
10           }
11       printf("str[%d]的地址是 0x%x,str[%d]存储的值是%d\n",i,&str[i],i,str[i]);
12       char *p;                    //指针变量
13       p=str;                      //指针指向字符串（字符数组）后，变为字符串指针
14       printf("p 的地址是 0x%x,p 存储的地址是 0x%x\n",&p,p);
15       printf("str[0]的值是%c,str[1]的值是%c\n",*p,*(p+1));
16       system("pause");
17       return 0;
18   }
```

上述示例的运行效果如图 4-6 所示。

```
D:\C语言项目开发基础与实战\例4.5 字符串与字符串指针\main.exe
str数组的首地址是0x29fed7,容量是5字节
str[0]的地址是0x29fed7,str[0]存储的值是a
str[1]的地址是0x29fed8,str[1]存储的值是b
str[2]的地址是0x29fed9,str[2]存储的值是c
str[3]的地址是0x29feda,str[3]存储的值是d
str[4]的地址是0x29fedb,str[4]存储的值是0
p的地址是0x29fed0,p存储的地址是0x29fed7
str[0]的值是a,str[1]的值是b
请按任意键继续. . .
```

图 4-6　例 4.5 的运行效果

第 3 行代码将 str 字符数组初始化为 abcd 这 4 个字符，但是输出的数组容量为 5 字节（第 5 行代码）。这是因为编译器会将双引号内的字符串看作一个整体，并自动在该字符串结尾处增加一个\0 来"告诉"计算机字符串在哪里结束。第 13 行代码将指针 p 指向字符串首地址，所以 p 成为一个字符串指针。程序运行后的内存空间示意如表 4-6 所示。

表 4-6　内存空间示意 6

	内存空间					
存储值	0x29fed7	a	b	c	d	\0
容量	4 字节	1 字节	1 字节	1 字节	1 字节	1 字节
地址	0x29fed0	0x29fed7	0x29fed8	0x29fed9	0x29feda	0x29fedb
变量名	p	str[0] str	str[1]	str[2]	str[3]	str[4]
指针		p				…

【例 4.6】字符串结尾。

```
1   #include <stdio.h>
2   int main() {
3       char str[]={'a','b','c','d'};
4       printf("%s\n",str);
5       char str1[]={'a','b','c','d','\0'};
6       printf("%s\n",str1);
7       system("pause");
8       return 0;
9   }
```

上述示例的运行效果如图 4-7 所示。

```
D:\C语言项目开发基础与实战\例4.6 字符串结尾\main.exe
abcd5
abcd
请按任意键继续. . .
```

图 4-7　例 4.6 的运行效果

第 3 行与第 5 行使用单引号进行了字符（字符数组）的赋值。不同的是，第 3 行代码未使用\0，而第 5 行代码结尾用了\0。第 1 个输出结果末尾出现了 5（读者自行实验时末尾可能出现不受控的字符，并不一定是 5，这表明系统不能判定字符串的结尾而读取了更多的内存空间）；第 2 个输出结果正常。

通过上面的分析可以得出这样的结论：字符串就是一种存储字符的数组，它的特性与普通数组是相同的，但是字符串需要以\0 结尾。指向这类字符串的指针称为字符串指针。

4.3.4　结构体与链表

1. 结构体内存空间

通过前文对结构体的介绍可知，结构体其实就是一些基本变量的集合，这些基本变量称为结构体的成员，且这些成员可以为不同的类型，成员一般用名字访问。

【例 4.7】结构体的定义及使用。

```
1   struct   person
2   {
3       char xm[10];
4       int age;
5   };
6   int main()
7   {
8       struct person pe;
9       strcpy(pe.xm,"张三");
10      pe.age=19;
11      return 0;
12  }
```

表 4-7 所示为例 4.7 中结构体的内存空间示意。

表 4-7　内存空间示意表 7

	内存空间	
数据存储	张三	19
数据类型	char	int
变量名	xm[10]	age
结构变量	pe	
结构名	person	
地址	0x0001	

第 1 行至第 5 行代码定义了一个名为 person 的结构体，这个结构体将由 xm[10]与 age 两个基本变量组成。第 8 行代码表示以 person 结构体为标准在内存中开辟一个新的空间，并使用 pe 来代指这个空间。空间容量为 char 类型（1 字节）与 int 类型（4 字节）容量之和，即 5 字节。注意，不同计算机系统中 int 类型容量是不同的。第 9 行代码表示将“张三”赋给 pe 空间中的 xm[10]变量，第 10 行代码表示将 19 赋给 pe 空间中的 age 变量。这样调用 pe 就解决了姓名和年龄一一对应的问题。如果要生成多人的信息，应该如何处理呢？

【例 4.8】结构体数组。

```
1	struct	person
2	{
3		char xm[10];
4		int age;
5	};
6	int main()
7	{
8		struct person pe[3];
9		strcpy(pe[0].xm,"张三");
10		pe[0].age=19;
11		strcpy(pe[1].xm,"李四");
12		pe[1].age=18;
13		strcpy(pe[1].xm,"王五");
14		pe[1].age=19;
15		return 0;
16	}
```

第 8 行代码的 pe 为一个数组，表示同时生成 3 个同类的内存空间，它是以 person 结构体为标准开辟出来的，这样就可以表示 3 个不同的人。例 4.8 中结构体数组的内存空间示意如表 4-8 所示。

表 4-8　结构体数组的内存空间示意

	内存空间					
数据存储	张三	19	李四	18	王五	19
数据类型	char[10]	int	char[10]	int	char[10]	int
变量名	xm[10]	age	xm[10]	age	xm[10]	age
结构体名	person					
地址	0x0001		0x0006		0x0011	

但是这样处理又带来另一个问题，在 C 语言中数组变量的长度一旦固定将不能改变。如第 8 行代码执行完成后结构体数组 pe 只能表示 3 个人，如果有 4 个人或更多人应该怎么办？有读者可能会想到

预留较大的空间来解决这个问题，比如定义数组长度为 100。这种方法在应用层面是没有问题的，但是计算机将在内存中生成 100 个 person 大小的空间，这些空间无论使用与否都将占用内存，直到程序结束，这可能会造成极大的内存浪费。通过链表可以解决这类问题。

2. 链表的基本概念

链表是一个很重要的数据结构，它将分散在内存中不相连的内存空间组织起来，以达到灵活、高效使用的目的。链表由多个节点连接而成，每个节点包括数据和指针两部分，指针指向下一个节点，从而形成链表。

为解决例 4.8 需要灵活增加人员信息的问题，在 person 结构体中增加一个指针变量 next 用于存储下一个节点的位置，其内存空间示意如表 4-9 所示，完成后的代码见例 4.9。

表 4-9 增加指针变量后的 person 结构体内存空间示意

	内存空间		
数据存储	张三	19	NULL
变量类型	char[10]	int	struct person 指针
变量名	xm[10]	age	next
结构体名	person		
地址	0x0001		

【例 4.9】链表。

```
   //节点的创建与赋值
1  struct  person
2  {
3      char xm[10];
4      int age;
5      struct person *next;
6  };
7  int main()
8  {
9      struct person *pe=(struct person*)malloc(sizeof(struct person));
10     strcpy(pe->xm,"张三");
11     pe->age=18;
12     printf("%s",pe->xm);
   //将两个节点相连，形成链表
13     struct person *phead=NULL;
14     phead=pe;
15     pe=(struct person*)malloc(sizeof(struct person));
16     phead->next=pe;
17     pe->next=NULL;
18     strcpy(pe->xm,"李四");
19     pe->age=18;
   //将新创建的节点接入链表
20     struct person *temp=(struct person*)malloc(sizeof(struct person));
21     temp->next=NULL;
22     pe->next=temp;
   //新节点赋值
23     pe=temp;
24     strcpy(pe->xm,"王五");
25     pe->age=19;
26     return 0;
27 }
```

第 5 行代码为结构体增加了一个名为 next 的指针成员，它指向另一个 struct person 类型的内存空间。为了更好地理解第 9 行代码，我们将其分解来看，首先 sizeof(struct person)用于计算 person 结构体的容量，该容量为结构体内所有变量的容量和；其次 malloc(sizeof(struct person))表示开辟容量为 sizeof(struct person)的一个内存空间；接着(struct person*)将该空间强制转换为 struct person 类型；最后让 pe 指针变量指向这个空间，这个空间我们可以称为一个节点。将表 4-9 进行简化后，得到图 4-8 所示的内存空间示意。

第 13 行代码生成一个新的指针变量 phead。第 14 行代码将 phead 与 pe 同时指向现有节点 0x0001。第 15 行代码生成一个新空间，地址为 0x0120，并让 pe 指向该空间。第 16 行代码让 phead 的 next 变量存储新空间地址（0x0120），第 17 行代码将 NULL 赋给 pe 指向空间中的 next 变量。第 18 行至第 19 行代码为 pe 指向的空间中 xm 变量与 age 变量赋值。最终得出图 4-9 所示的内存空间示意。

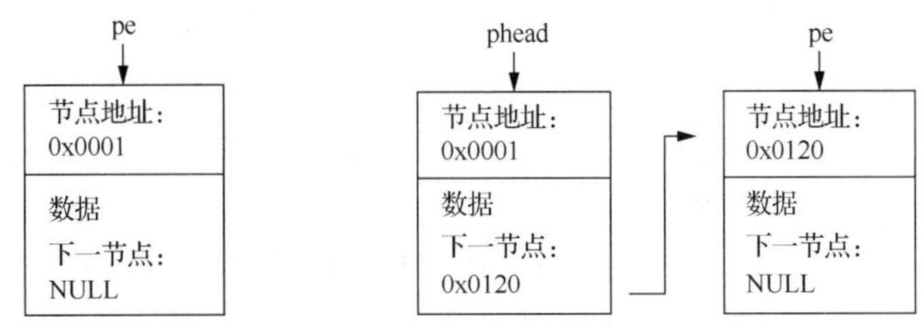

图 4-8　pe 节点内存空间示意　　图 4-9　节点接入链表后的内存空间示意

第 20 行代码生成一个新空间并让 temp 指针指向这个空间（地址为 0x0220）。第 21 行代码让 temp 指向空间中的 next 为 NULL。第 22 行代码让 pe 指向空间中的 next 指向 temp，此时实质上已形成了 pe 与 temp 相连。temp 节点接入链表后的内存空间示意如图 4-10 所示。

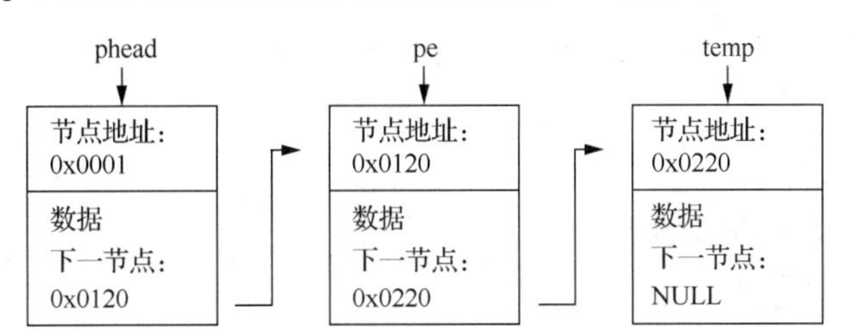

图 4-10　temp 节点接入链表后的内存空间示意

第 23 行代码将 pe 指向 temp 节点，使用 pe->xm 与 pe->age 即可完成对新节点各变量的赋值。最终内存空间示意如图 4-11 所示。

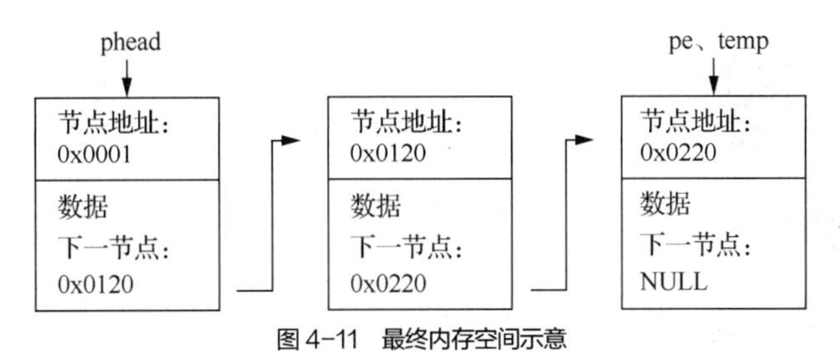

图 4-11　最终内存空间示意

重复以上过程，随着数据与节点的增加，最终获得了一个链表，这个链表的每个节点就是一个人的信息。需要注意的是，其中使用的 phead 永远指向这根链条的头部，而判断末尾节点是根据节点的 next 是否为 NULL 进行的。temp 为新增节点使用的临时指针，一旦完成连接后就使用 pe 指针替代它。

在例 4.9 程序运行后形成的链表中，每个节点都存储着一个数据和一个指向下个节点的指针，这样的链表被称为单链表。

3．链表的遍历

链表的遍历就是依次访问每一个节点，常用于节点数据的查询。

【例 4.10】链表遍历。

```
1      struct person    *t=phead;
2      while (t->next)
3          {
4              t=t->next;
5              if (t->age==18)
6                  {
7                      printf("%s 的年龄是%d",t->xm,t->age);
8                  }
9          }
```

这段代码是对例 4.9 程序生成的链表进行遍历。

第 1 行代码生成一个 person 结构体类型的变量 t，并让它指向链表的第一个节点。第 2 行代码根据当前节点的 next 是否为 NULL 判断该节点是否为尾节点，当 t->next 不为 NULL 时，循环执行第 3 行至第 9 行代码，即遍历链表的各个节点。第 4 行代码让 t 指向到下一个节点。第 5 行代码判断 t 指向的节点的 age 值是否为 18，如条件成立则输出相关信息。

4．链表的删除

删除节点的过程，实质是将待删除节点的前置节点的 next 指向待删除节点的后置节点，最后释放待删除节点。接例 4.10，进行链表节点的删除。

【例 4.11】链表中间节点的删除方法。

```
1      phead->next=t->next;
2      free(t)
```

如果要删除的节点是末尾节点，则先释放 pe 指向的节点，再将 pe 指向前一个结点 t，最后将 t 的 next 设置为 NULL。

【例 4.12】链表末尾节点的删除方法。

```
1      free(pe);
2      pe=t;
```

如果要删除的节点是首节点，则先释放 phead 指向的节点，再将 phead 指向下一个节点 t。

【例 4.13】链表首节点的删除方法。

```
1      free(phead);
2      phead=t;
```

4.4 预处理模块

4.4.1 头文件引用

本项目仅使用标准输入输出库。具体代码如下。

```
#include<stdio.h>
```

4.4.2 结构体定义

家庭财务管理系统中需要记录的数据主要有年、月、日、金额、使用人、支出或收入、使用情况。

具体代码如下。

```
1    typedef struct Node {
2        int year;
3        int month;
4        int date;
5        float amount;
6        char name[20];
7        int type;
8        char comment[100];
9        struct Node *next;
10   }*pNode;
11   pNode p_head = NULL;
```

第 1 行至第 10 行代码完成了结构体定义，Node 为结构体名称。使用 typedef 关键字为 Node 结构体定义了一个新的变量类型，即 pNode（注意第 10 行代码中的*表示该类型为指针，而不是新名称的一部分）。第 11 行代码使用 pNode 这一新变量类型定义了一个 p_head 指针变量。第 2 行至第 8 行代码分别定义了年（整数）、月（整数）、日（整数）、金额（浮点数）、使用人（字符数组）、支出或收入（整数，赋值为 1 表示收入，赋值为其他数字表示支出）、使用情况（字符数组）。第 9 行代码定义了下一节点在内存中的位置。

4.5 主函数设计

4.5.1 业务流程分析

本项目的业务流程如图 4-12 所示。

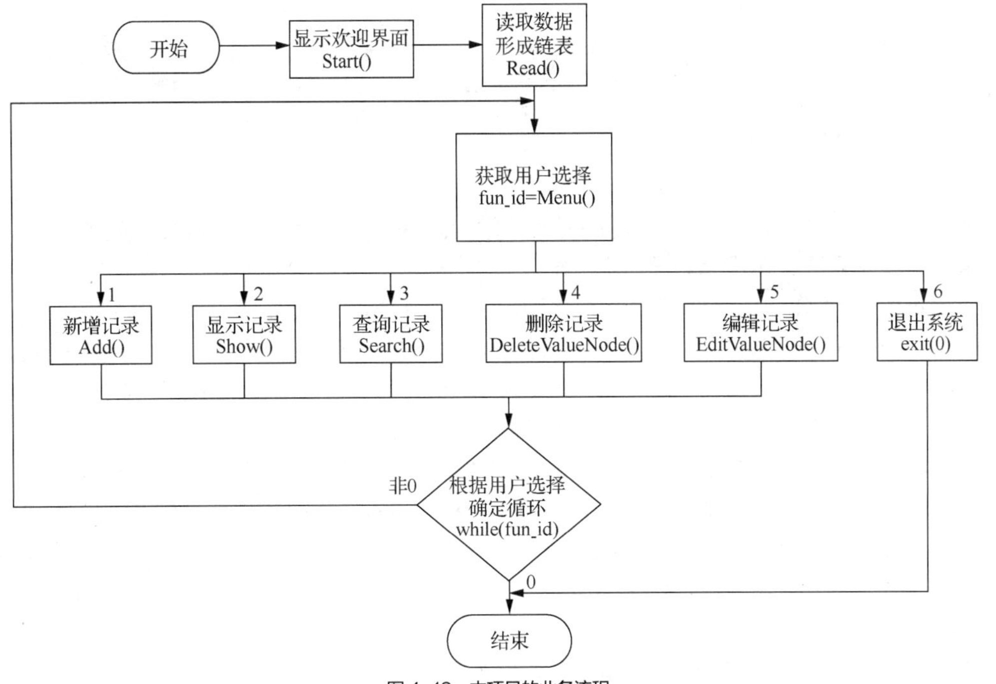

图 4-12 本项目的业务流程

4.5.2 技术实现分析

main()函数的实现代码如下。

```
1    int main()
2    {
3        int fun_id=0;
4        Start();
5        Read();
6        do {
7            fun_id=Menu();
8            switch (fun_id)
9                {
10                   case 1:
11                       Add();
12                       break;
13                   case 2:
14                       Show();
15                       break;
16                   case 3:
17                       Search();
18                       break;
19                   case 4:
20                       DeleteValueNode();
21                       break;
22                   case 5:
23                       EditValueNode();
24                       break;
25                   case 6:
26                       exit(0);
27                   default:
28                       printf("输入有误，请重新输入!\n");
29                       system("pause") ;
30               }
31           system("cls");
32       }while(fun_id);
33       return 0;
34   }
```

微课 主函数技术实现

第 3 行代码声明了 fun_id 整型变量，并为其赋值 0。该变量用于存储用户输入的数字。

第 4 行代码调用 Start()函数，显示欢迎界面。

第 5 行代码调用 Read()函数，将文件中的数据调入内存并形成链表。

第 6 行至第 32 行代码为 do-while 循环，循环执行语句是第 9 行代码的{与第 30 行的}间的语句，用于菜单循环显示与选择。对于 while(fun_id)，当 fun_id 存储非 0 数据时，循环将继续，仅当 fun_id 等于 0 时才退出循环，继续执行第 32 行后的代码。

第 7 行代码调用 Menu()函数，并将 Menu()函数中用户选择的数字存储到变量 fun_id 中。

第 8 行至第 30 行代码为多分支结构，程序将根据 switch(fun_id)中 fun_id 的值，与第 10 行、第 13 行、第 16 行、第 19 行、第 22 行、第 25 行代码中 case 后面的数字进行对比，执行对应的操作。当用户选择的数字与上述各行中 case 后面的数字不相等时，则执行第 27 行代码 default 以后的语句。

第 11 行代码调用 Add()函数，执行新增记录操作。

第 12 行、第 15 行、第 18 行、第 21 行、第 24 行代码执行 break 语句，以使程序从第 30 行代码（即分支结构的结尾处）开始执行。

第 14 行代码调用 Show()函数，执行显示记录操作。

第 17 行代码调用 Search()函数，执行查询记录操作。

第 20 行代码调用 DeleteValueNode()函数，执行删除记录操作。

第 23 行代码调用 EditValueNode()函数，执行编辑记录操作。

第 28 行代码输出错误提示，第 29 行代码使用 system("pause")语句使程序暂停。

第 31 行代码实现清屏效果，保证下一次菜单操作时界面整洁。

4.6 欢迎界面设计

在系统的主界面正式加载完毕之前，可以设计一个欢迎界面。其设计思路是，让计算机同时执行两个线程，一个是后台主界面加载线程，另一个是欢迎界面线程。合理使用欢迎界面可提升用户体验，同时其也是宣传公司产品或形象的一个良好的窗口。

4.6.1 效果展示

家庭财务管理系统运行后的第一个界面为欢迎界面，由 Start()函数独立完成相关功能，将欢迎信息在屏幕上显示 2s。运行效果如图 4-13 所示。

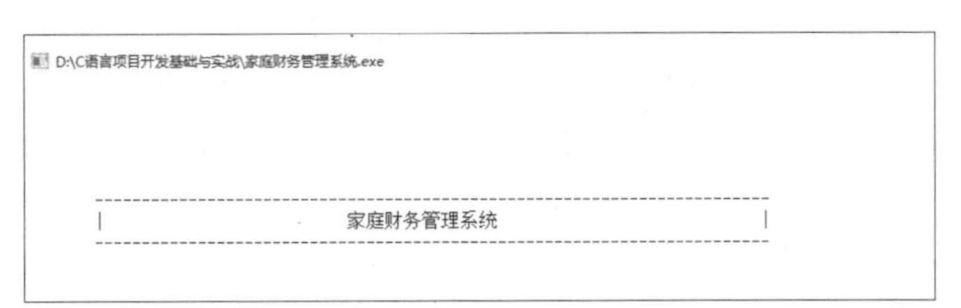

图 4-13 欢迎界面

4.6.2 业务流程分析

欢迎界面实现的业务逻辑较为简单，其业务流程如图 4-14 所示。

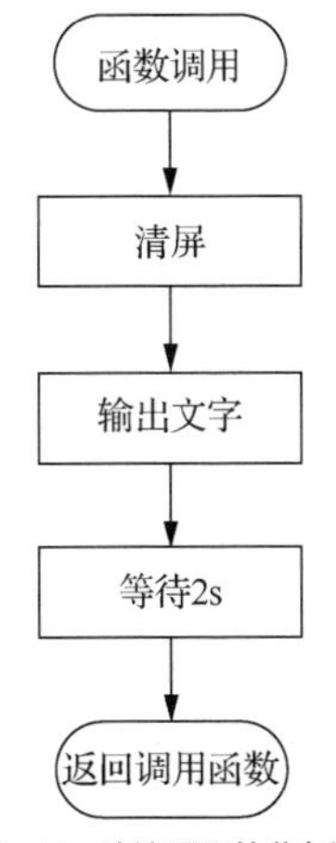

图 4-14 欢迎界面的业务流程

4.6.3 技术实现分析

欢迎界面的实现代码如下。

```
1   void Start()
2   {
3       system("cls");
4       printf("\n\n\n\n\n");
5       printf("\t--------------------------------------------------------------------\n");
6       printf("\t|                    家庭财务管理系统                    |\n");
7       printf("\t--------------------------------------------------------------------\n");
8       printf("\n\n\n\n\n\n\n");
9       sleep(2);
10  }
```

微课 欢迎界面技术实现

第 3 行代码实现清屏效果。\n 实现换行效果。sleep(2)实现等待功能，参数 2 表示等待 2s。

4.7 文件读取设计

4.7.1 业务流程分析

程序在启动时，首先需要打开用于存储数据的文件（如果文件不存在则需要建立）。当有数据存在时，程序需要按 Node 结构体容量生成一个新的内存空间并定义一个指向该空间地址的指针，然后从文件中读取数据并将其放入这个新的内存空间。如果文件存在多条记录，上述过程将重复执行，直到文件读取完毕。文件读取的业务流程如图 4-15 所示。

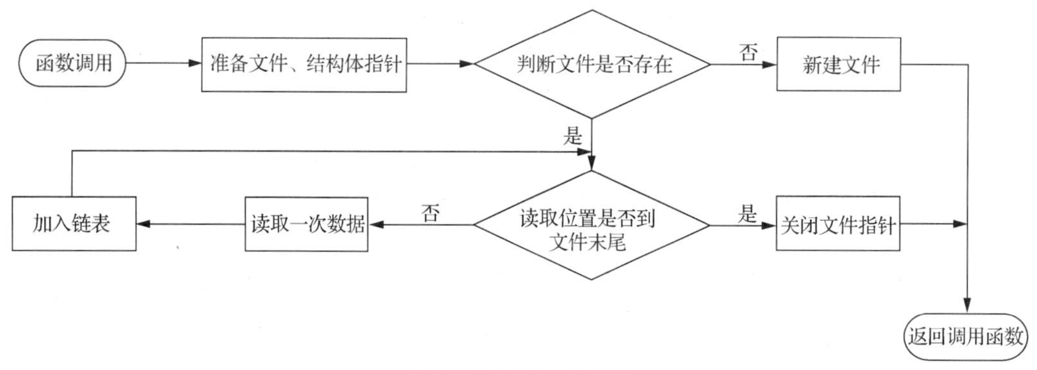

图 4-15 文件读取业务流程

4.7.2 技术实现分析

文件读取自定义 Read()函数实现代码如下。

```
1   void Read()
2   {
3       FILE *fp;
4       pNode p_node = NULL;
5       int p_seek;
6       if ((fp = fopen("finance.txt", "a+")) == NULL)
7           {
8               printf("无文件，程序将重新建立文件！\n");
```

微课 文件读取技术实现

```
9                 system("pause") ;
10            }
11        else
12            {
13                fseek(fp,0,SEEK_END);    //将指针指向文件末尾，用以判断文件是否为空
14                p_seek=ftell(fp);         //获取指针位置
15                fseek(fp,0,SEEK_SET);    //将指针指向文件首部，还原读取位置
16                while (ftell(fp)<p_seek)
17                    {
18                        p_node = (struct Node*)malloc(sizeof(struct Node));
19                        memset(p_node,0,sizeof(struct Node));
20                        fread(p_node, sizeof(struct Node), 1, fp);
21                        p_node->next = p_head;
22                        p_head = p_node;
23                    }
24            }
25        fclose(fp);
26    }
```

第 3 行代码定义一个文件指针 fp，此时 fp 并未指向具体文件，待第 6 行代码执行完毕后，fp 才指向了一个文件的首地址。

第 4 行代码定义一个指向 Node 结构体地址的指针 p_node，此时 p_node 并未指向任何内存空间，当第 18 行代码执行完毕后，p_node 才确定了准确的地址。

第 5 行代码定义一个整型变量 p_seek，该变量用于记录文件末尾的位置，以便第 16 行代码比较是否已读取到文件末尾。

第 6 行代码首先使用 fopen()打开文件，“a+”表示打开一个文本文件，允许读写操作。如果文件不存在，则创建一个新文件。“a+”模式的读取会从文件的头部开始，写入则只能是追加模式。文件打开后将文件的地址存储到 fp 中，如果 fp 为 NULL 则表示无该文件，程序将重新建立文件后执行第 8 行至第 9 行代码；如果 fp 不为 NULL，则执行第 13 行至第 22 行代码。

第 8 行代码为输出函数，用于提示相关错误。

第 9 行代码用于暂停程序执行，待用户按任意键后继续执行。

第 13 行代码将 fp 指向文件末尾，并通过第 14 行代码将末尾位置记录到 p_seek 变量中。

第 15 行代码将 fp 指向文件首部，准备开始读取文件。

第 16 行代码判断 fp 在文件中的位置，如果 fp 指向的位置小于 p_seek（见第 13 行代码解析），则执行第 18 行至第 22 行代码。

第 18 行代码中的 sizeof(struct Node)计算 struct Node 需要的存储容量，通过 malloc()函数在计算机中生成该容量的内存空间，(struct Node*)强制转换该空间为 Node 结构体的指针类型并赋值给 p_node。经过上述过程 p_node 才有了真实的数据，也就指向了新生成的内存空间。

第 19 行代码表示将从 p_node 指向位置开始，Node 容量（字节）内的内存空间全部置为 0。如 p_node 指向地址 0x000001，而 Node 结构体容量为 4 字节，则内存 0x000001 至 0x000004 全部置为 0。该步骤是为防止“脏”数据影响程序执行。

第 20 行代码执行读取语句，表示从 fp 指向位置开始，读取 1 次 Node 结构体容量的数据，读取的数据存储于 p_node 指向的内存区域。

第 21 行至第 22 行代码组织链表（链表知识点详见 4.3.4 节）。

第 25 行代码关闭打开的文件，释放相关资源。

4.8 系统主界面设计

4.8.1 效果展示

在欢迎界面之后，即进入系统主界面，该界面以菜单的形式显示了系统的主要功能，当用户需要使用某个功能时，输入对应的数字编号即可。系统主界面运行效果如图 4-16 所示。

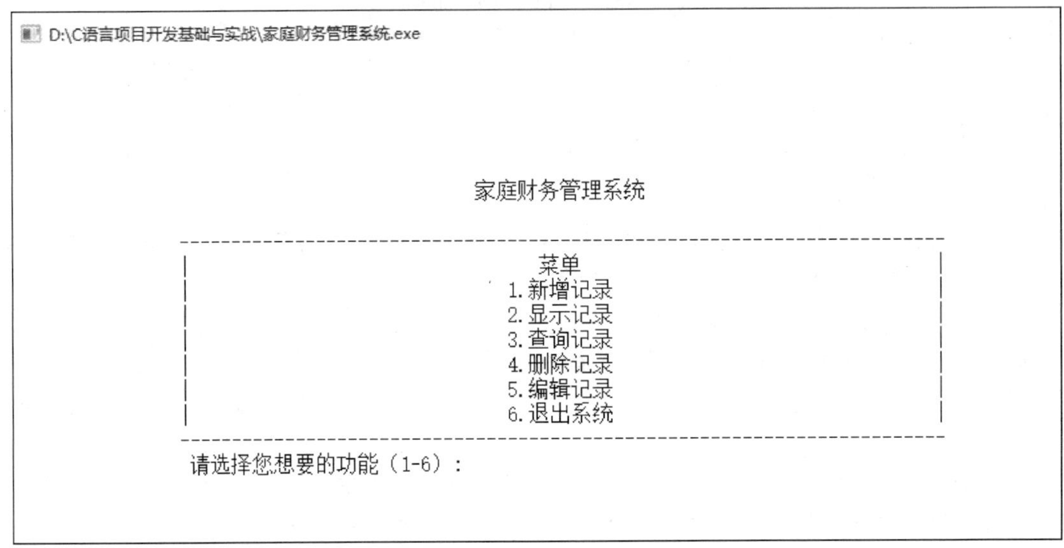

图 4-16 系统主界面

4.8.2 业务流程分析

系统主界面需要通过用户输入菜单编号，调用对应的自定义函数来完成相应的功能。其业务流程如图 4-17 所示。

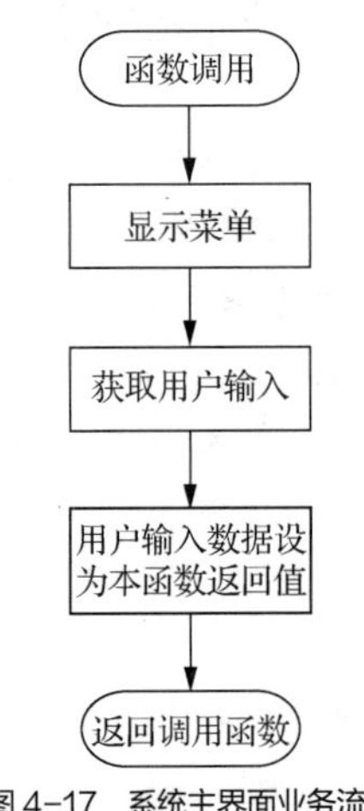

图 4-17 系统主界面业务流程

4.8.3 技术实现分析

在 main()函数中，调用 Menu()函数显示系统主菜单并获取用户选择的功能编号。Menu()函数的实现代码如下。

```
1    int Menu()
2    {
3        int fun_id;
4        system("cls");
5        printf("\n\n\n\n\n");
6        printf("\t\t                    家庭财务管理系统                    \n");
7        printf("\n");
8        printf("\t\t-----------------------------------------------------------\n");
9        printf("\t\t|                        菜单                            |\n");
10       printf("\t\t|                     1.新增记录                         |\n");
11       printf("\t\t|                     2.显示记录                         |\n");
12       printf("\t\t|                     3.查询记录                         |\n");
13       printf("\t\t|                     4.删除记录                         |\n");
14       printf("\t\t|                     5.编辑记录                         |\n");
15       printf("\t\t|                     6.退出程序                         |\n");
16       printf("\t\t-----------------------------------------------------------\n");
17       printf("请选择您想要的功能（1-6）:\n");
18       scanf("%d", &fun_id);
19       return fun_id;
20   }
```

微课　系统主界面技术实现

第 18 行代码中的%d 表示应输入整型数据，&fun_id 表示将用户输入的整型数据存储在变量 fun_id 中。第 19 行 return fun_id;语句将 fun_id 的值返回给调用函数。

4.9 新增记录模块设计

4.9.1 效果展示

在系统主界面中，输入菜单编号 1 即可进入新增记录模块，用户可根据程序提示依次输入年份、月份、日期、金额、姓名、支出或收入、使用情况。其运行效果如图 4-18 所示。

```
D:\C语言项目开发基础与实战\家庭财务管理系统.exe
请输入年份:2022
请输入月份:2
请输入日期:2
请输入金额:20
请输入姓名:张三
收入按1，支出按0:0
请输入事项:早餐
```

图 4-18　新增记录

4.9.2 业务流程分析

新增记录模块主要的业务功能有 3 个：一是获取用户输入的信息，这与编辑记录模块有相同操作，为简化逻辑结构，增强代码复用性，将该功能单独开发成 Input()函数，在新增记录与编辑记录两个模块中调用该函数即可完成数据输入；二是数据输入后将其存储于内存中，为方便管理数据，会以手动组织链表的方式进行存储与调用；三是将内存中的链表保存于文件中，这个功能由 Save()函数完成。新增记录模块的业务流程如图 4-19 所示。

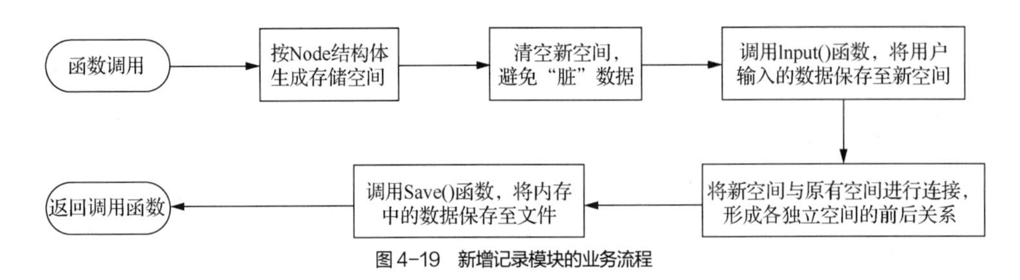

图 4-19　新增记录模块的业务流程

4.9.3　技术实现分析

新增记录模块的实现代码如下。

```
1    void Add()
2    {
3        system("cls");
4        pNode p_node = NULL;
5        p_node = (struct Node*)malloc(sizeof(struct Node));
6        memset(p_node, 0, sizeof(struct Node));
7        Input(p_node);
8        p_node->next = p_head;
9        p_head = p_node;
10       Save();
11   }
     //后续代码
```

微课　新增记录技术实现

第 3 行代码实现清屏效果。第 4 行代码生成一个 Node 结构体类型的指针变量 p_node，此时该变量并未指向任何内存空间。第 5 行代码生成与 Node 结构体同等大小的内存空间并让 p_node 指向这一新空间在内存中的地址。第 6 行代码将连续内存空间全部置为 0，地址范围从 p_node 指向的地址开始到 Node 结构体容量结束。

第 7 行代码调用 Input()函数，获取用户从键盘输入的信息并存于 p_node 指向的内存空间。Input()函数的实现代码如下。

```
     //续接第 11 行代码
12   void Input(pNode pMove)
13   {
14       printf("请输入年份:");
15       scanf("%d", &pMove->year);
16       printf("请输入月份:");
17       scanf("%d", &pMove->month);
18       if ((pMove->month > 0) && (pMove->month < 13))
19           {
20               printf("请输入日期:");
21               scanf("%d", &pMove->date);
22               printf("请输入金额:");
23               scanf("%f", &pMove->amount);
```

```
24                  printf("请输入姓名:");
25                  scanf("%s", pMove->name);
26                  printf("收入按 1，支出按 0:");
27                  scanf("%d", &pMove->type);
28                  printf("请输入事项:");
29                  scanf("%s", pMove->comment);
30              }
31          else
32              {
33                  printf("您输入的月份不在 1-12 范围，请重新输入!\n");
34                  return;
35              }
36      }
        //后续代码
```

第 12 行代码中的 pMove 为第 7 行代码运行时传入的地址，注意 pMove 指向的内存空间是在第 5 行代码中生成的，其作用域在第 2 行至第 11 行代码，而 Input()函数仅从 pMove 指向的地址开始存储数据，所以当 Input()函数结束时，pMove 指向的内存空间不会被回收，这点与局部变量有较大区别。第 18 行代码限定月份只能是 1～12，输入其他值会从第 31 行代码开始运行。其他代码均为标准的输入、输出语句。

第 8 行至第 9 行代码将新内存空间插入链表中。

第 10 行代码调用 Save()函数将链表数据存储于文件中。Save()函数的实现代码如下。

```
        //续接第 36 行
37      void Save()
38      {
39          FILE *fp;
40          pNode p_node = NULL;
41          if ((fp = fopen("finance.txt", "wb+")) == NULL)
42              {
43                  printf("文件打开错误!\n");
44                  exit(0);
45              }
46          for (p_node = p_head; p_node!= NULL; p_node = p_node->next)
47              {
48                  if(fwrite(p_node, sizeof(struct Node), 1, fp)!=1)
49                      {
50                          printf("文件写入出错！ \n");
51                          system("pause");
52                          return;
53                      }
54              }
55          fclose(fp);
56      }
```

以上代码逻辑与“4.7 文件读取设计”类似，但数据是从内存流向文件的。第 41 行至第 45 行代码判断文件是否能正常打开。从第 46 行代码开始逐个读取内存中的每个 Node 节点，并使用 fwrite()函数将节点写入文件，其中第 48 行代码中的 if 语句用以保证 fwrite()函数正常工作，当 fwrite()函数不能正常工作时将返回非 1 的值。fwrite(p_node,sizeof(struct Node),1,fp)表示从 p_node 指向的地址开始，读取 1 次 sizeof(struct Node)字节的数据并写入 fp 指向的文件，同时 fp 指针向文件后部移动。

4.10 显示与查询记录模块设计

4.10.1 效果展示

在系统主界面，输入菜单编号 2 即可进入显示记录模块。运行效果如图 4-20 所示。

```
D:\C语言项目开发基础与实战\家庭财务管理系统.exe
|------------------------------------------------------------------------------------|
|   年    |   月    |   日    |    金额    |   使用人   | 状态        |事项          |
|------------------------------------------------------------------------------------|
|  2022   |   2     |   2     |   20.00    |   张三     |           0 |早餐
|
|------------------------------------------------------------------------------------|
|  2022   |   1     |   5     |   2.00     |   李四     |           0 |饮料
|
|------------------------------------------------------------------------------------|
|  2022   |   1     |   2     |   5.00     |   李四     |           0 |午餐
|
|------------------------------------------------------------------------------------|
|  2022   |   1     |   1     |   300.00   |   张三     |           1 |工资
|
|------------------------------------------------------------------------------------|
一共收入：300.00
一共支出：27.00
当前余额：273.00
请按任意键继续. . .
```

图 4-20　显示记录

在系统主界面，输入菜单编号 3 即可进入查询记录模块，系统会在查询界面提示“按使用人查找”和“按使用类型查找”，运行效果如图 4-21 所示。

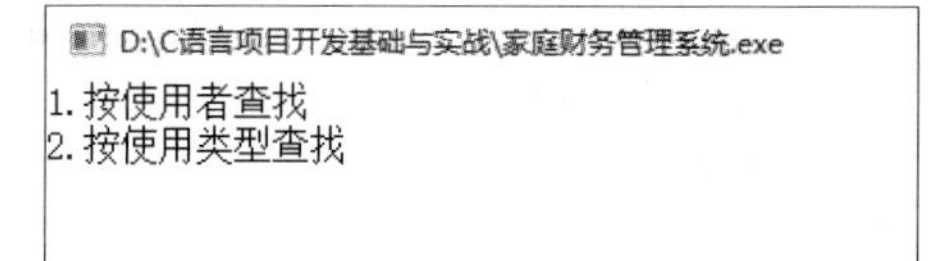

图 4-21　选择查询方式

如果使用“按使用人查找”则输入 1，然后输入姓名，系统将显示相应数据，运行效果如图 4-22 所示。

```
D:\C语言项目开发基础与实战\家庭财务管理系统.exe
1. 按使用人查找
2. 按使用类型查找
 1
请输入姓名：李四
|------------------------------------------------------------------------------------|
|   年    |   月    |   日    |    金额    |   使用人   | 状态        |事项          |
|------------------------------------------------------------------------------------|
|  2022   |   1     |   5     |   2.00     |   李四     |           0 |饮料
|
|------------------------------------------------------------------------------------|
|  2022   |   1     |   2     |   5.00     |   李四     |           0 |午餐
|
|------------------------------------------------------------------------------------|
请按任意键继续. . .
```

图 4-22　按使用人查找

如果使用“按使用类型查找”则输入 2，然后输入使用类型（1 为收入，0 为支出），系统将显示对应支出或收入的相关数据，运行效果如图 4-23 所示。

```
D:\C语言项目开发基础与实战\家庭财务管理系统.exe
1. 按使用人查找
2. 按使用类型查找
 2
请输入类型:1收入  0支出
 1
|------------------------------------------------------------------------------------|
|   年    |   月    |   日    |    金额    |   使用人   | 状态        |事项          |
|------------------------------------------------------------------------------------|
|  2022   |   1     |   1     |   300.00   |   张三     |           1 |工资
|
|------------------------------------------------------------------------------------|
请按任意键继续. . .
```

图 4-23　按使用类型查找

4.10.2 业务流程分析

显示记录模块与查询记录模块从实现原理上来看，其实都是显示特定条件下的记录。其业务流程如图 4-24 所示。

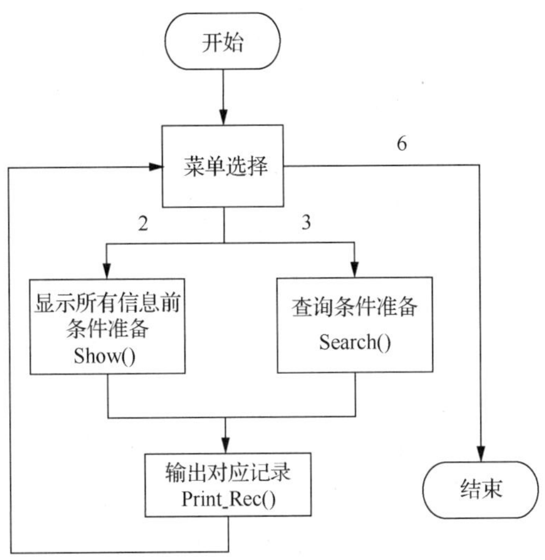

图 4-24　显示、查询记录模块的业务流程

4.10.3 技术实现分析

从图 4-24 可以看出，无论是显示所有记录还是根据查询条件显示记录，最终的输出均可由一个独立的自定义函数实现，该函数为 Print_Rec(int type,char id[100])，其中 type 参数为 1 时函数将按使用人查找，参数为 2 时函数将按使用类型查找，参数为 99 时显示所有数据。数组变量 id[100]用于存储需要配置的条件。Print_Rec()的实现代码如下：

```
1   void Print_Rec(int type,char id[100])
2   {
3       pNode p_node=NULL;
4       float income = 0.0, expend = 0.0, balance = 0.0;
5       printf("|------------------------------------------------------------------------|\n");
6       printf("|\t 年\t|\t 月\t|\t 日\t|\t 金额\t|\t 使用人\t|\t 状态\t |\t 事项\t\t|\n");
7       printf("|------------------------------------------------------------------------|\n")
8       for (p_node = p_head; p_node!= NULL; p_node = p_node->next) //遍历链表
9           {
10              switch(type)
11                  {
12                      case 1: //按使用人查找
13                          if (strstr(p_node->name, id) != NULL)
14                              {
15                                  goto print1;
16                              }
17                          else
18                              {
19                                  break;
20                              }
21                      case 2://按使用类型查找
22                          if (p_node->type ==atoi(id))
```

微课　显示与查询
记录技术实现

```
23                              {
24                                      goto print1;
25                              }
26                          else
27                              {
28                                      break;
29                              }
30                      case 99://显示所有记录
31                          if (p_node->type == 1)
32                              {
33                                      income += p_node->amount; //收入统计
34                              }
35                          else
36                              {
37                                      expend += p_node->amount;//支出统计
38                              }
39                      default:
40                          print1:
41                          printf("|\t%d\t", p_node->year);
42                          printf("|\t%1d\t", p_node->month);
43                          printf("|\t%d\t", p_node->date);
44                          printf("|\t%.2f\t", p_node->amount);
45                          printf("|\t%s\t", p_node->name);
46                          printf("|\ %3d     ",p_node->type);
47                          printf("|%s\t\t\t|\n", p_node->comment);
48                          printf("|------------------------------------------------------------|\n");
49                      break;
50              }
51          }
52      if(type==99)
53      {
54          printf("一共收入：%.2f\n", income);
55          printf("一共支出：%.2f\n", expend);
56          balance = income - expend;
57          printf("当前余额：%.2f\n", balance);
58      }
59      return;
60  }
```

第 8 行至第 51 行代码为链表遍历，即逐个读取节点的各项数据。第 10 行代码根据 type 值判断查找标准。第 13 行代码使用 strstr()函数进行字符串比较，判断当前节点的 name 值与 id 数组的元素值是否相同，如果相同则跳转至第 40 行代码输出当前节点数据，如果不同则跳出 switch 结构转至第 50 行代码末尾。第 22 行代码的参数 id 为字符数组，而 p_node->type 为整型，所以使用 atoi()函数将 id 转换为整型后才能比较两者是否相等。

4.11 删除记录模块设计

4.11.1 效果展示

在系统主界面，输入菜单编号 4 即可进入删除记录模块，跟随系统提示输入使用人姓名和金额后，系统将根据这两项条件查询是否存在匹配的记录，如果存在则显示相关数据记录并询问用户是否确认删除。运行效果如图 4-25 所示。

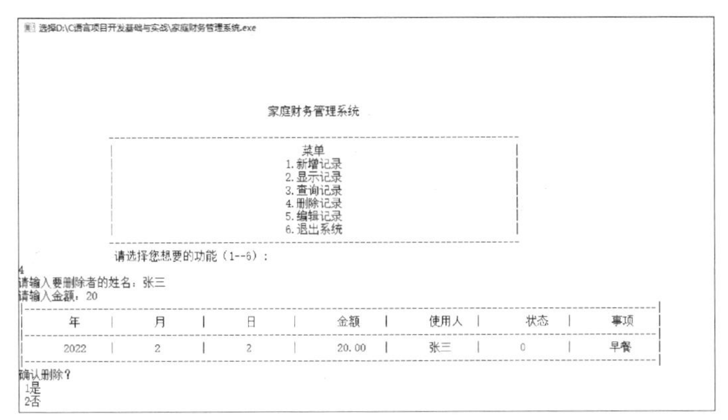

图 4-25　删除记录

4.11.2　业务流程分析

删除记录模块的实现逻辑是逐个读取链表中的每个节点数据，并与用户输入的使用人姓名和金额对比，两者同时匹配后，显示对应记录并询问用户是否确认删除。其业务流程如图 4-26 所示。

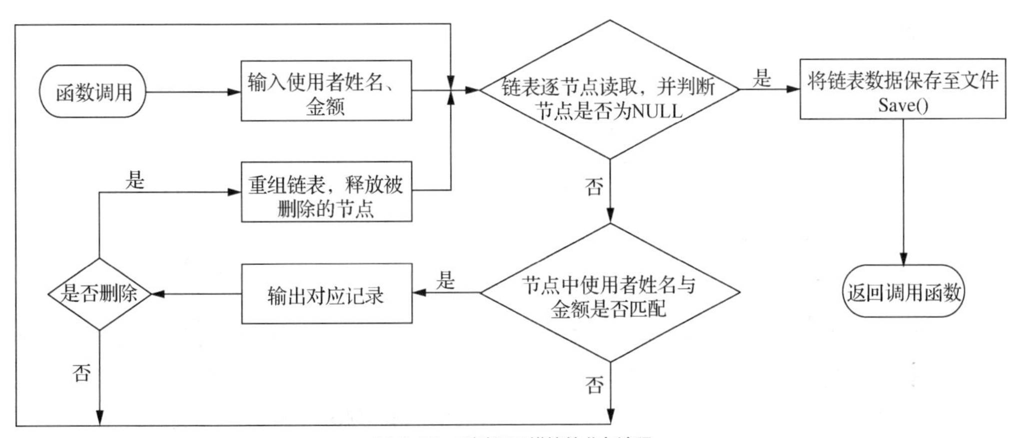

图 4-26　删除记录模块的业务流程

4.11.3　技术实现分析

删除记录模块的重点在于逐个读取链表中的每个节点数据，并与用户输入的数据进行对比，找到对应的记录后，重新组织链表。链表的组织过程与新增记录模块相反。删除记录模块的实现代码如下。

```
1   void DeleteValueNode()
2   {
3       pNode pMove=p_head,pMovePre=p_head;
4       char name[20];
5       float amount;
6       int choice;
7       printf("请输入要删除者的姓名：");
8       scanf("%s", name);
9       printf("请输入金额：");
10      scanf("%f", &amount);
11      printf("|------------------------------------------------------------------------------------------|\n");
12      printf("|\t 年\t|\t 月\t|\t 日\t|\t 金额\t|\t 使用人\t|\t 状态\t|\t 事项\t|\n");
```

微课　删除记录技术实现

```
13          printf("|------------------------------------------------------------------------------------------------|\n");
14          for(;pMove!=NULL;pMovePre=pMove,pMove=pMove->next)
15          {
16                if((strcmp(pMove->name,name)==0)&&(pMove->amount==amount))
17                      {
18                            printf("|\t%d\t", pMove->year);
19                            printf("|\t%1d\t", pMove->month);
20                            printf("|\t%d\t", pMove->date);
21                            printf("|\t%.2f\t", pMove->amount);
22                            printf("|\t%s\t", pMove->name);
23                            printf("|\t%d\t", pMove->type);
24                            printf("|%s\t\t|\n", pMove->comment);
25                            printf("|---------------------------------------------------------------------------|\n");
26                            printf("确认删除？ \n 1 是\n 2 否\n");
27                            scanf("%d", &choice);
28                            if (choice == 1 )
29                                  {
30                                        if(pMove==p_head)
31                                              {
32                                                    p_head=pMove->next;
33                                              }
34                                        else
35                                              {
36                                                    pMovePre->next=pMove->next;
37                                              }
38                                        free(pMove);
39                                  }
40                      }
41          }
42          Save();
43          system("pause");
44    }
```

第 7 行至第 10 行代码用于让用户输入需要删除的记录中的使用人姓名与金额。第 11 行至第 13 行代码输出表头。第 14 行至第 41 行代码的主要功能是逐个读取节点数据。第 16 行代码比较节点中 name 值和 amount 值与用户输入的使用人姓名和金额是否相等，如果相等则执行第 17 行至第 40 行代码。第 18 行至第 25 行代码输出满足条件的节点。第 26 行至第 27 行代码询问用户是否确认删除并获取用户的选择。第 28 行代码判断用户的选择，如果输入 1 表示确认删除。第 30 行代码判断要删除的节点是否为第 1 个节点，第 1 个节点的删除与其他节点的删除方式有一定区别，详细见 4.3.4 节。第 38 行代码释放 pMove 指向的内存空间，需要注意的是释放空间不等于清除数据，空间释放后可以被其他程序使用，同时遗留在空间中的数据也能被其他程序使用。第 42 行代码调用 Save()函数将组织完成的链表存储至文件中。

4.12 编辑记录模块设计

4.12.1 效果展示

在系统主界面，输入菜单编号 5 即可进入编辑记录模块，输入使用人姓名和金额后，系统将根据这两项条件查询是否存在相应数据，如果存在则显示相关数据记录并询问用户是否确认修改，用户确认修改后提示用户重新输入年份、月份、日期、金额、使用人姓名、支出或收入、使用情况。运行效果如图 4-27 所示。

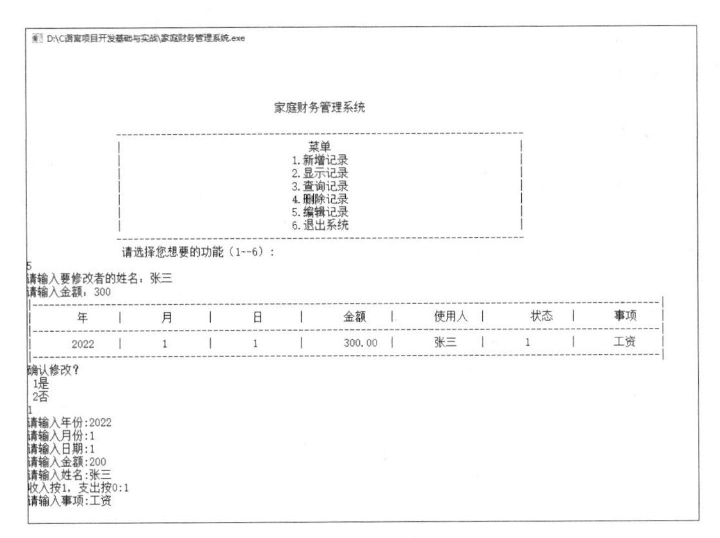

图 4-27　编辑功能界面

4.12.2　业务流程分析

编辑记录模块的实现逻辑是，逐个读取链表中的每个节点数据，并与用户输入的使用人姓名和金额对比，两者同时匹配后，显示对应记录并询问用户是否确认修改；用户确认修改后，程序调用 Input(pMove)函数重新获取输入信息并更新 pMove 指向的内存空间；最后调用 Save()函数将数据保存到文件。编辑记录模块的业务流程如图 4-28 所示。

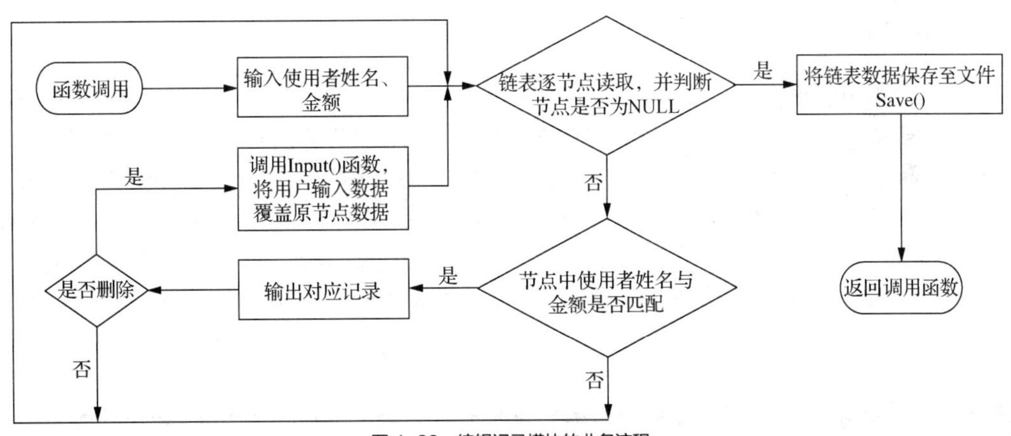

图 4-28　编辑记录模块的业务流程

4.12.3　技术实现分析

编辑记录是由 EditValueNode()函数实现的，其实现代码如下。

```
1   void EditValueNode()
2   {
3       pNode pMove=p_head,pMovePre=p_head;;
4       char name[20];
5       float amount;
6       int choice;
```

微课　编辑记录技术实现

```
7           printf("请输入要修改者的姓名：");
8           scanf("%s", name);
9           printf("请输入金额：");
10          scanf("%f", &amount);
11          printf("|-------------------------------------------------------------------------------------------------|\n");
12          printf("|\t  年\t|\t 月\t|\t 日\t|\t 金额\t|\t 使用人\t|\t  状态\t|\t 事项\t|\n");
13          printf("|-------------------------------------------------------------------------------------------------|\n");
14          for(;pMove!=NULL;pMove=pMove->next)
15          {
16                if((strcmp(pMove->name,name)==0)&&(pMove->amount==amount))
17                      {
18                            printf("|\t%d\t", pMove->year);
19                            printf("|\t%1d\t", pMove->month);
20                            printf("|\t%d\t", pMove->date);
21                            printf("|\t%.2f\t", pMove->amount);
22                            printf("|\t%s\t", pMove->name);
23                            printf("|\t%d\t", pMove->type);
24                            printf("|%s\t\t|\n", pMove->comment);
25                            printf("|------------------------------------------------------------------------|\n");
26                            printf("确认修改？ \n 1 是\n 2 否\n");
27                            scanf("%d", &choice);
28                            if (choice == 1)
29                                  {
30                                        Input(pMove);
31                                  }
32                      }
33          }
34          Save();
35          system("pause");
36    }
```

第 7 行至第 10 行代码用于让用户输入需要修改的记录中的使用人姓名与金额。第 11 行至第 13 行代码输出表头。第 14 行至第 33 行代码的主要功能是逐个读取节点数据。第 16 行代码比较节点中 name 值和 amount 值与用户输入的使用人姓名和金额，如果相等则执行第 17 行至第 32 行代码。第 18 行至第 25 行代码输出满足条件的节点。第 26 行至第 27 行代码询问用户是否确认修改并获取用户的选择。第 28 行代码判断用户的选择，如果输入为 1 则表示确认修改。第 30 行代码调用 Input()函数，Input()函数的实现可参见“4.9.3 技术实现分析”。第 34 行代码调用 Save()函数，将覆盖后的内存空间保存至文件。

项目小结

本项目实现的是家庭财务管理系统，其主要的功能模块包括新增记录、显示记录、查询记录、删除记录、编辑记录等，使用到的主要知识点包括内存空间与地址、变量与指针、结构体与链表等。

首先，本项目使用了模块化编程的思想，先对项目需求功能进行分析与定义，再总结出各主要功能和可复用的函数，最后进行代码开发。上述步骤的达成，需要读者具备基础的编程开发能力后逐步提升对项目的组织与规划能力。其次，本项目中使用了指针变量作为结构体的组成部分，从而实现了单链表的功能。链表是数据结构的重要知识点之一，除本项目用到的单链表外，还有循环单链表、双链表、循环双链表及静态链表 4 种扩展，读者可自行参阅相关教程。

理论知识测评（满分 100 分）

姓名＿＿＿＿＿＿ 学号＿＿＿＿＿＿ 班级＿＿＿＿＿＿ 成绩＿＿＿＿＿＿

一、单项选择题（本大题共 10 小题，每小题 2 分，共计 20 分）

1. 设有定义 int n1=0,n2,*p=&n2,*q=&n1;，以下赋值语句中与 n2=n1;语句等价的是（　　）。

   A. *p=*q;　　B. p=q;　　C. *p=&n1;　　D. p=*q;

2. 若有定义 int x=0, *p=&x;，则语句 printf("%d\n",*p);的输出结果是（　　）。

   A. 随机值　　B. 0　　C. x 的地址　　D. p 的地址

3. 若有语句 int *line[5];，以下叙述正确的是（　　）。

   A. line 是一个指针数组，每个数组元素是一个 int 类型的指针变量

   B. line 是一个指针变量，该变量可以指向一个长度为 5 的 int 数组

   C. line 是一个指针数组，语句中的*称为地址运算符

   D. line 是一个指向字符型函数的指针

4. 链表不具有的特点是（　　）。

   A. 插入、删除不需要移动元素　　B. 可随机访问任意元素

   C. 不必事先估计存储空间　　D. 所需存储空间与线性长度成正比

5. 在单链表指针为 p 的节点之后插入指针为 s 的节点，正确的操作是（　　）。

   A. p->next=s;s->next=p->next;　　B. s->next=p->next;p->next=s;

   C. p->next=s;p->next=s->next;　　D. p->next=s->next;p->next=s;

6. 有以下程序，程序运行后的输出结果是（　　）。

```
1  #include<stdio.h>
2  void main()
3  {
4     int a[10]={1,2,3,4,5,6,7,8,9,10}, *p=&a[2], *q=p+2;
5     printf("%d\n", *p + *q);
6  }
```

   A. 16　　B. 10　　C. 8　　D. 6

7. 有以下程序，程序运行后的输出结果是（　　）。

```
1  #include <stdio.h>
2  #include <malloc.h>
3  struct NODE
4  {
5     int num;
6     struct NODE *next;
7  };
8  void main()
9  {
10    struct NODE *p,*q,*r;
11    p=(struct NODE*)malloc(sizeof(struct NODE));
12    q=(struct NODE*)malloc(sizeof(struct NODE));
13    r=(struct NODE*)malloc(sizeof(struct NODE));
14    p->num=1; q->num=2; r->num=3;
15    p->next=q;q->next=r;
```

```
16      printf("%d\n",p->num+q->next->num);
17   }
```

A．1　　B．2　　C．3　　D．4

8．有以下程序，程序运行后的输出结果是（　　）。

```
1   #include <stdio.h>
2   #include <string.h>
3   void main()
4   {
5      char s1[10],*s2="123\0abcd";
6      strcpy(s1,s2);
7      printf("%s",s1);
8   }
```

A．123\0abcd　　B．123abcd　　C．123　　D．以上答案都不对

9．有以下程序，程序运行后的输出结果是（　　）。

```
1   int *p,a=4,b=5;
2   p=&a; a=*p + b;
```

A．4　　B．5　　C．9　　D．编译出错

10．对于下述说明，不能使变量 p->b 的值增加 1 的表达式是（　　）。

```
1   struct exm
2   {
3      int a;
4      int b;
5      float c
6   }*p;
```

A．++p->b　　B．++(p++)->b　　C．p->b++　　D．(++p)->b++

二、程序阅读题（本大题共 5 小题，每小题 10 分，共计 50 分）

1．若有以下定义和语句，则 sizeof(a)的值是________，sizeof(b)的值是________。

```
1   struct
2   {
3      int day; char mouth; int year;
4   }a,*b;
5   b=&a;
```

2．以下定义的结构体拟包含两个成员，其中成员变量 info 用来存储整型数据，成员变量 link 是指向自身结构体的指针，请将定义补充完整。

```
1   struct node
2   {
3      int info;
4      _________     link;
5   };
```

3．已有定义如下。

```
1   struct node
2   {
3      int data;
4      struct node *next;
5   } *p;
```

以下语句调用 malloc()函数，使指针 p 指向一个具有 node 类型的动态存储空间，请填空。

```
p = (struct node *)malloc( _________ );
```

4．设有定义 int n,*k=&n;，以下语句将利用指针变量 k 读写变量 n 中的内容，请将语句补充完整。

```
1   scanf ( " %d " , _________);
2   printf ( " %d\n " , _________);
```

5. 下面程序的功能是希望输出的结果是 edcba，请进行程序填空。

```
1    #include<stdio.h>
2    void main( )
3    {
4      char x[ ]= "abcdef",*p= _________ ;
5      while(--p>=&x[0])
6              putchar(_________ );
7      putchar('\n');
8    }
```

三、程序设计题（本大题共 2 小题，每小题 15 分，共计 30 分）

1. 请自行定义节点结构，并将 a、b、c 这 3 个字符分别存放于链表各节点中，按链表顺序将各节点的字符输出。

2. 在上题的基础上，编写一个函数计算链表中的节点个数。

项目5 设计课程选修管理系统

技能目标

- 掌握数据表的制作方法。
- 掌握C语言连接数据库的方法。
- 掌握SQL语句的使用方法。

素质目标

- 了解数据库基本知识，了解自主可控技术对国家信息安全的重要性。
- 熟悉C语言连接数据库的方法，养成严谨、规范的做事态度。
- 熟悉数据表的操作与查询，养成团队协作能力。

重点难点

- C语言连接数据库的方法。
- SQL语句的使用。

5.1 项目分析

课程选修管理是学校教务综合管理工作的重要组成部分，它的业务特点包含角色多样、数据复杂、多维度的统计需求、数据保存周期长等。本项目结合使用 C 语言与 Access 数据库，开发一个课程选修管理系统，具体要求如下。

- 系统界面清晰，运行流畅。
- 能录入课程信息和学生信息，并使用数据库进行保存。
- 能读取数据库中的信息。
- 能使用数据库查询语句，完成信息查询。

5.2 系统架构设计

5.2.1 功能设计

根据项目分析，将课程选修管理系统的功能分为课程管理、学生管理与选课管理三大模块，每个模块具备录入、查找和显示等功能。课程选修管理系统架构设计如图 5-1 所示。

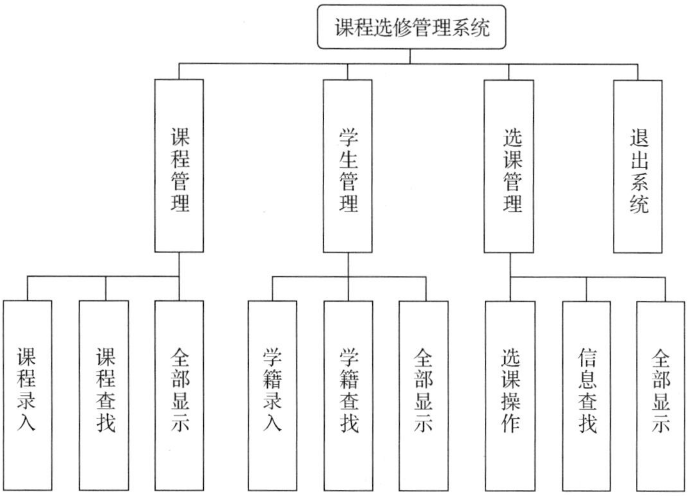

课程选修管理系统
- 课程管理
  - 课程录入
  - 课程查找
  - 全部显示
- 学生管理
  - 学籍录入
  - 学籍查找
  - 全部显示
- 选课管理
  - 选课操作
  - 信息查找
  - 全部显示
- 退出系统

图 5-1　课程选修管理系统架构设计

5.2.2　自定义函数说明

自定义函数说明如表 5-1 所示。

表 5-1　自定义函数说明

函数	返回类型	参数	功能
Init()	void		初始化函数，完成接入数据库的前期工作准备
ShowSecondMenu()	void	int iTopMenu	根据 iTopMenu 参数值的不同，负责二级菜单的输出与插入、显示与查询菜单的功能调用
SearchMenu()	void	int iTopMenu	根据 iTopMenu 参数值的不同，负责输出不同的查询菜单，并根据不同查询条件进行功能调用
ShowRecord( )	int	int DBSource, SQLCHAR *cSelectString	从 DBSource 表，按*cSelectString 查询要求进行查询，并返回查询到的记录数
InsertRecord ( )	void	int DBSource	插入数据，DBSource 代表不同的目标表
EditRecord( )	void	int DBSource	编辑数据，DBSource 为要编辑的数据所在的表
DeleteRecord()	void	int DBSource	删除数据，DBSource 为要删除的数据所在的表
Finish()	void		结束数据库相关连接，释放被占用的资源
scanf_isEnter( )	int	char *sFormat,...	判断用户是否只输入了回车符。如果只输入回车符将不改变原有变量值；如果不止输入了回车符，还输入了其他值，则记录新输入的值。该函数为多参数自定义函数（详见“5.12.3 技术实现分析”）

以上自定义函数的调用关系如图 5-2 所示。

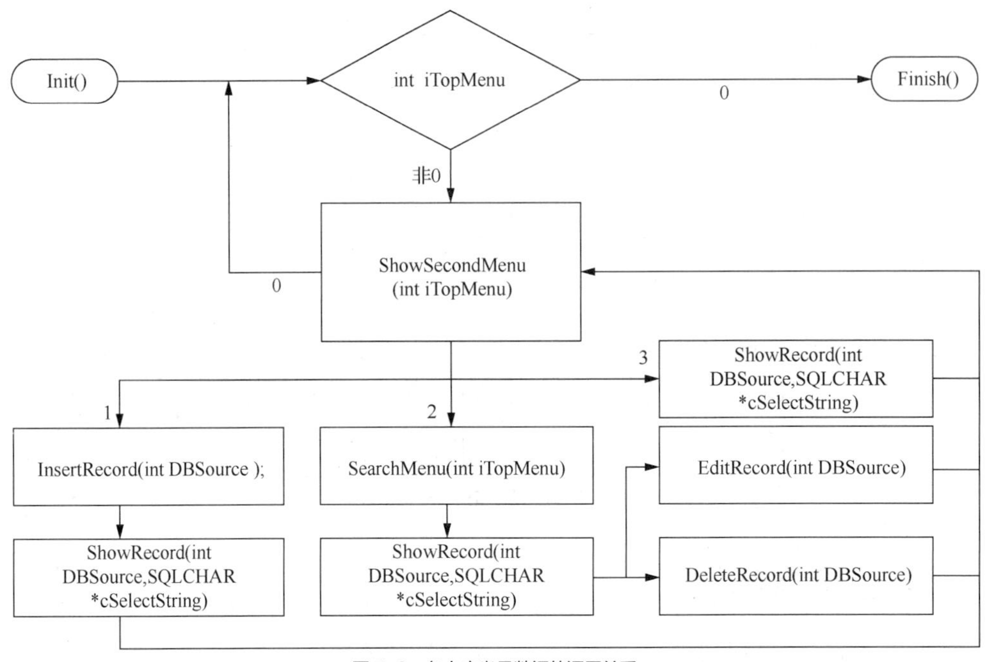

图 5-2　各自定义函数间的调用关系

5.3　技术知识准备

5.3.1　Access 数据库

前面的项目使用链表和文件完成数据的操作与存储，这种操作方式缺点明显：一是数据操作复杂，必须由专业的开发人员进行代码级的维护；二是数据与程序混杂在一起，使得程序的逻辑性与代码的复用性大打折扣；三是数据维护难度大，数据也很难被独立使用。在真正的商业项目中，通常将数据存储到专门的数据库中。数据库，顾名思义，就是存放数据的“仓库”，这个“仓库”按照一定的数据结构（数据结构是指数据的组织形式或数据之间的联系）来组织，用于存储数据，并可以方便地通过数据库提供的多种方法来管理数据。

Access 数据库是由微软公司发布的关联式数据库管理系统，它结合了 Microsoft Jet Database Engine 和图形用户界面特点，是 Microsoft Office 的套件之一。Access 的优点是操作简洁、方便，不用依赖服务器也可以对数据进行操作；缺点是安全性不够，引入用户级密码容易被破解，并发数仅为 255，对高强度、高频率的数据操作适应性较差。

5.3.2　数据库的组成与操作语言

数据库由数据表（以下简称表）组成，表又由行（row）和列（column）组成。一个表存储一个类别的数据，每一行对应一条记录，每一列对应一个属性。可以将表看作一个二维关系，当表的结构设计完成后，日常使用时列是固定的，行是可无限扩展的。

假如有一个学生表，其每一行都是一条学生信息记录，而列就表示该记录具有的属性，如姓名、班级、年龄等。学生表结构如图 5-3 所示。

iNum	st_name	class	age
1	张三	信安2201	19
2	李四	移动2202	21
3	王五	物联2203	20

图 5-3　学生表结构

在对数据进行查询、修改或者删除时，都需要使用结构化查询语言（Structured Query Language，SQL）来实现。

5.3.3　SQL 语句

1. SELECT 语句

SELECT 语句是 SQL 中的一种命令语句，可以用来从数据库中取出数据。SELECT 语句最常见的一种用法就是取出表中的一个或几个属性列，其语法如下。

语法：SELECT 列名 1,列名 2,... FROM 表名
示例：SELECT st_name,class FROM Student

上述 SQL 语句运行后，返回的查询结果如图 5-4 所示。

st_name	class
张三	信安2201
李四	移动2202
王五	物联2203

图 5-4　查询指定列的结果

查询的结果是一个二维表格，由行和列组成，而列是在 SELECT 与 FROM 两个关键字间的语句中进行限定的，如果想取出所有列的数据，可以把所有列名写上或是用星号（*）来代表所有列。其语法如下。

语法：SELECT * FROM 表名
示例：SELECT * FROM Student

上述 SQL 语句运行后，返回的查询结果如图 5-5 所示。

iNum	st_name	class	age
1	张三	信安2201	19
2	李四	移动2202	21
3	王五	物联2203	20

图 5-5　查询所有列的结果

2. 条件查询语句

在日常使用中，通常会给定查询条件来获取数据，这时就需要在 SELECT 语句中加上 WHERE 子句进行限制，一个 WHERE 子句用来描述哪些行应该进入执行结果。条件查询语句语法及示例如下。

语法：SELECT * FROM 表名 WHERE 条件
示例 1： SELECT * FROM Student WHERE age BETWEEN 20 AND 26（查询年龄为 20 岁至 26 岁的学生）

上述 SQL 语句运行后，返回的查询结果如图 5-6 所示。

iNum	st_name	class	age
2	李四	移动2202	21
3	王五	物联2203	20

图 5-6　查询指定条件的结果 1

示例 2：SELECT * FROM Student WHERE st_name='王五'（查询姓名是王五的学生）

上述 SQL 语句运行后，返回的查询结果如图 5-7 所示。

iNum	st_name	class	age
3	王五	物联2203	20

图 5-7　查询指定条件的结果 2

3. 多表联合查询语句

有时需要同时查询多个关联表，如图 5-8、图 5-9 和图 5-10 所示。

iNum	st_name	class	age
1	张三	信安2201	19
2	李四	移动2202	21
3	王五	物联2203	20

图 5-8　学生表（Student）

iNum	Title	Credit
1	C语言	6
2	语文	4
3	高数	5

图 5-9　课程表（Course）

ID	Course_id	Student_id
1	2	2
2	3	3

图 5-10　课程选择表（CourseSelection）

在课程选择表中，字段 Course_id 的值来自课程表中的字段 iNum，而 Student_id 的值来自学生表中的字段 iNum。多表联合查询语句的语法如下。

语法：SELECT 表名 *x*.列名 *x*，... FROM 表 1 INNER JOIN(表 2 INNER JOIN 表 3 ON 表 2.列 *n*=表 3.列 *n*)ON 表 1.列 *n*=表 3.列 *n* WHERE 条件

示例：SELECT CourseSelection.ID,Student.st_name,Course.Title,Student.class,Course.Credit FROM Student INNER JOIN (Course INNER JOIN CourseSelection ON Course.iNum = CourseSelection.Course_id) ON Student.iNum = CourseSelection.Student_id

上述 SQL 语句运行后，其返回的查询结果如图 5-11 所示。

ID	st_name	Title	class	Credit
1	李四	语文	移动2202	4
2	王五	高数	物联2203	5

图 5-11　多表联合查询的结果

4. 插入语句

INSERT INTO 语句用于向表中插入新的行，其语法如下。

语法：INSERT INTO 表名(列名 1, 列名 2,...) VALUES (值 1,值 2,...)

示例：INSERT INTO Student(st_name,class,age) VALUES ('张七','信安 2207',19)

上述 SQL 语句运行后，返回的结果如图 5-12 所示。

iNum	st_name	class	age
1	张三	信安2201	19
2	李四	移动2202	21
3	王五	物联2203	20
4	张七	信安2207	19

图 5-12　插入记录后的结果

注意 SQL 语句中的值如果为字符串，则需要使用单引号。Student 表中 iNum 列为自动编号，不能手动增加或更改值。

5. 更新语句

UPDATE 语句用于更新表中的某行数据，需要使用 WHERE 子句进行过滤，更新范围为符合 WHERE 条件的所有行，其语法如下。

语法：UPDATE 表名 SET 列名 = 新值 WHERE 列名 = 某值
示例：UPDATE Student SET st_name='张七改' WHERE st_name='张七'

上述 SQL 语句运行后，返回的结果如图 5-13 所示。

iNum	st_name	class	age
1	李四	移动2202	21
2	张三	信安2201	19
3	王五	物联2203	20
4	张七改	信安2207	19

图 5-13　更新记录后的结果

6. 数据删除语句

DELETE 语句用于删除表中的行，需要使用 WHERE 子句进行过滤，删除范围为符合 WHERE 条件的所有行，其语法如下。

语法：DELETE FROM 表名 WHERE 列名=值
示例：DELETE FROM Student WHERE st_name='张七改'

上述 SQL 语句运行后，返回的结果如图 5-14 所示。

iNum	st_name	class	age
1	李四	移动2202	21
2	张三	信安2201	19
3	王五	物联2203	20
#已删除的	#已删除的	#已删除的	#已删除的

图 5-14　删除记录后的结果

5.4 数据库设计

5.4.1 表的制作

1. 学生表（Student）的制作

打开 Access 数据库之后，就会看到图 5-15 所示的操作界面，双击“空白数据库”，便可快速新建一个空白的数据库。

打开空白数据库之后，右侧默认有一个表，用鼠标右键单击左侧的“表 1”，在弹出的快捷菜单中选择“设计视图”命令，将表格名称另存为“Student”，如图 5-16、图 5-17 所示。

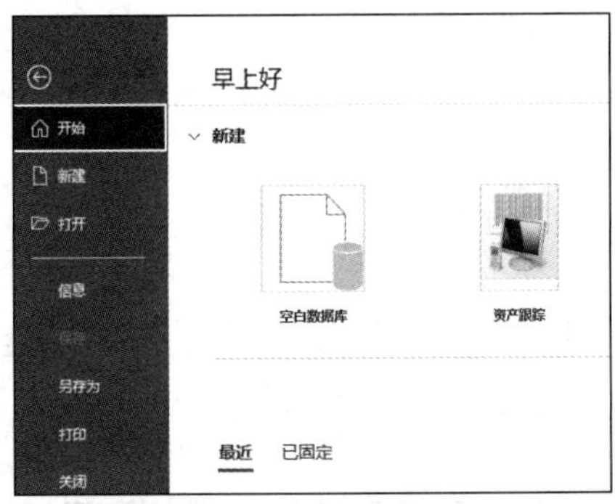

图 5-15　新建空白数据库

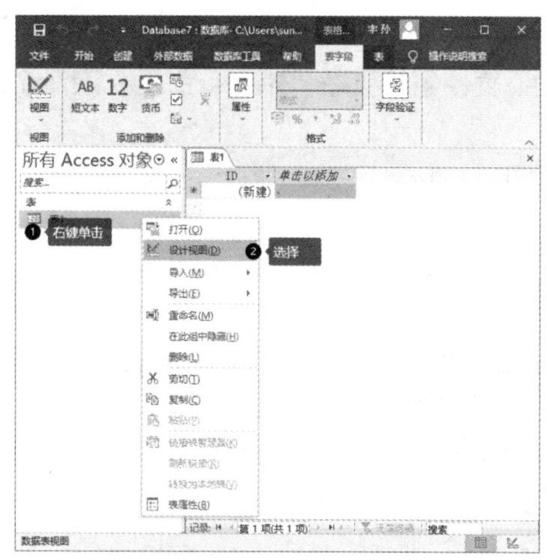

图 5-16　选择“设计视图”命令

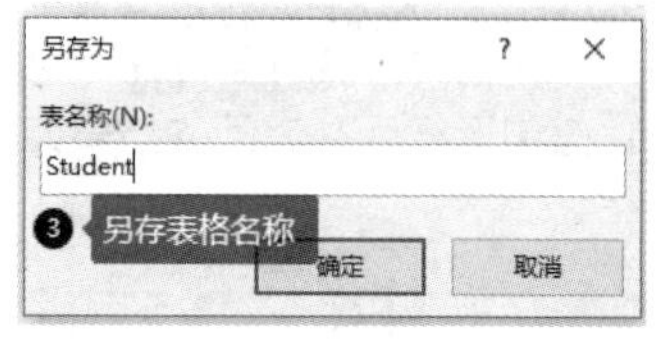

图 5-17　重命名表

根据表 5-2 完成字段名称与数据类型等设置，其中 iNum 为主键列（也称主关键字，是被挑选出来用作表的行的唯一标识的候选关键字，一个表只能有一个主关键字），数据不能重复，通常用于存储每条记录的唯一编号，如身份证号、学号等；st_name 为姓名，class 为班级，age 为年龄。各字段及其数据类型设置结果如图 5-18 所示。

表 5-2　Student 表结构

字段名称	数据类型	长度	备注
iNum	自动编号	4 字节	主键（自动递增）
st_name	短文本（文本型）	255 字节	
class	短文本（文本型）	255 字节	
age	数字	4 字节	

用鼠标右键单击“Student”，在弹出的快捷菜单中选择“打开”命令后可直接录入数据，如图 5-19 所示。

字段名称	数据类型
iNum	自动编号
st_name	短文本
class	短文本
age	数字

图 5-18　Student 表字段与数据类型设置结果

图 5-19　选择“打开”命令

2. 课程表（Course）与课程选择表（CourseSelection）的制作

Course 表与 CourseSelection 表的数据结构分别如表 5-3、表 5-4 所示，其制作方法参考 Student 表。

表 5-3　Course 表结构

字段名称	类型	长度	备注
iNum	自动编号	4 字节	主键（自动递增）
Title	短文本（文本型）	255 字节	
Credit	数字	4 字节	

表 5-4　CourseSelection 表结构

字段名称	类型	长度	备注
ID	自动编号	4 字节	主键（自动递增）
Course_id	数字	4 字节	
Student_id	数字	4 字节	

两个表的各字段及其数据类型设置结果分别如图 5-20、图 5-21 所示。

字段名称	数据类型
iNum	自动编号
Title	短文本
Credit	数字

图 5-20　Course 表字段与数据类型设置结果

字段名称	数据类型
ID	自动编号
Course_id	数字
Student_id	数字

图 5-21　CourseSelection 表字段与数据类型设置结果

CourseSelection 表用于将 Student 与 Course 两个表的数据一一对应起来，所以它仅存储 Course 表的主键与 Student 表的主键。在 Student 与 Course 表中分别添加数据，如图 5-22、图 5-23 所示。

iNum	st_name	class	age
1	张三	信安2201	19
2	李四	移动2202	21
3	王五	物联2203	20

图 5-22　Student 表中的数据记录

iNum	Title	Credit
1	C语言	6
2	语文	4
3	高数	5

图 5-23　Course 表中的数据记录

如果张三（iNum 为 1）选择了语文（iNum 为 2）这门课程，那么 CourseSelection 表中的数据记录如图 5-24 所示，Student_id 为学生编号，Course_id 为课程编号。需要说明的是，ID 字段为不重复的编号，由数据库系统自行生成。

ID	Course_id	Student_id
1	2	1

图 5-24　CourseSelection 表中的数据记录

5.4.2　数据库的模型化表现方式

E-R 图是众多数据表达模型的一种，又称为实体联系图，是一种提供了实体、属性和联系的表达方式，用来描述现实世界的概念模型。在本项目中，可以将每一个学生、每一门课程看作一个实体，它们有自己的属性（列），如图 5-22 所示的 Student 表中的第一行数据，1 是一个学生实体的编号，“张三”是一个学生实体的名字等，而一个表则是拥有相同属性实体的集合。学生实体表与课程实体表又产生了某种联系，将两个实体的属性一一对应起来，便有了 CourseSelection 表，所以 CourseSelection 表中的记录相当于两个实体的联系。读者可以将图 5-22、图 5-23、图 5-24 对照图 5-25 理解实体（矩形）、属性（椭圆）与联系（菱形）。

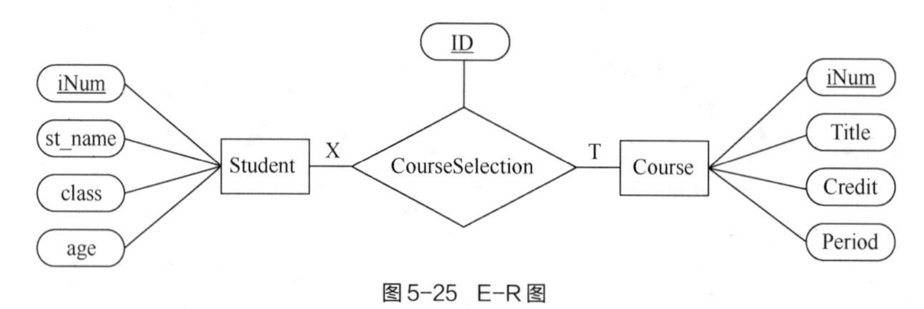

图 5-25　E-R 图

需要注意的是，图 5-25 所示实体与实体的线段中有“X”与“T”两种标注，表示 Student 表中的多条数据可以与 Course 表中的多条数据对应，即 1 个学生可选多门课程，1 门课程也可被多个学生选取。

5.5 预处理模块

5.5.1 Dev-C++环境引入 ODBC 库文件

在使用 ODBC（Open Database Connectivity，开放式数据库互连）前，集成开发环境需要用户指定引用特定的库文件，在 Dev-C++环境中，ODBC 库文件名及存储目录是“Dev-Cpp\MinGW32\i686-w64-mingw32\lib\libodbc32.a”。通过“工具”→“编译器选项”打开“编译器选项”对话框，如图 5-26 所示，在“编译时加入以下参数”处输入“-lodbc32”，其他保持默认设置，然后单击“确定”按钮即可。

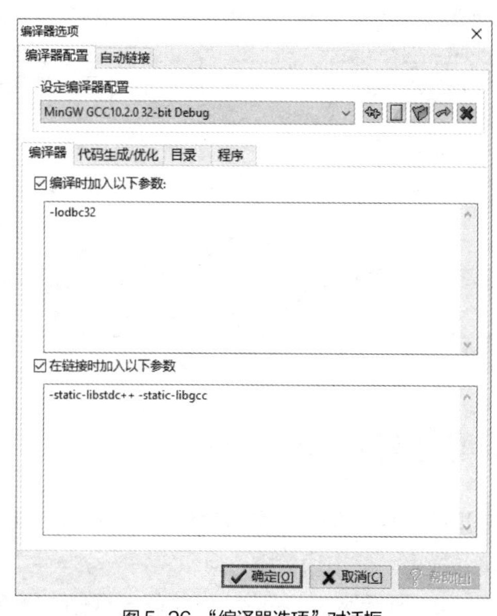

图 5-26　“编译器选项”对话框

5.5.2 头文件引用

引用头文件的具体代码如下。

```
1    #include <stdio.h>
2    #include <windows.h>
3    #include <sqlext.h>
```

第 2 行代码引入 windows.h 头文件，其作用是使用 Windows 操作系统提供的 ODBC 程序完成数据库连接与操作。第 3 行代码引入 sqlext.h 头文件，该头文件定义了一组 SQL 操作所使用的数据类型规范，如 SQLCHAR、HENV 等。

需要特别说明的是，如果打开 sqlext.h 头文件，可以看到“typedef unsigned char SQLCHAR”字样，即 SQLCHAR 为无符号字符。这样设置是为了在不同类型的操作系统下，仅更换 sqlext.h 头文件即可达到 SQLCHAR 的统一，从而实现 C 语言程序在 Windows、Linux 等不同操作系统间的移植。

5.5.3 预定义

本项目使用的预定义主要包括 ODBC 的基本参数与 SQL 联合查询语句。具体代码如下。

```
1    char *szDSN = "Driver={Microsoft Access Driver (*.mdb)};DSN='';DBQ=course.mdb;";
2    SQLCHAR *cEqualJoin=(SQLCHAR *)" Student INNER JOIN (Course INNER JOIN CourseSelection
     ON Course.iNum = CourseSelection.Course_id) ON Student.iNum = CourseSelection.Student_id" ;
3    HENV hEnv;
4    HDBC hDbc;
5    HSTMT hStmt;
6    RETCODE rcRecord;
7    SQLCHAR Course_cTitle[128];
8    SQLCHAR Student_cName[128],Student_cClass[128];
9    SQLINTEGER Course_iNum=0,Course_iCredit=0;
10   SQLINTEGER Student_iNum=0,Student_age=0;
11   SQLINTEGER CourseSelection_id=0,CourseSelection_St_id=0,CourseSelection_Course_id=0;
```

第 1 行代码使用字符串指针变量 szDSN 存储数据库连接字符串，Driver 表示连接的数据库类型为 Microsoft Access Driver (*.mdb)，DBQ 表示数据库文件所在位置，路径为当前系统源代码所在路径下的“course.mdb”。

第 2 行代码定义 SQLCHAR 类型的字符串指针变量 cEqualJoin，用于存储 Student、Course 与 CourseSelection 3 个表的联合查询语句。

第 3 行至第 11 行代码定义本项目各函数需要使用的公共变量。

5.6 系统主界面设计

5.6.1 效果展示

课程选修管理系统主界面运行效果如图 5-27 所示。

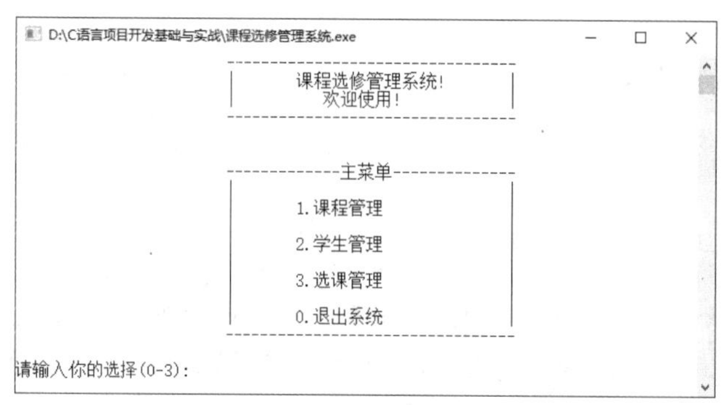

图 5-27　课程选修管理系统主界面

5.6.2　业务流程分析

系统主界面由 main()函数负责调用、输出，另外还管理数据库的连接与释放。main()函数业务流程如图 5-28 所示。

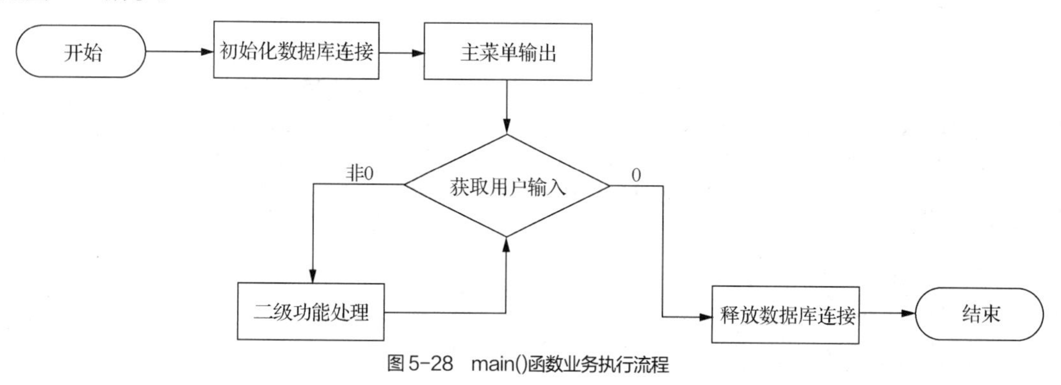

图 5-28　main()函数业务执行流程

5.6.3　技术实现分析

main()函数的实现代码如下。

```
1    int main()
2    {
3        int iTopMenu;
4        void Init();
5        void ShowSecondMenu(int iTopMenu);
6        void Finish();
7        Init();
8        do{
9            system("cls");
10           printf("\t\t\t--------------------------------\t\n");
11           printf("\t\t\t|\t 课程选修管理系统!\t\t|\n");
12           printf("\t\t\t|\t     欢迎使用!\t\t|\n");
13           printf("\t\t\t--------------------------------\n");
14           printf("\n\n");
15           printf("\t\t\t------------主菜单-------------\t\n");
16           printf("\t\t\t|\t                 \t\t|\n");
17           printf("\t\t\t|\t1.课程管理\t\t|\n");
18           printf("\t\t\t|\t                 \t\t|\n");
```

微课　系统主界面技术实现

```
19              printf("\t\t\t|\t2.学生管理\t\t|\n");
20              printf("\t\t\t|\t                \t\t|\n");
21              printf("\t\t\t|\t3.选课管理\t\t|\n");
22              printf("\t\t\t|\t                \t\t|\n");
23              printf("\t\t\t|\t0.退出系统\t\t|\n");
24              printf("\t\t\t--------------------------------\t\n");
25              printf("\n 请输入你的选择(0-3):\n");
26              scanf("%d",&iTopMenu);
27              if(iTopMenu!=0)
28                  {
29                  ShowSecondMenu(iTopMenu);
30                  }
31              else
32                  {
33                      break;
34                  }
35          }while(1);
36          Finish();
37          return 0;
38      }
```

第 3 行代码声明了 iTopMenu 变量，该变量用于记录一级菜单的选择结果，并逐步向二级菜单（功能）、三级菜单（功能）传递，以使后面的函数可执行不同功能。第 4 行至第 6 行代码对 main()函数中要调用的函数进行声明，这些被声明的函数的作用域仅在 main()函数内，它同全局变量与局部变量的含义相同。第 7 行代码执行 Init()函数，完成课程选修管理系统与数据库的连接。第 9 行至第 26 行代码完成主菜单的输出并获取用户的选择结果。第 27 行至第 34 行代码判断用户的输入，如果为非 0 值则调用二级菜单，如果为 0 则退出第 8 行与第 35 行代码间的循环。第 36 行代码执行 Finish()函数，释放数据库相关连接。

5.7 数据库连接设计

5.7.1 业务流程分析

ODBC 数据库的正常连接要经过 4 个步骤：第一步，需要分配环境并获得该环境句柄（程序需要执行时，计算机系统都会为其分配内存空间，而句柄就代表指向这个空间的一个整数，所以句柄的实质是指针）；第二步，通过环境句柄设置环境参数；第三步通过环境句柄获得连接句柄；第四步，建立与数据库的连接。具体业务流程如图 5-29 所示。

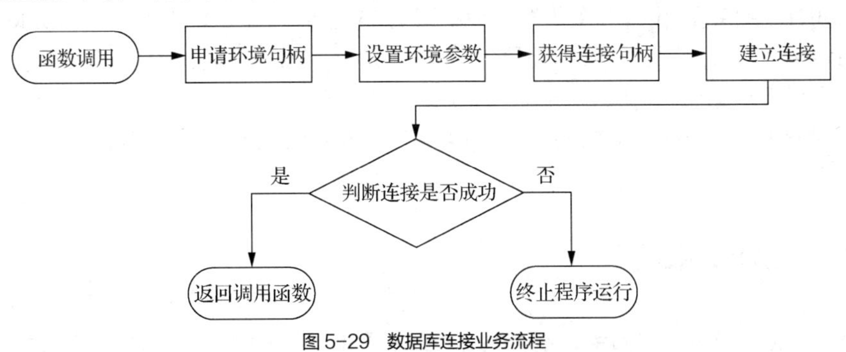

图 5-29　数据库连接业务流程

5.7.2 技术实现分析

数据库的连接由 Init()函数实现，相关的连接信息由 hEnv、hDbc、rcRecord 这 3 个全局变量负责存储。具体实现代码如下。

```
1    void Init()
2    {
3        int iConnStrLength2Ptr;
4        char szConnStrOut[256];
5        rcRecord=SQLAllocHandle(SQL_HANDLE_ENV, NULL, &hEnv);
6        rcRecord=SQLSetEnvAttr(hEnv,SQL_ATTR_ODBC_VERSION,
     (SQLPOINTER)SQL_OV_ODBC3, SQL_IS_INTEGER);
7        rcRecord =SQLAllocHandle(SQL_HANDLE_DBC, hEnv, &hDbc);
8        rcRecord=SQLDriverConnect(hDbc,NULL,szDSN,strlen((char*)szDSN),
     szConnStrOut,255,(SQLSMALLINT*)&iConnStrLength2Ptr, SQL_DRIVER_NOPROMPT);
9        if (SQL_SUCCEEDED(rcRecord))
10           {
11               printf("数据库连接成功%s.\n", szDSN);
12           }
13       else
14           {
15               printf("数据库连接失败%s.\n", szDSN);
16               system("pause");
17               exit(0);
18           }
19   }
```

微课 数据库连接技术实现

第 5 行代码中，&hEnv 表示分配环境句柄，SQL_HANDLE_ENV 表示分配的句柄类型是环境句柄，NULL 为 SQL_HANDLE_ENV 的固定搭配。rcRecord 变量用于存储执行 SQLAllocHandle()函数后的结果信息。

第 6 行代码的作用是对 hEnv 句柄所代表的环境变量进行参数设置。SQL_ATTR_ODBC_VERSION 指定第 3 个参数为 ODBC 所使用的版本号，(SQLPOINTER)SQL_OV_ODBC3 指定使用 ODBC3 为连接版本。rcRecord 变量用于存储执行 SQLSetEnvAttr()函数后的结果信息。

第 7 行代码的作用是在获得 hEnv 的基础上，申请连接句柄并存放于 hDbc 中，其中 SQL_HANDLE_DBC 表示申请的是连接句柄。rcRecord 变量用于存储执行 SQLAllocHandle()函数后的结果信息。

第 8 行代码的作用是设置各参数，进行数据库连接。hDbc 为已获得的连接句柄。NULL 表示父程序的句柄（本程序就是最顶层程序，故填充 NULL）。szDSN 为全局变量（见 5.5.3 节）。strlen((char *) szDSN)为 szDSN 变量的存储容量。szConnStrOut 指向已完成连接字符串的缓冲区的指针。255 为输入缓冲区的大小。(SQLSMALLINT*)&iConnStrLength2Ptr 表示将 iConnStrLength2Ptr 变量强制转换为 SQLSMALLINT 指针变量，该指针变量将指向大小为 255 的缓冲区。SQL_DRIVER_NOPROMPT 表示如果 SQLDriverConnect()函数调用时有足够的信息，ODBC 就进行连接，否则返回 SQL_ERROR。rcRecord 变量用于存储执行 SQLDriverConnect()后的结果信息。

第 9 行至第 18 行代码通过 rcRecord 的存储数据判断 SQLDriverConnect()函数是否成功，从而进行下一步工作。

5.8 二级菜单设计

在系统主界面完成功能选择后，将运行对应的二级菜单。在 5.2.1 节中已提到，二级菜单功能仅是操作数据对象有所区别，都是录入、查找与显示 3 种相同的操作。

5.8.1 效果展示

各二级菜单的运行效果如图 5-30、图 5-31、图 5-32 所示。

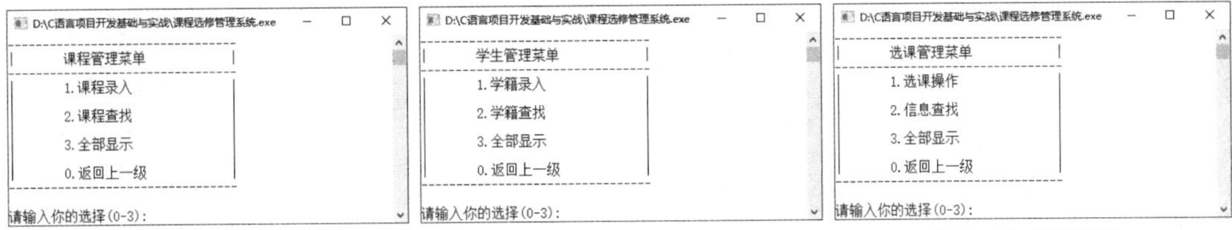

图 5-30 课程管理　　图 5-31 学生管理　　图 5-32 选课管理

5.8.2 业务流程分析

二级菜单的功能调度主要由 ShowSecondMenu()函数来统一实现，具体业务流程如图 5-33 所示。

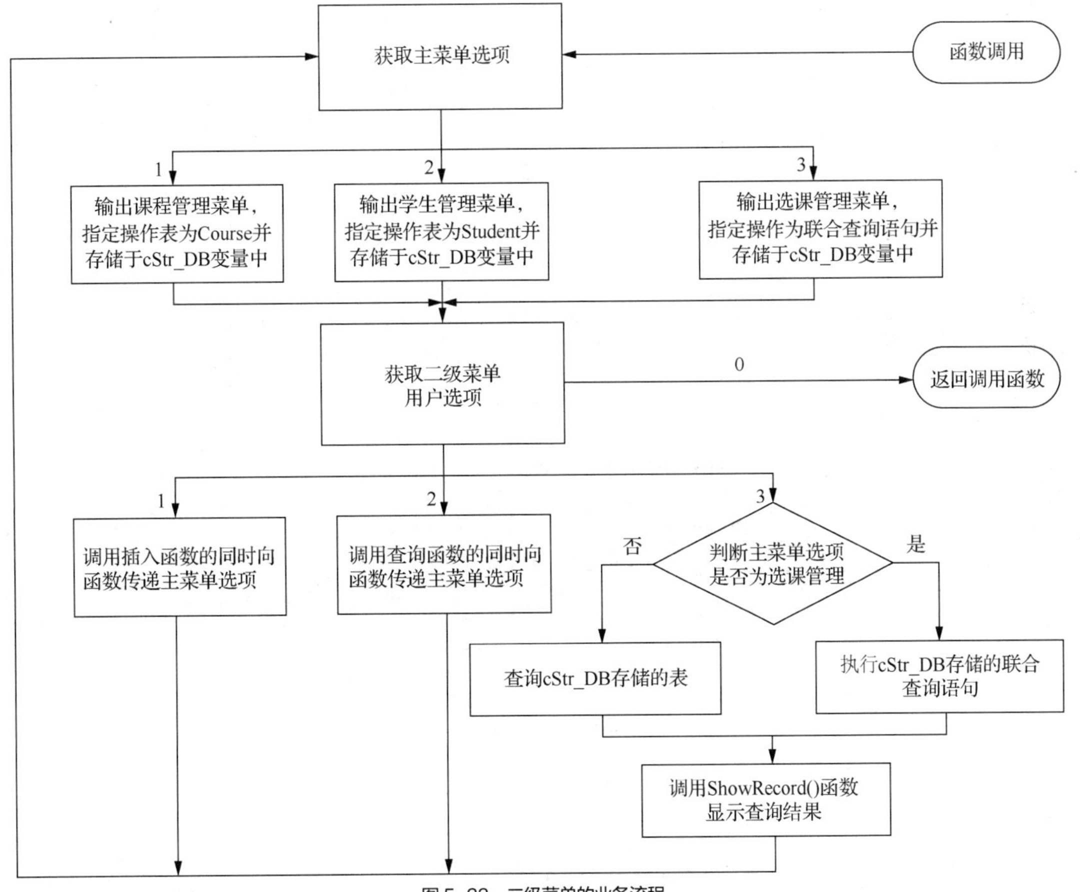

图 5-33 二级菜单的业务流程

5.8.3 技术实现分析

在主菜单调用 ShowSecondMenu(int iTopMenu)函数时，其参数 iTopMenu 用于传递用户选择的一级菜单编号。ShowSecondMenu()函数实现代码如下。

微课 二级菜单技术实现

```
1   void ShowSecondMenu(int iTopMenu)
2   {
3       int ShowRecord(int DBSource,SQLCHAR *cSelectString);
4       void SearchMenu(int iTopMenu);
5       void InsertRecord(int DBSource);
6       void EditRecord(int DBSource);
7       void DeleteRecord(int DBSource);
8       int iChoice=0;
9       SQLCHAR cStr_DB[200],SplicSQL[200];
10      while(1)
11          {
12              switch (iTopMenu)
13              {
14                  case 1:
15                      strcpy(cStr_DB,"Course");
16                      system("cls");
17                      printf("--------------------------------\t\n");
18                      printf("|\t 课程管理菜单\t\t|\n");
19                      printf("--------------------------------\n");
20                      printf("|\t1.课程录入\t\t|\n");
21                      printf("|\t                \t\t|\n");
22                      printf("|\t2.课程查找\t\t|\n");
23                      printf("|\t                \t\t|\n");
24                      printf("|\t3.全部显示\t\t|\n");
25                      printf("|\t                \t\t|\n");
26                      printf("|\t0.返回上一级\t\t|\n");
27                      printf("--------------------------------\t\n");
28                      printf("\n 请输入你的选择(0-3):\n");
29                      scanf("%d",&iChoice);
30                      break;
31                  case 2:
32                      strcpy(cStr_DB,"Student");
33                      system("cls");
34                      printf("--------------------------------\t\n");
35                      printf("|\t 学生管理菜单\t\t|\n");
36                      printf("--------------------------------\n");
37                      printf("|\t1.学籍录入\t\t|\n");
38                      printf("|\t                \t\t|\n");
39                      printf("|\t2.学籍查找\t\t|\n");
40                      printf("|\t                \t\t|\n");
41                      printf("|\t3.全部显示\t\t|\n");
42                      printf("|\t                \t\t|\n");
43                      printf("|\t0.返回上一级\t\t|\n");
44                      printf("--------------------------------\t\n");
45                      printf("\n 请输入你的选择(0-3):\n");
46                      scanf("%d",&iChoice);
47                      break;
48                  case 3:
49                      system("cls");
```

```
50                      strcpy(cStr_DB,cEqualJoin);
51                      printf("--------------------------------\t\n");
52                      printf("|\t 选课管理菜单\t\t|\n");
53                      printf("--------------------------------\n");
54                      printf("|\t1.选课操作\t\t|\n");
55                      printf("|\t             \t\t|\n");
56                      printf("|\t2.信息查找\t\t|\n");
57                      printf("|\t             \t\t|\n");
58                      printf("|\t3.全部显示\t\t|\n");
59                      printf("|\t             \t\t|\n");
60                      printf("|\t0.返回上一级\t\t|\n");
61                      printf("--------------------------------\t\n");
62                      printf("\n 请输入你的选择(0-3):\n");
63                      scanf("%d",&iChoice);
64                      break;
65              }
66              switch(iChoice)
67                  {
68                      case 1:
69                          InsertRecord(iTopMenu);
70                          system("pause");
71                          break;
72                      case 2:
73                          SearchMenu(iTopMenu);
74                          break;
75                      case 3:
76                          if(iTopMenu!=3)
77                              {
78                                  sprintf(SplicSQL,"SELECT * FROM %s ORDER BY
    iNum",cStr_DB);
79                              }
80                          else
81                              {
82                                  sprintf(SplicSQL,"SELECT
    CourseSelection.ID,Student.st_name,Course.Title,Student.class,Course.Credit,CourseSelection.Course_id,
    CourseSelection.Student_id FROM %s",cStr_DB);
83                              }
84                          ShowRecord(iTopMenu,SplicSQL);
85                          system("pause");
86                          break;
87                      case 0:
88                          return;
89                  }
90          }
91  }
```

第 13 行至第 65 行代码根据第 12 行代码判断 iTopMenu 的值以输出不同的二级菜单，并将用户对二级菜单的选择记录于 iChoice 变量中。第 15 行、第 32 行与第 50 行代码是根据不同的 iTopMenu 选择不同的查询目标。第 50 行代码的作用是将 3 张表连接在一起（cEqualJoin 为全局变量，详见 5.5.3 节），然后将同时满足 Course.iNum = CourseSelection.Course_id 与 Student.iNum = CourseSelection.Student_id 的数据筛选出来。

第 69 行代码对应插入功能，并将用户在主界面中的选择结果传入 InsertRecord()函数。第 73 行代码对应查询功能，并将用户在主界面中的选择结果传入 SearchMenu()函数。第 78 行代码中的 SQL 语句用于查询 cStr_DB 存储的表中的所有记录，并以 iNum 为标准执行升序排列。第 82 行代码中的 SQL 语句用于选择执行 cEqualJoin 联合查询形成的指定列数据，包括 CourseSelection 表的 ID（选课编号）、Student 表的 st_name（学生姓名）、Course 表的 Title（课程名称）等。

5.9 数据显示功能设计

5.9.1 效果展示

在各二级菜单界面中，输入菜单编号 3 即可获得相应数据。具体运行效果如图 5-34、图 5-35、图 5-36 所示。

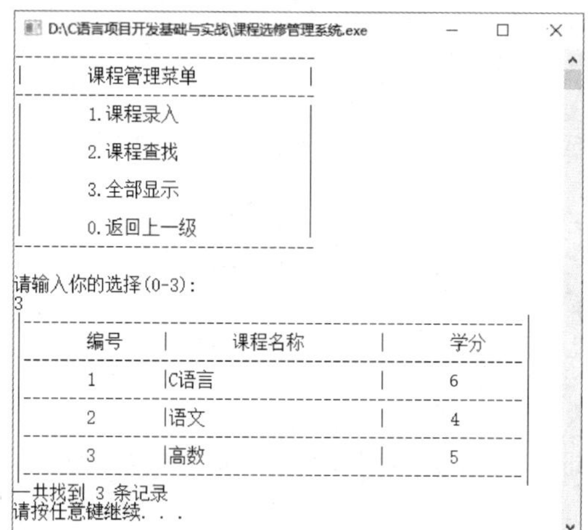

图 5-34 课程数据显示

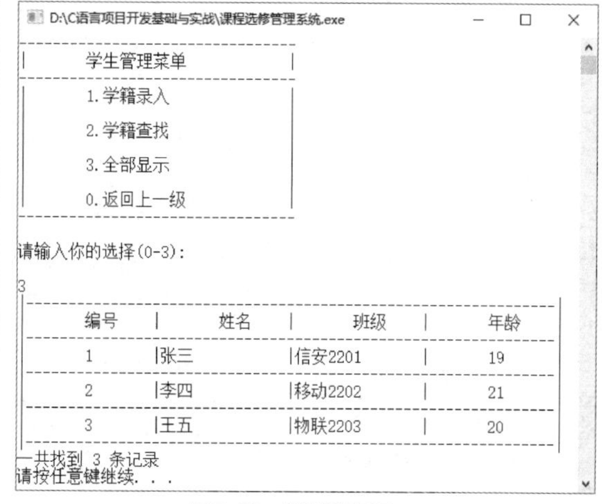

图 5-35 学生数据显示

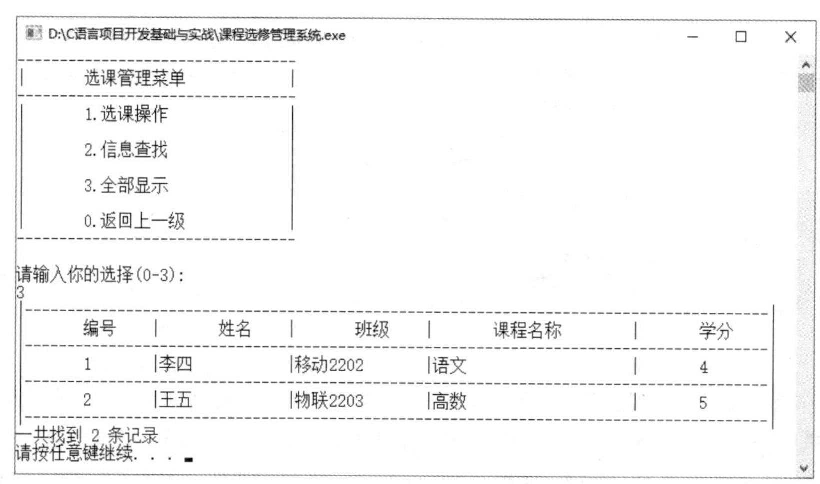

图 5-36 选课数据显示

5.9.2 业务流程分析

数据显示功能的业务流程如图 5-37 所示。

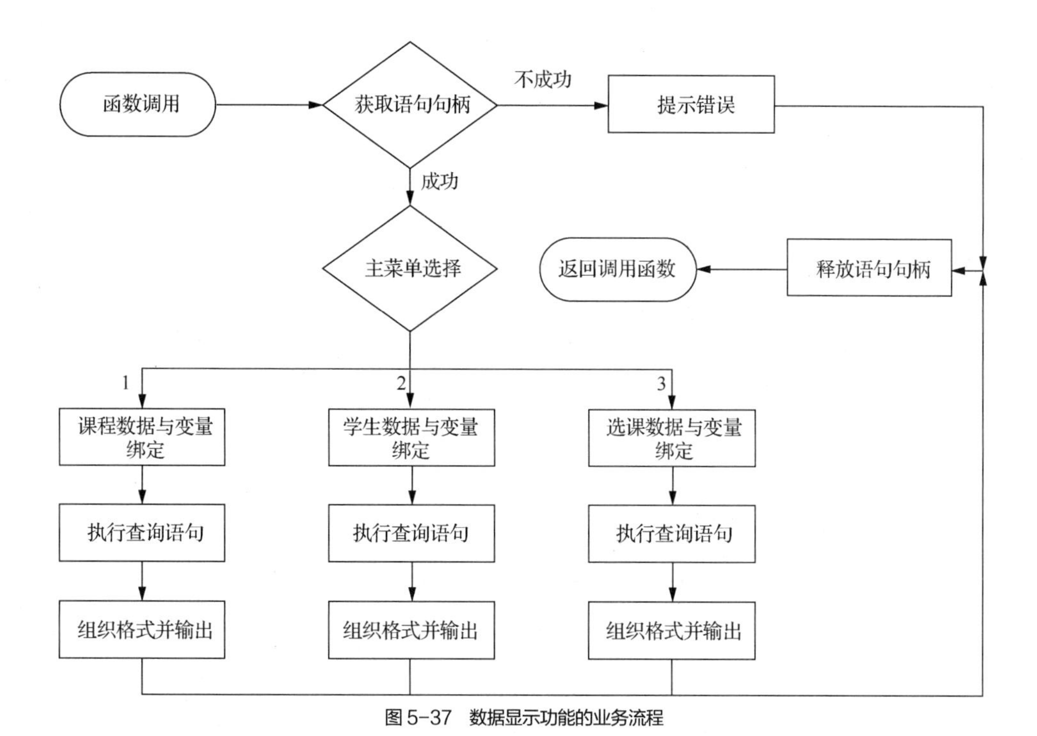

图 5-37　数据显示功能的业务流程

5.9.3 技术实现分析

数据显示功能由 ShowRecord(int DBSource,SQLCHAR *.cSelectString)函数完成，其参数 DBSource 为待操作的表。具体实现代码如下。

```
1     int ShowRecord(int DBSource,SQLCHAR *cSelectString)
2     {
3         int *colLeng=NULL,rowCount=0;
4         rcRecord = SQLAllocHandle(SQL_HANDLE_STMT,hDbc,&hStmt);
5         rcRecord = SQLPrepare(hStmt, cSelectString ,SQL_NTS);
6         if (SQL_SUCCEEDED(rcRecord))
7             {
8                 switch(DBSource)
9                 {
10                case 1:
11                        rcRecord = SQLBindCol(hStmt, 1, SQL_C_SSHORT, &Course_iNum, 0, 0);
12                        rcRecord = SQLBindCol(hStmt, 2, SQL_C_CHAR, Course_cTitle, 128, colLeng);
13                        rcRecord = SQLBindCol(hStmt, 3, SQL_C_SSHORT, &Course_iCredit, 0, 0);
14                        rcRecord = SQLExecute(hStmt);
15                        if (SQL_SUCCEEDED(rcRecord))
16                          {
17                           rcRecord = SQLFetch(hStmt);
18                           printf("|----------------------------------------------------|\n");
19                           printf("|\t 编号\t|\t 课程名称\t|\t 学分\t|\n");
20                           printf("|----------------------------------------------------|\n");
21                           while (SQL_SUCCEEDED(rcRecord))
22                               {
23                                   printf("|\t%ld\t",Course_iNum);
```

微课　数据显示技术实现

```
24                          printf("|%-20s\t",Course_cTitle);
25                          printf("|\t%ld\t|",Course_iCredit);
26                          printf("\n|----------------------------------------------------|\n");
27                          rcRecord = SQLFetch(hStmt);
28                          rowCount++;
29                      }
30                  }
31          printf("一共找到 %d 条记录\n", rowCount);
32          break;
33      case 2:
34              rcRecord = SQLBindCol(hStmt, 1, SQL_C_SSHORT, &Student_iNum, 0, 0);
35              rcRecord = SQLBindCol(hStmt, 2, SQL_C_CHAR, Student_cName, 128,colLeng);
36              rcRecord = SQLBindCol(hStmt, 3, SQL_C_CHAR, Student_cClass, 128,colLeng);
37              rcRecord = SQLBindCol(hStmt, 4, SQL_C_SSHORT, &Student_age, 0, 0);
38              rcRecord = SQLExecute(hStmt);
39              if (SQL_SUCCEEDED(rcRecord))
40                  {
41                      rcRecord = SQLFetch(hStmt);
42                      printf("|----------------------------------------------------|\n");
43                      printf("|\t 编号\t|\t 姓名\t|\t 班级\t|\t 年龄\t|\n");
44                      printf("|----------------------------------------------------|\n");
45                      while (SQL_SUCCEEDED(rcRecord))
46                          {
47                              printf("|\t%ld\t",Student_iNum);
48                              printf("|%-10s\t",Student_cName);
49                              printf("|%-10s\t",Student_cClass);
50                              printf("|\t%ld\t|",Student_age);
51                              printf("\n|----------------------------------------|\n");
52                              rcRecord = SQLFetch(hStmt);
53                              rowCount++;
54                          }
55                  }
56                  printf("一共找到 %d 条记录\n", rowCount);
57                  break;
58      case 3:
59              rcRecord = SQLBindCol(hStmt, 1, SQL_C_SSHORT, &CourseSelection_id, 0, 0);
60              rcRecord = SQLBindCol(hStmt, 2, SQL_C_CHAR,Student_cName, 128, colLeng);
61              rcRecord = SQLBindCol(hStmt, 3, SQL_C_CHAR,Course_cTitle, 128, colLeng);
62              rcRecord = SQLBindCol(hStmt, 4, SQL_C_CHAR,Student_cClass, 128, colLeng);
63              rcRecord = SQLBindCol(hStmt, 5, SQL_C_SSHORT, &Course_iCredit, 0, 0);
64              rcRecord = SQLBindCol(hStmt, 6, SQL_C_SSHORT, &CourseSelection_Course_id, 0, 0);
65              rcRecord = SQLBindCol(hStmt, 7, SQL_C_SSHORT, &CourseSelection_St_id, 0, 0);
66              rcRecord = SQLExecute(hStmt);
67              if (SQL_SUCCEEDED(rcRecord))
68                  {
69                      rcRecord = SQLFetch(hStmt);
70                      printf("|----------------------------------------------------|\n");
71                      printf("|\t 编号\t|\t 姓名\t|\t 班级\t|\t 课程名称\t|\t 学分\t|\n");
72                      printf("|----------------------------------------------------|\n");
73                      while (SQL_SUCCEEDED(rcRecord))
74                      {
75                          printf("|\t%ld\t",CourseSelection_id);
76                          printf("|%-10s\t",Student_cName);
77                          printf("|%-10s\t",Student_cClass);
78                          printf("|%-20s\t",Course_cTitle);
```

```
79                          printf("|\t%ld\t|",Course_iCredit);
80                          printf("\n|-------------------------------------------|\n");
81                          rcRecord = SQLFetch(hStmt);
82                          rowCount++;
83                      }
84                  }
85              printf("一共找到 %d 条记录\n", rowCount);
86              break;
87          }
88      }
89  else
90      {
91          printf("不能执行\n%s\n",cSelectString);
92      }
93  rcRecord = SQLFreeStmt(hStmt, SQL_DROP);//释放语句句柄
94  return rowCount;
95  }
```

第 4 行代码表示在 hDbc 连接句柄的基础上，将 SQL_HANDLE_STMT 类型句柄（语句句柄）存储到 hStmt 变量中。rcRecord 变量用于存储执行 SQLAllocHandle()函数后的成功、失败或相关错误信息。

第 5 行代码为 SQL 语句的执行设置相关参数，具体含义是设定 hStmt 变量为引用句柄，执行语句为 cSelectString 变量所存储的 SQL 命令字符串。其中，SQL_NTS 是固定参数，表示 cSelectString 是一个以 NULL 结尾的字符串。

第 8 行至第 87 行代码组成以 DBSource 为判断依据的多分支判断语句，DBSource 的值在 ShowRecord()函数被调用时传入，该值记录了用户在主界面中的选择结果，从而用于区分不同的表。

第 11 行至第 13 行、第 34 行至第 37 行、第 59 行至第 65 行代码使用 SQLBindCol()函数绑定返回数据所存放的位置，如第 11 行代码表示 hStmt 语句句柄被执行后，返回数据中的第 1 列数据（iNum 列）存储于 Course_iNum 变量中。

第 17 行、第 27 行、第 41 行、第 52 行、第 69 行、第 81 行代码使用 SQLFetch(hStmt)函数正式获取返回数据的值，此时 SQLBindCol()函数中各绑定的变量才具有了实际的数据。如果返回的数据集不止一行，也可通过 SQLFetch(hStmt)来逐行获得。

第 93 行代码表示释放 hStmt 句柄。需要注意的是，每执行一次 SQLExecute(hStmt)便需要释放一次 hStmt 语句句柄，如果有新的 SQL 语句，则还需要重新申请语句句柄才能继续执行。

第 94 行代码将得到的数据行数通过 rowCount 变量返回给调用函数。

5.10 录入信息和选课功能设计

5.10.1 效果展示

在课程管理与学生管理的菜单界面中，输入菜单编号 1 即可进入对应的录入功能，系统将依次提示需要录入的信息，录入成功时会给出提示并返回二级菜单。具体运行效果如图 5-38、图 5-39 所示。

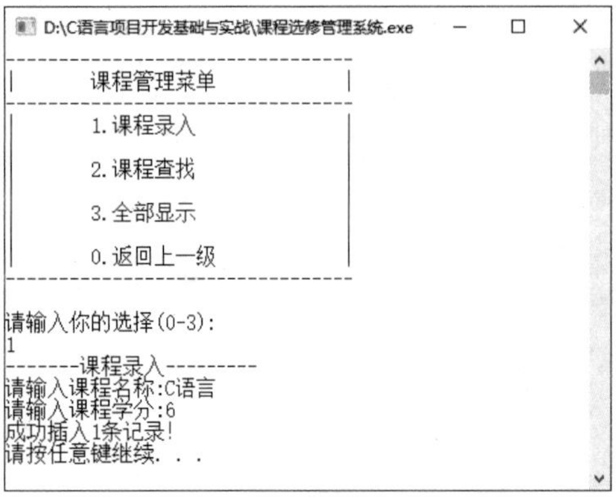

D:\C语言项目开发基础与实战\课程选修管理系统.exe
课程管理菜单
1.课程录入
2.课程查找
3.全部显示
0.返回上一级
请输入你的选择(0-3):
1
-------课程录入---------
请输入课程名称:C语言
请输入课程学分:6
成功插入1条记录!
请按任意键继续. . .

图 5-38　课程录入

D:\C语言项目开发基础与实战\课程选修管理系统.exe
学生管理菜单
1.学籍录入
2.学籍查找
3.全部显示
0.返回上一级
请输入你的选择(0-3):
1
-------学籍录入---------
请输入学生姓名:小明
请输入学生班级:软工2022
请输入学生年龄:19
成功插入1条记录!
请按任意键继续. . .

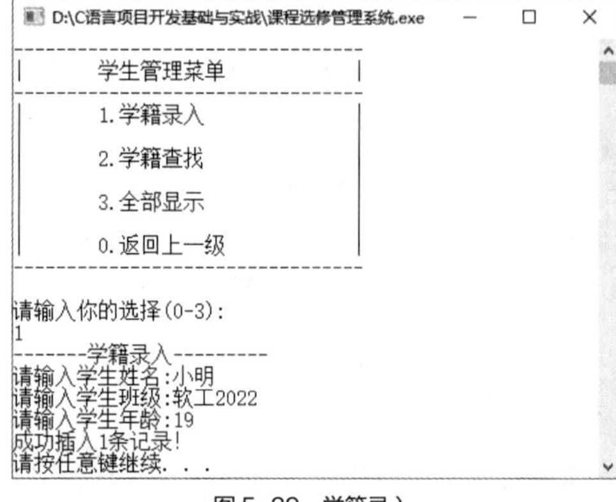

图 5-39　学籍录入

在选课管理菜单界面中，输入菜单编号 1 即可进入选课操作。程序首先将所有学生信息显示出来，用户选定学生（输入学生编号）后，再将所有课程信息显示出来，用户输入课程编号后即完成选课操作。运行效果如图 5-40 所示。

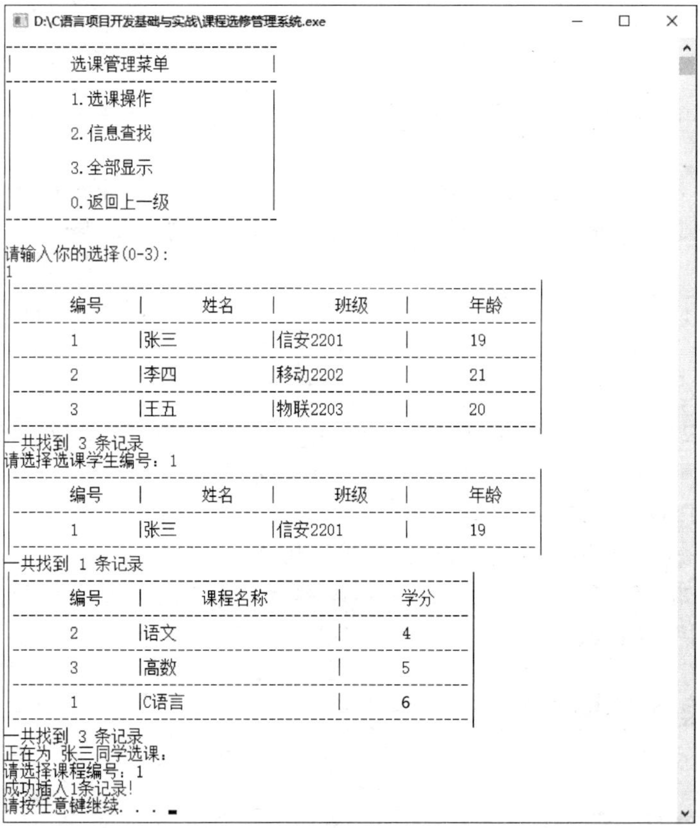

D:\C语言项目开发基础与实战\课程选修管理系统.exe
选课管理菜单
1.选课操作
2.信息查找
3.全部显示
0.返回上一级
请输入你的选择(0-3):
1
编号 | 姓名 | 班级 | 年龄
1 |张三 |信安2201 | 19
2 |李四 |移动2202 | 21
3 |王五 |物联2203 | 20
一共找到 3 条记录
请选择选课学生编号：1
编号 | 姓名 | 班级 | 年龄
1 |张三 |信安2201 | 19
一共找到 1 条记录
编号 | 课程名称 | 学分
2 |语文 | 4
3 |高数 | 5
1 |C语言 | 6
一共找到 3 条记录
正在为 张三同学选课：
请选择课程编号：1
成功插入1条记录!
请按任意键继续. . .

图 5-40　选课操作

5.10.2　业务流程分析

录入信息和选课功能由 InsertRecord()函数完成，具体业务流程如图 5-41 所示。

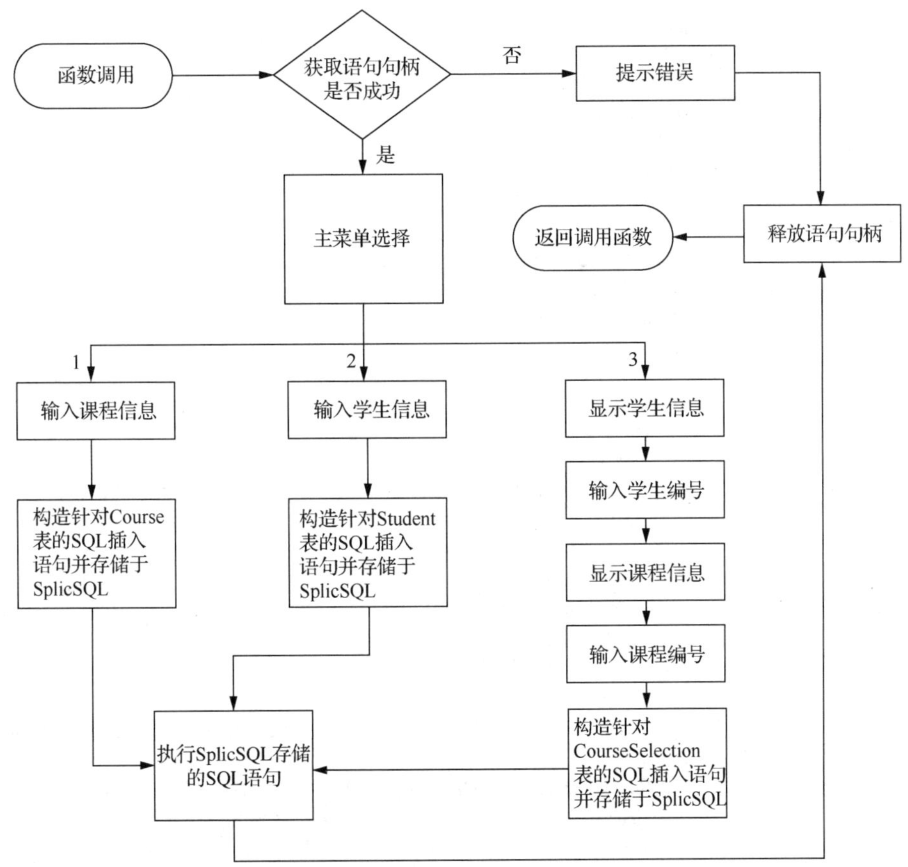

图 5-41　录入信息和选课功能的业务流程

5.10.3　技术实现分析

调用 InsertRecord(int DBSource)函数时，会将 iTopMenu 数据传给参数 DBSource 用于区分不同的表，再使用 INSERT INTO 语句完成信息的录入或选课。具体实现代码如下。

微课　录入信息和选课技术实现

```
1    void InsertRecord(int DBSource)
2    {
3        SQLCHAR SplicSQL[200];
4        int iSt_id,iCo_id,rowCount;
5        int ShowRecord(int DBSource,SQLCHAR *cSelectString);
6        int Student_age;
7        rcRecord=SQLAllocHandle(SQL_HANDLE_STMT,hDbc,&hStmt);
8        if (SQL_SUCCEEDED(rcRecord))
9            {
10           switch(DBSource)
11             {
12               case 1:
13                   printf("-------课程录入---------\n");
14                   printf("请输入课程名称:");
15                   scanf("%s",Course_cTitle);
16                   printf("请输入课程学分:");
17                   scanf("%ld",&Course_iCredit);
18                   sprintf(SplicSQL,"INSERT INTO Course(Title,Credit) VALUES ('%s',%ld)",
Course_cTitle,Course_iCredit);
```

```
19                  break;
20              case 2:
21                  printf("-------学籍录入---------\n");
22                  printf("请输入学生姓名:");
23                  scanf("%s",Student_cName);
24                  printf("请输入学生班级:");
25                  scanf("%s",Student_cClass);
26                  printf("请输入学生年龄:");
27                  scanf("%d",&Student_age);
28                  sprintf(SplicSQL,"INSERT INTO Student(st_name,class,age) VALUES ('%s',
   '%s',%d)",Student_cName,Student_cClass,Student_age);
29                  break;
30              case 3:
31                  ShowRecord(2,(SQLCHAR *)"SELECT * from Student");
32                  printf("请选择选课学生编号：");
33                  scanf("%d",&iSt_id);
34                  sprintf(SplicSQL,"SELECT * from Student WHERE iNum=%d",iSt_id);
35                  rowCount=ShowRecord(2,SplicSQL);
36                  if(rowCount==1)
37                    {
38                      ShowRecord(1,(SQLCHAR *)"SELECT * from Course");
39                      printf("正在为%5s 同学选课：\n",Student_cName);
40                      printf("请选择课程编号：");
41                      scanf("%d",&iCo_id);
42                      sprintf(SplicSQL,"INSERT INTO CourseSelection(Course_id,Student_id)
  VALUES (%d,%d)",iCo_id,iSt_id);
43                      rcRecord=SQLAllocHandle(SQL_HANDLE_STMT,hDbc,&hStmt);
44                    }
45                  else
46                    {
47                      system("cls");
48                      printf("输入学生编号不正确！按任意键继续...\n");
49                      system("pause");
50                      return;
51                    }
52              break;
53            }
54          rcRecord = SQLPrepare(hStmt, SplicSQL,SQL_NTS);
55          rcRecord=SQLExecute(hStmt);//直接执行 SQL 语句
56          if(SQL_SUCCEEDED(rcRecord))
57              {
58                  printf("成功插入 1 条记录！\n");
59              }
60          else
61              {
62                  printf("插入未成功！\n");
63              }
64        }
65      else
66        {
67          printf("不能连接%s.\n", szDSN);
68          return;
69        }
70      rcRecord = SQLFreeStmt(hStmt, SQL_DROP);
71  }
```

第 7 行代码中的 rcRecord 变量用于存储执行 SQLAllocHandle()函数后的成功、失败或相关错误信息。

第 8 行代码中的 rcRecord 用于存储值的变化情况，从而确定语句句柄是否正常获得，若是，则执行第 9 行至第 64 行代码，否则执行第 66 行至第 69 行代码。

第 10 行至第 53 行代码组成以 DBSource 为判断依据的多分支判断语句，DBSource 的值在 InsertRecord()函数被调用时传入。

第 12 行至第 19 行代码实现课程录入操作。其中，第 13 行至第 17 行代码完成用户输入提示并获取用户的输入，分别存储于 Course_cTitle、Course_iCredit 2 个变量中。第 18 行代码中的 sprintf()是将 Course_cTitle、Course_iCredit 2 个变量依次替换%s 和%ld 这 2 个占位符。假如 Course_cTitle 存储“C 语言”，Course_iCredit 存储“6”，则最终执行的 SQL 语句为“INSERT INTO Course(Title,Credit) VALUES ('C 语言', 6)”并存放于 SplicSQL 数组中。因为 sprintf()函数只能针对 char 类型进行操作，而 SplicSQL 的类型为 SQLCHAR，所以使用了 char *将其强制转换。

第 20 行至第 29 行代码为录入学生信息的操作，其实现原理与录入课程的类似。

第 30 行至第 52 行代码实现学生选课操作。其中，第 31 行代码通过 ShowRecord()函数执行 SELECT 语句，显示 Student 表的信息。第 32 行、第 33 行代码提示用户输入学生编号并获取用户的输入。第 34 行代码中查询语句的筛选条件为学生编号，第 35 行代码执行该语句并将符合条件的记录数存储于 rowCount。第 36 行代码判断 rowCount 的值，如果等于 1 则执行选课信息录入，否则提示学生编号不正确。

第 54 行代码为 SQL 语句的执行设置相关参数，表示未来将要执行 hStmt 语句句柄，执行语句为 SplicSQL 变量存储的字符串。

5.11 查找功能设计

5.11.1 效果展示

在课程管理和学生管理的菜单界面中，输入菜单编号 2 即可进入对应的查找功能，其运行效果如图 5-42、图 5-43 所示。

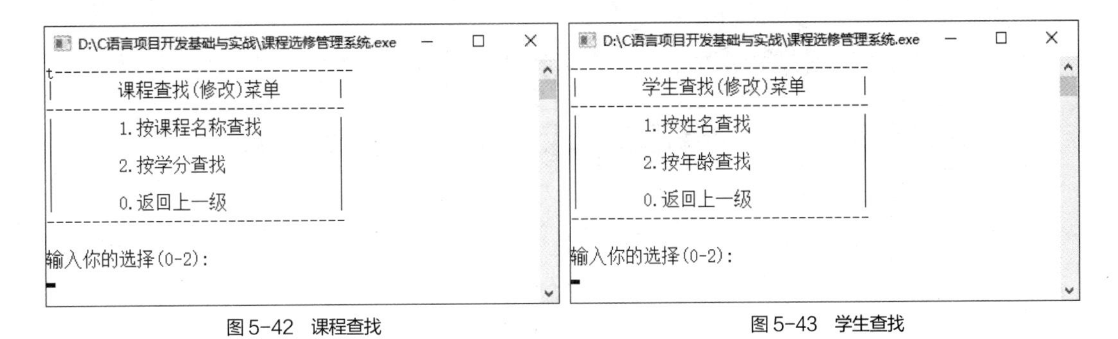

图 5-42　课程查找　　图 5-43　学生查找

在选课信息查找中，可以根据学生姓名和课程学分进行查找，其运行效果分别如图 5-44、图 5-45 所示。

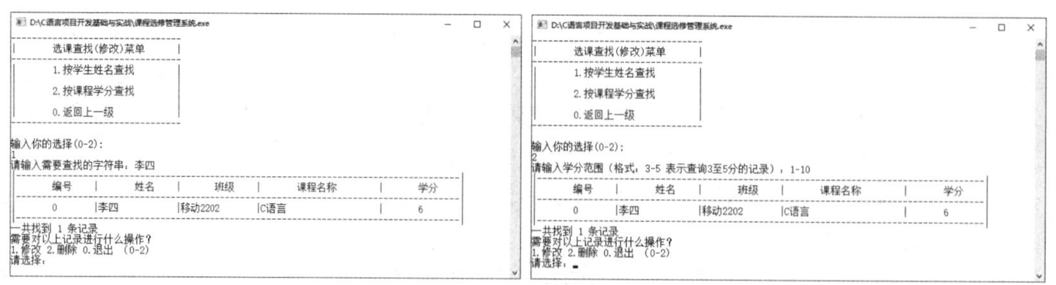

图 5-44　选课信息查找（按学生姓名查找）

图 5-45　选课信息查找（按课程学分查找）

5.11.2　业务流程分析

查找功能由 SearchMenu(int iTopMenu)函数实现，其参数 iTopMenu 用于区分不同的表。如果仅有 1 条记录满足查询条件，还可以对该记录进行修改与删除操作。其业务流程如图 5-46 所示。

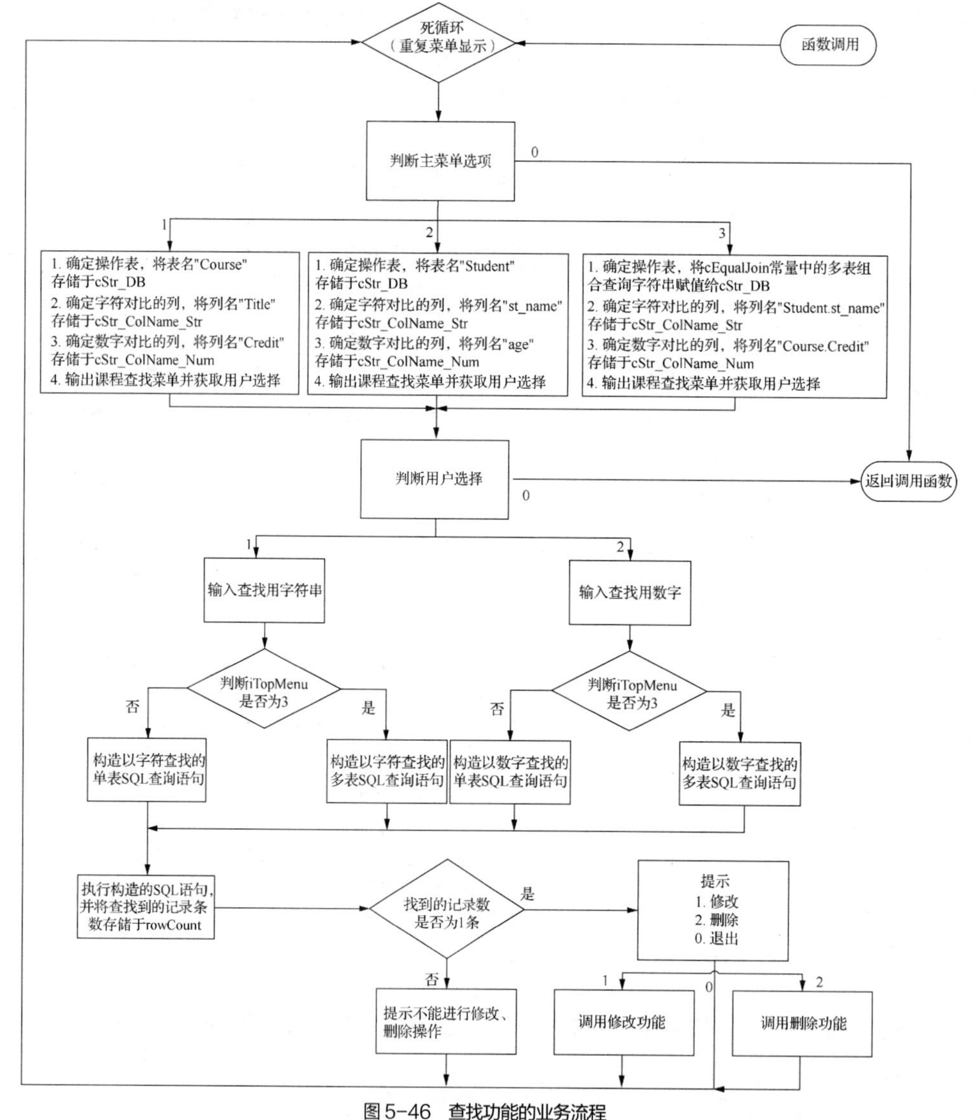

图 5-46　查找功能的业务流程

5.11.3 技术实现分析

在查找功能的技术实现中，主要用到了字符串比较与数字比较两种比较方法，从而构造不同的 SELECT 语句，调用 ShowRecord()函数进行显示。如果 ShowRecord()函数的返回值等于 1，则系统提示还可以进行修改或删除操作，如果找到 0 条或多条记录则仅给出相应提示。具体实现代码如下。

微课 查找技术实现

```
1   void SearchMenu(int iTopMenu)
2   {
3       int ShowRecord(int DBSource,SQLCHAR *cSelectString);
4       void EditRecord(int DBSource);
5       void DeleteRecord(int DBSource);
6       SQLCHAR SplicSQL[400],cStr[100],cStr_DB[200],cStr_ColName_Str[20],cStr_ColName_Num[20];
7       int iChoice,iNumMin,iNumMax,rowCount;
8       while(1)
9           {
10              switch(iTopMenu)
11                  {
12                      case 1:
13                          system("cls");
14                          strcpy(cStr_DB,"Course");
15                          strcpy(cStr_ColName_Str,"Title");
16                          strcpy(cStr_ColName_Num,"Credit");
17                          printf("t--------------------------------\t\n");
18                          printf("|\t 课程查找(修改)菜单\t|\n");
19                          printf("--------------------------------\n");
20                          printf("|\t1.按课程名称查找\t|\n");
21                          printf("|\t                 \t\t|\n");
22                          printf("|\t2.按学分查找\t\t|\n");
23                          printf("|\t                 \t\t|\n");
24                          printf("|\t0.返回上一级\t\t|\n");
25                          printf("--------------------------------\t\n");
26                          printf("\n 输入你的选择(0-2):\n");
27                          fflush(stdin);
28                          scanf("%d",&iChoice);
29                          break;
30                      case 2:
31                          system("cls");
32                          strcpy(cStr_DB,"Student");
33                          strcpy(cStr_ColName_Str,"st_name");
34                          strcpy(cStr_ColName_Num,"age");
35                          printf("--------------------------------\t\n");
36                          printf("|\t 学生查找(修改)菜单\t|\n");
37                          printf("--------------------------------\n");
38                          printf("|\t1.按姓名查找\t\t|\n");
39                          printf("|\t                 \t\t|\n");
40                          printf("|\t2.按年龄查找\t\t|\n");
41                          printf("|\t                 \t\t|\n");
42                          printf("|\t0.返回上一级\t\t|\n");
43                          printf("--------------------------------\t\n");
```

```
44                      printf("\n 输入你的选择(0-2):\n");
45                      fflush(stdin);
46                      scanf("%d",&iChoice);
47                      break;
48                  case 3:
49                      system("cls");
50                      strcpy(cStr_DB,cEqualJoin);
51                      strcpy(cStr_ColName_Str,"Student.st_name");
52                      strcpy(cStr_ColName_Num,"Course.Credit");
53                      printf("--------------------------------\t\n");
54                      printf("|\t 选课查找(修改)菜单\t|\n");
55                      printf("--------------------------------\n");
56                      printf("|\t1.按学生姓名查找\t|\n");
57                      printf("|\t             \t\t|\n");
58                      printf("|\t2.按课程学分查找\t|\n");
59                      printf("|\t             \t\t|\n");
60                      printf("|\t0.返回上一级\t\t|\n");
61                      printf("--------------------------------\t\n");
62                      printf("\n 输入你的选择(0-2):\n");
63                      fflush(stdin);
64                      scanf("%d",&iChoice);
65                      break;
66                  case 0:
67                      return;
68              }
69              switch(iChoice)
70                  {
71                      case 1:
72                          printf("请输入需要查找的字符串：");
73                          scanf("%s",cStr);
74                          if(iTopMenu!=3)
75                              {
76                                  sprintf(SplicSQL,"SELECT * from %s WHERE
    %s='%s'",cStr_DB,cStr_ColName_Str,cStr);
77                              }
78                          else
79                              {
80                                  sprintf(SplicSQL,"SELECT
    CourseSelection.ID,Student.st_name,Course.Title,Student.class,Course.Credit,CourseSelection.Course_id,
    CourseSelection.Student_id    FROM %s WHERE %s='%s'",cStr_DB,cStr_ColName_Str,cStr);
81                              }
82                          break;
83                      case 2:
84                          printf("请输入学分范围（格式：3-5 表示查询 3 至 5 分
    的记录）：");
85                          scanf("%d-%d",&iNumMin,&iNumMax);
86                          if(iTopMenu!=3)
87                              {
88                                  sprintf(SplicSQL,"SELECT * from %s WHERE %s
    BETWEEN %d AND %d",cStr_DB,cStr_ColName_Num,iNumMin,iNumMax);
89                              }
90                          else
```

```
91                                          {
92                                              sprintf(SplicSQL,"SELECT
    CourseSelection.ID,Student.st_name,Course.Title,Student.class,Course.Credit FROM %s WHERE %s
    between %d AND %d",cStr_DB,cStr_ColName_Num,iNumMin,iNumMax);
93                                          }
94                                      break;
95                                  case 0:
96                                      return;
97                          }
98          rowCount=ShowRecord(iTopMenu,SplicSQL);
99          if(rowCount==1)
100             {
101                 printf("需要对以上记录进行什么操作？\n1.修改 2.删除 0.退出 （0-2)\n 请选择：");
102                 scanf("%d",&iChoice);
103                 switch (iChoice)
104                     {
105                         case 1:
106                             EditRecord(iTopMenu);
107                             system("pause");
108                             break;
109                         case 2:
110                             DeleteRecord(iTopMenu);
111                             system("pause");
112                             break;
113                         case 0:
114                             return;
115                     }
116             }
117         else
118             {
119                 printf("无相关记录或记录数大于 1。不能进行修改、删除操作！\n");
120                 system("pause");
121             }
122     }
123 }
```

第 3 行至第 5 行代码声明将在 SearchMenu()函数中使用的其他自定义函数。第 10 行至第 68 行代码组织不同的菜单供用户选择，其中第 14 行至第 16 行、第 32 行至第 34 行、第 50 行至第 52 行代码为 SELECT 语句准备比较所使用的条件，并提供给第 76 行、第 80 行、第 88 行、第 92 行代码使用，这 4 行代码是本模块的核心，其目的在于组织 SELECT 语句中 FROM 后的表名及 WHERE 后面的条件判断式。

5.12 修改功能设计

5.12.1 效果展示

如果查找的记录数等于 1，则可以进行修改操作，（请读者想一想，为什么记录数等于 1 时才能进行操作呢？）运行效果如图 5-47、图 5-48、图 5-49 所示。

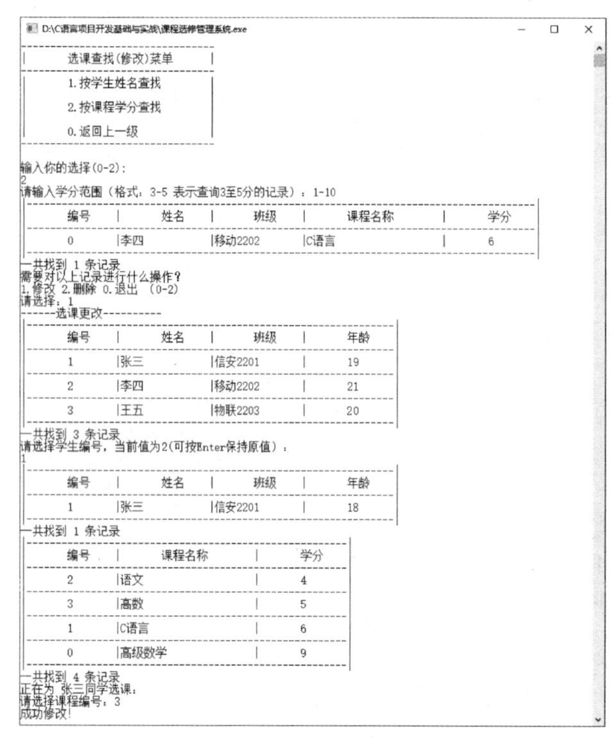

图 5-47　选课信息修改

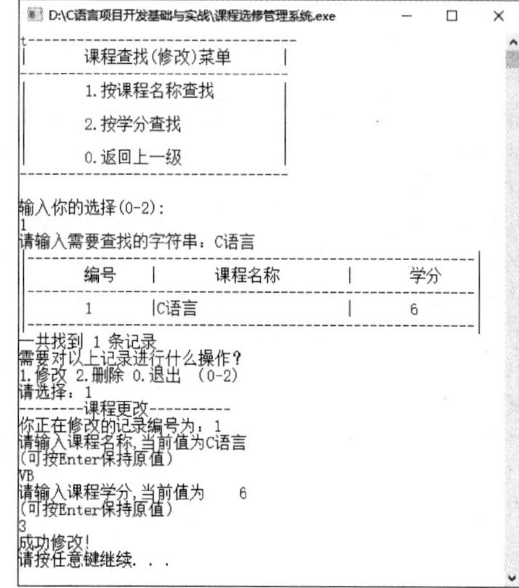

图 5-48　课程信息修改

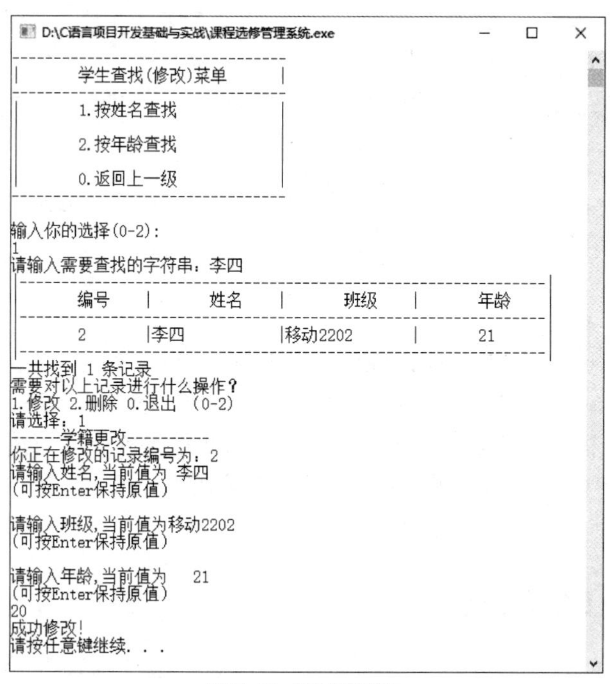

图 5-49　学生信息修改

5.12.2　业务流程分析

修改功能的业务流程如图 5-50 所示。

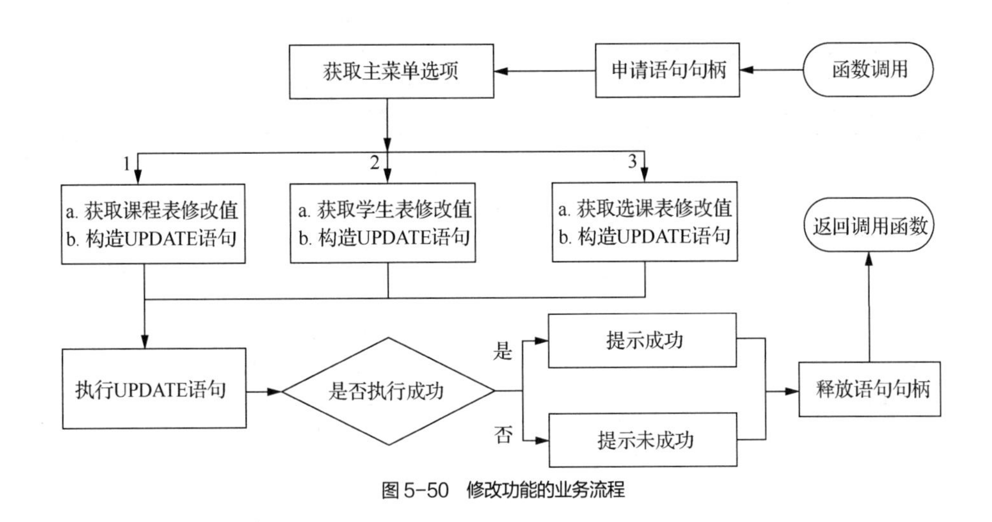

图 5-50　修改功能的业务流程

5.12.3　技术实现分析

修改功能全部由 EditRecord(int DBSource)函数完成，由参数 DBSource 接收在用户在主界面选择的表对象，随后分别通过不同的 case 语句实现不同类别的信息修改。具体实现代码如下。

微课　修改技术实现

```
1       void EditRecord(int DBSource)
2       {
3           SQLCHAR SplicSQL[200];
4           int rowCount;
5           int scanf_isEnter(char *sFormat,...);
6           rcRecord=SQLAllocHandle(SQL_HANDLE_STMT,hDbc,&hStmt);
7           if(SQL_SUCCEEDED(rcRecord))
8               {
9                   switch(DBSource)
10                  {
11                          case 1:
12                              printf("--------课程更改----------\n");
13                              printf("你正在修改记录编号为：%ld\n",Course_iNum) ;
14                              printf("请输入课程名称，当前值为%5s\n(可按 Enter 保持原值）
        \n",Course_cTitle);
15                              scanf_isEnter("%s",Course_cTitle);
16                              printf("请输入课程学分,当前值为%5ld\n（可按 Enter 保持原值）
        \n",Course_iCredit);
17                              scanf_isEnter("%d",&Course_iCredit);
18                              sprintf(SplicSQL,"UPDATE Course SET Title='%s',Credit=%ld WHERE
        iNum=%ld",Course_cTitle,Course_iCredit,Course_iNum);
19                              break;
20                          case 2:
21                              printf("------学籍更改----------\n");
22                              printf("你正在修改的记录编号为：%ld\n",Student_iNum) ;
23                              printf("请输入姓名,当前值为%5s\n（可按 Enter 保持原值）
        \n",Student_cName);
24                              scanf_isEnter("%s",Student_cName);
25                              printf("请输入班级,当前值为%5s\n（可按 Enter 保持原值）
        \n",Student_cClass);
26                              scanf_isEnter("%s",Student_cClass);
```

```
27                          printf("请输入年龄,当前值为%5ld\n（可按 Enter 保持原值）
    \n",Student_age);
28                          scanf_isEnter("%d",&Student_age);
29                          sprintf(SplicSQL,"UPDATE Student SET
    st_name='%s',class='%s',age=%ld WHERE iNum=%ld",Student_cName,Student_cClass,Student_age,Student_iNum);
30                          break;
31                      case 3:
32                          printf("------选课更改----------\n");
33                          ShowRecord(2,(SQLCHAR *)"SELECT * from Student");
34                          printf("请选择学生编号，当前值为%d（可按 Enter 保持原值）:
    \n",CourseSelection_St_id);
35                          scanf_isEnter("%d",&CourseSelection_St_id);
36                          sprintf(SplicSQL,"SELECT * from Student WHERE
    iNum=%d",CourseSelection_St_id);
37                          rowCount=ShowRecord(2,SplicSQL);
38                          if(rowCount==1)
39                              {
40                                  ShowRecord(1,(SQLCHAR *)"SELECT * from Course");
41                                  printf("正在为%5s 同学选课：\n",Student_cName);
42                                  printf("请选择课程编号：");
43                                  scanf_isEnter("%d",&CourseSelection_Course_id);
44                                  sprintf(SplicSQL,"UPDATE CourseSelection SET
    Course_id=%ld,student_id=%ld WHERE
    id=%ld",CourseSelection_Course_id,CourseSelection_St_id,CourseSelection_id);
45                              SQLAllocHandle(SQL_HANDLE_STMT,hDbc,&hStmt);
46                              }
47                          else
48                              {
49                                  system("cls");
50                                  printf("输入学生编号不正确！按任意键继续...\n");
51                                  system("pause");
52                                  return;
53                              }
54                          break;
55              }
56              rcRecord=SQLPrepare(hStmt,SplicSQL,SQL_NTS);
57              rcRecord=SQLExecute(hStmt);//直接执行 SQL 语句
58              if(SQL_SUCCEEDED(rcRecord))
59                          {
60                              printf("成功修改！\n");
61                          }
62                      else
63                          {
64                              printf("修改未成功！\n");
65                          }
66          }
67          rcRecord = SQLFreeStmt(hStmt, SQL_DROP);
68      }
```

本程序所使用的 Course_cTitle、Course_iCredit 等均为全局变量，在“5.9.3 技术实现分析”小节的程序中已与对应表的列进行绑定。第 9 行至第 55 行代码根据 DBSource 值的不同完成不同信息的修改。第 18 行、第 29 行与第 44 行代码构造的 UPDATE 语句将在第 56 行与第 57 行代码中被执行。

本程序中使用的自定义函数 scanf_isEnter(char *sFormat,...)的作用是如果用户在修改信息时直接按 Enter 键则原值保持不变，如果输入了新的数据则用新数据替换旧数据。该函数在使用时比较灵活，它不管用户是直接按 Enter，还是输入了字符串或数字，都可以根据不同的内容区别处理。具体实现代码如下。

```
1       int    scanf_isEnter(char *sFormat,...)
2       {
3               va_list arg;
4               va_start(arg,sFormat);
5               int i=0,*iPar;
6               char *cInput=NULL,*cPar=NULL;
7               cInput=(char *)malloc(128);
8               fflush(stdin);
9               while((cInput[i++]=getchar()) != '\n');
10              cInput[i]='\0';
11              if(cInput[0]=='\n')
12                  {
13                          return 1;
14                  }
15              else if(*sFormat=='%')
16                      {
17                              sFormat++;
18                              switch(*sFormat)
19                                  {
20                                          case 'd':
21                                                  iPar=va_arg(arg,int *);
22                                                  *iPar=atoi(cInput);
23                                                  break;
24                                          case 's':
25                                                  cInput[--i]='\0';
26                                                  cPar=va_arg(arg,char *);
27                                                  strcpy(cPar,cInput);
28                                                  break;
29                                  }
30                      }
31              return 0;
32      }
```

第 3 行代码中的 va_list 实际上是一个 char 类型的指针，arg 指针变量用来指向函数传入的参数。第 4 行代码通过 va_start()初始化变量 arg，使其指向第一个参数的地址。以 scanf_isEnter("%s",cBL)为例，cBL 为字符串指针，其值为 abc，传入的两个参数，一个是“%s”，另一个是“cBL”。执行 va_start(arg,sFormat)时，arg 与 sFormat 指向了第一个参数“%s”，如图 5-51 所示。

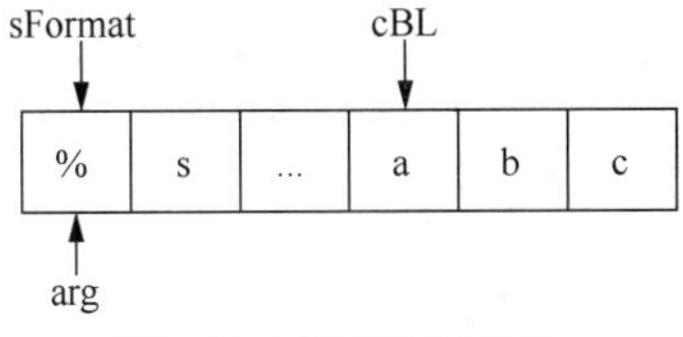

图 5-51　不定参数内存模拟 1

第 9 行代码为一个独立循环行，使用 getchar()逐个获取用户输入并存储到 cInput 变量中，直到用户按 Enter 键（即字符'\n'）结束循环。第 10 行代码为 cInput 变量最后一位加上字符'\0'用以表示字符串结束。第 11 行代码判定 cInput 的第一位是否为'\n'，如果是，则表示用户仅按了 Enter，则 scanf_isEnter()函数的返回值为 1，即不改变原有值；如不是，则表示用户输入了新的值，此时从第 15 行代码开始执行。

第 15 行代码判断图 5-51 中 sFormat 指向的第一个值，如果第一个值为%，则执行第 17 行代码，将 sFormat 向后移动 1 位，即让其指向 s，如图 5-52 所示。

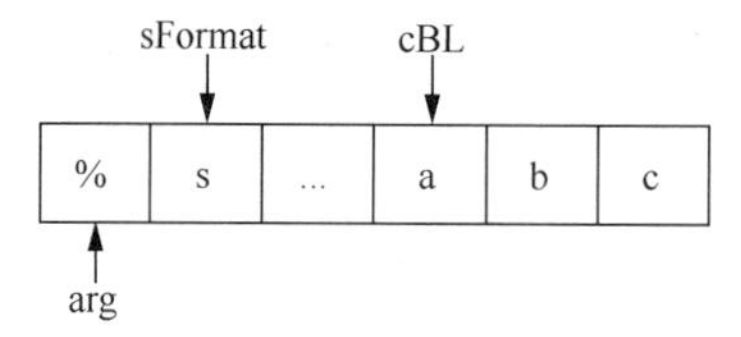

图 5-52　不定参数内存模拟 2

第 18 行代码判断 sFormat 指向的值，如果是 d，则执行第 21～23 行代码；如果是 s，则执行第 25～28 行代码。通过图 5-52 可以看出，sFormat 指向的是 s，第 25 行代码将 cInput 最后一个'\n'替换为'\0'，表示字符串结束，否则'\n'将存储进数据库中导致输出出现问题。第 26 行代码表示 arg 指向第二个参数 abc，该参数的类型为 char，同时 cPar 也指向将该地址，如图 5-53 所示。

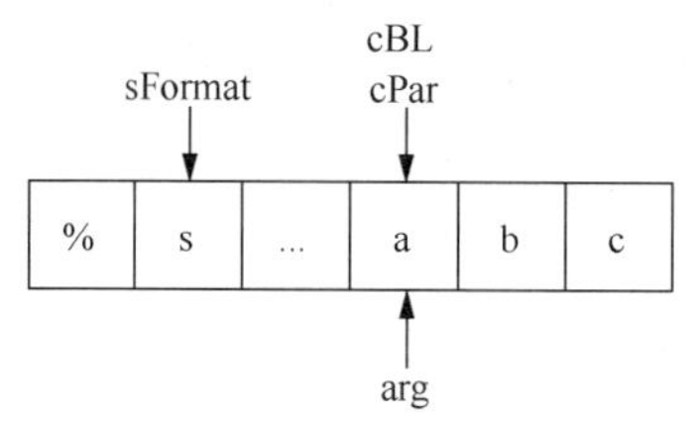

图 5-53　不定参数内存模拟 3

第 27 行代码将 cInput 复制到 cPar 指向的内存区域，覆盖原有值，完成新值与旧值的替换。因为 cBL 位置没有移动，所以当 cInput 的值复制到内容区域后，cBL 的值将被替换。

5.13 删除功能设计

5.13.1 效果展示

如果查找的记录数等于 1，则可以对其进行删除操作，运行效果如图 5-54、图 5-55、图 5-56 所示。

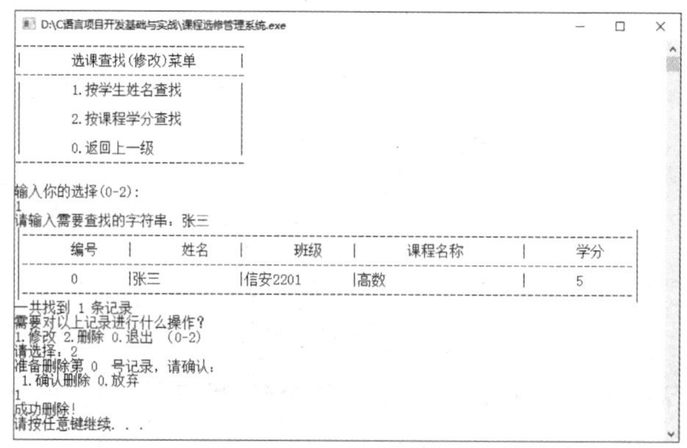

图 5-54　选课删除

如果课程查找的记录数仅等于 1，则可以对其进行删除操作，运行效果如图 5-55 所示。

如果学生查找的记录数仅等于 1，则可以对其进行删除操作，运行效果如图 5-56 所示。

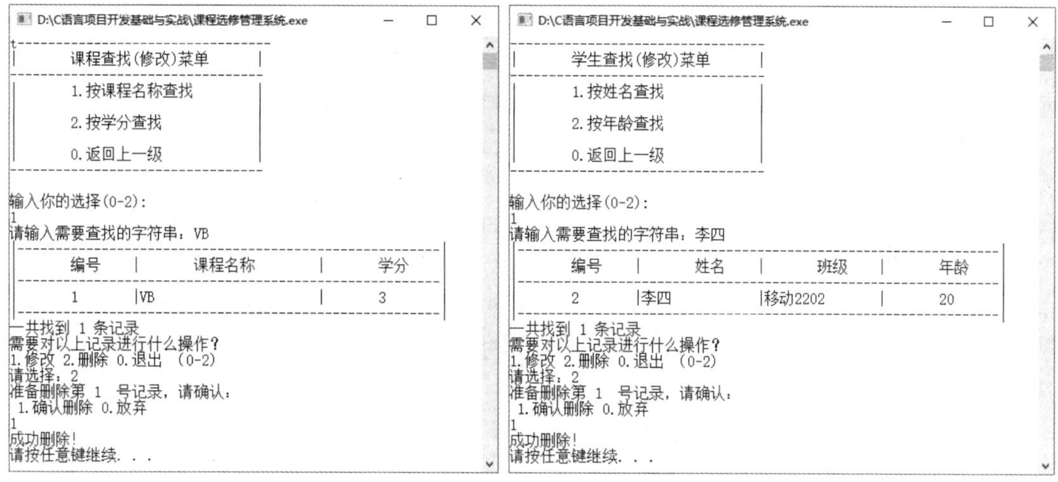

图 5-55 课程删除　　　　图 5-56 学生删除

5.13.2 业务流程分析

删除功能的业务流程如图 5-57 所示。

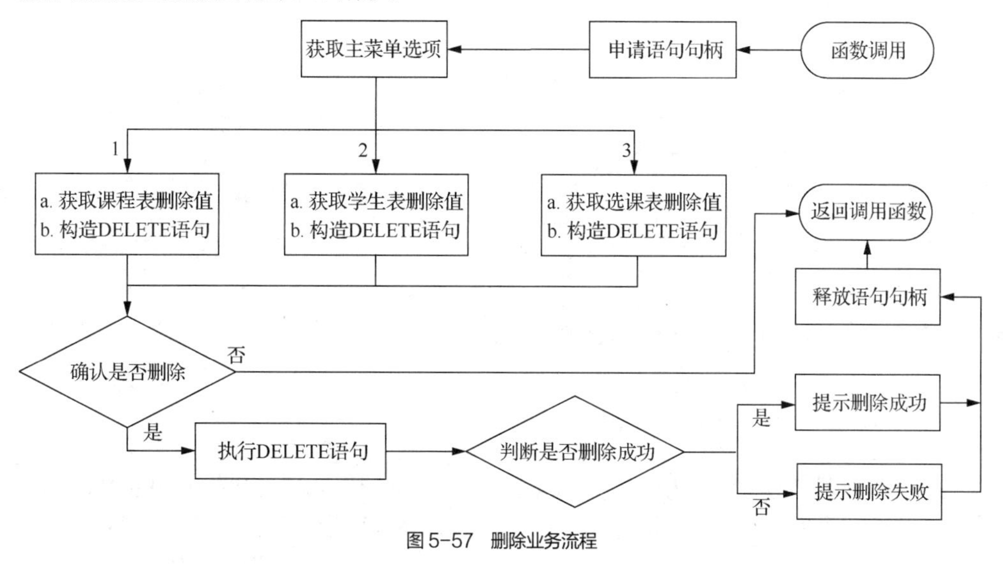

图 5-57 删除业务流程

5.13.3 技术实现分析

删除功能由 DeleteRecord(int DBSource)函数完成，由参数 DBSource 接收用户在主界面选择的表对象，随后根据查找信息返回的编号值构造 DELETE 语句。具体实现代码如下。

```
1    void DeleteRecord(int DBSource)
2    {
3        SQLCHAR SplicSQL[200];
4        int iChoice=0;
5        rcRecord=SQLAllocHandle(SQL_HANDLE_STMT,hDbc,&hStmt);
6        if (SQL_SUCCEEDED(rcRecord))
7            {
```

微课 删除技术实现

```
8                    switch(DBSource)
9                    {
10                            case 1:
11                                 sprintf(SplicSQL,"DELETE FROM Course    WHERE iNum
    =%ld",Course_iNum);
12                                 break;
13                            case 2:
14                                 sprintf(SplicSQL,"DELETE FROM Student    WHERE iNum
    =%ld",Student_iNum);
15                                 break;
16                            case 3:
17                                 sprintf(SplicSQL,"DELETE FROM CourseSelection    WHERE id
    =%ld",CourseSelection_id);
18                                 break;
19                    }
20                    printf("准备删除第 %ld    号记录，请确认：\n 1.确认删除  0.放弃
    \n",Course_iNum);
21                    scanf("%d",&iChoice);
22                    if(iChoice==1)
23                         {
24                            rcRecord = SQLPrepare(hStmt, SplicSQL,SQL_NTS);
25                            rcRecord = SQLExecute(hStmt);
26                         }
27                    else
28                         {
29                            return;
30                         }
31                    if(SQL_SUCCEEDED(rcRecord))
32                         {
33                            printf("成功删除！ \n");
34                         }
35                    else
36                         {
37                            printf("未能删除！ \n");
38                         }
39               }
40          rcRecord = SQLFreeStmt(hStmt, SQL_DROP);
41    }
```

本程序与修改功能的类似，其关键之处在第 11 行、第 14 行与第 17 行代码构造的 DELETE 语句。DELETE 语句所需要的参数均来自全局变量并在“5.9.3 技术实现分析”中进行了绑定赋值。

项目小结

本项目实现的是课程选修管理系统，其主要功能包括课程管理、学生管理与选课管理等，用到的主要知识点包括表的制作、C 语言连接数据库以及 SQL 语句等。

本项目与前述其他项目在数据存储方面有所不同，本项目是通过 Access 数据库永久保存数据的，数据通过 SQL 语句进行操作，从而避免了直接操作内存可能引发的错误，提高了编程效率。通过计算机编程语言并使用数据库进行数据存储，是当下主流的软件开发方式。

理论知识测评（满分 100 分）

姓名______________ 学号________________ 班级_______________ 成绩______________

一、单项选择题（本大题共 10 小题，每小题 2 分，共计 20 分）

1. 数据库中的（　　）是实际存放数据的地方。
   A. 表　　B. 查询　　C. 报表　　D. 窗体
2. 在表的设计视图中，不能完成的操作是（　　）。
   A. 修改字段的名称　　B. 删除一个字段
   C. 修改字段的属性　　D. 删除一条记录
3. 关于主键，下列说法错误的是（　　）。
   A. 表中可以不包含主键
   B. 在一个 ACCESS 表中只能指定一个字段为主键
   C. 在输入数据或对数据进行修改时，不能向主键的字段输入相同的值
   D. 利用主键可以加快数据的查找速度
4. 在一个数据库中存储着若干个表，这些表之间可以通过（　　）建立关系。
   A. 内容不相同的字段　　B. 内容相同的字段
   C. 第一个字段　　D. 最后一个字段
5. 用二维表来表示实体及实体之间联系的数据模型是（　　）。
   A. 网状模型　　B. 关系模型　　C. 层次模型　　D. 修改字段模型
6. 如何从 Persons 表中选取 FirstName 列的值等于 Peter 的所有记录？（　　）
   A. SELECT [all] FROM Persons WHERE FirstName='Peter'
   B. SELECT * FROM Persons WHERE FirstName LIKE 'Peter'
   C. SELECT [all] FROM Persons WHERE FirstName LIKE 'Peter'
   D. SELECT * FROM Persons WHERE FirstName='Peter'
7. 以下哪条 SQL 语句用于在数据库中插入新的数据？（　　）
   A. INSERT NEW　　B. ADD RECORD　　C. ADD NEW　　D. INSERT INTO
8. 哪条 SQL 语句用于更新数据库中的数据？（　　）
   A. MODIFY　　B. SAVE AS　　C. UPDATE　　D. SAVE
9. INSERT INTO Goods(Name,Storage,Price) VALUES('Keyboard',3000,90.00)的作用是（　　）。
   A. 添加数据到一行中的所有列　　B. 插入默认值
   C. 添加数据到一行中的部分列　　D. 插入多个行
10. DELETE 语句用来删除表中的数据，一次可以删除（　　）。
   A. 一行　　B. 多行　　C. 一行和多行　　D. 以上都不正确

二、程序设计题（本大题共 4 小题，每小题 20 分，共计 80 分）

现有 Student 表、Course 表、CourseSelection 表这 3 张表，其各自的数据结构与数据见表 5-5、表 5-6、表 5-7 及图 5-58、图 5-59、图 5-60。

表 5-5　Student 表结构

字段名称	数据类型	长度	备注
iNum	自动编号	4 字节	主键（自动递增）
st_name	短文本（文本型）	255 字节	
class	短文本（文本型）	255 字节	
age	数字	4 字节	

表 5-6　Course 表结构

字段名称	类型	长度	备注
iNum	自动编号	4 字节	主键（自动递增）
Title	短文本（文本型）	255 字节	
Credit	数字	4 字节	
Period	数字	4 字节	

表 5-7　CourseSelection 表结构

字段名称	类型	长度	备注
ID	自动编号	4 字节	主键（自动递增）
Course_id	数字	4 字节	
Student_id	数字	4 字节	

iNum	st_name	class	age
1	张三	信安2201	19
2	李四	移动2202	21
3	王五	物联2203	20

图 5-58　Student 表数据

iNum	Title	Credit	Period
1	C语言	6	18
2	语文	4	24
3	高数	5	30

图 5-59　Course 表数据

ID	Course_id	Student_id
1	2	1

图 5-60　CourseSelection 表数据

1. 请写出删除 Student 表中年龄小于 19 岁的记录的 SQL 语句。
2. 请写出向 Student 表中插入姓名为“孙九”、班级为“开发 2022”、年龄为“29”的记录的 SQL 语句。
3. 请写出将 CourseSelection 表中数据更改为王五选择 C 语言的 SQL 语句。
4. 请写出显示学生选课情况的 SQL 语句。

项目6
设计火车票订票管理系统

06

技能目标

- 进一步掌握数组的定义与使用方法。
- 进一步理解链表结构体、指针的使用方法。
- 进一步掌握结构体、函数的定义与使用方法。
- 进一步掌握文件的存储方法。

素质目标

- 养成一丝不苟、认真编写每一行代码的习惯。
- 培养团队合作意识，提高知识技能综合运用的能力。
- 培养商业软件开发思维和能力。

重点难点

- 数组的定义与使用。
- 函数的定义与调用。
- 结构体和指针的使用。
- 文件操作步骤和方法。

6.1 项目分析

本项目设计实现火车票订票管理系统，主要功能包括火车票的添加、查询、预订、修改等，综合应用数组、函数、指针、结构体、文件操作等知识点，具体要求如下。

- 系统界面美观、条理清晰。
- 能完成火车票信息的添加、查询、修改等操作。
- 能将信息写入磁盘文件。
- 能从磁盘文件读取信息。

6.2 系统架构设计

根据项目分析，将火车票订票管理系统分为六大主要功能模块，包括添加火车票信息、查询火车票信息、预订火车票、修改火车票信息、显示火车票信息，以及保存信息等，另外系统还具有退出功能。具体系统架构设计如图 6-1 所示。

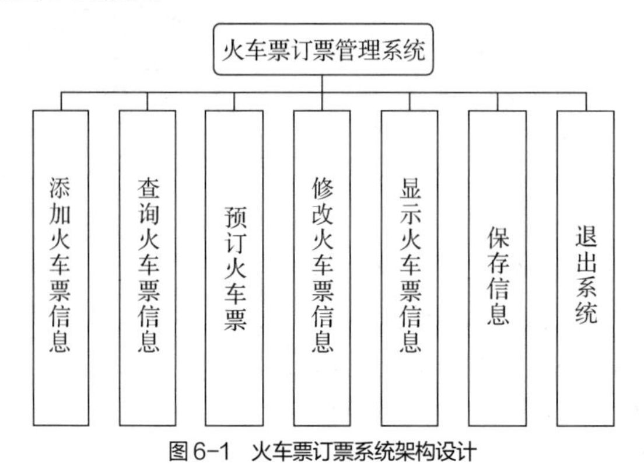

图 6-1　火车票订票系统架构设计

6.3 预处理模块

6.3.1 头文件引用

本项目主要使用标准输入输出库、字符数组库、Windows 编程函数库等。具体代码如下。

```
1   #include<conio.h>
2   #include<stdio.h>
3   #include<stdlib.h>
4   #include<string.h>
5   #include <windows.h>
6   #include <dos.h>
```

6.3.2 预定义

本项目使用的预定义主要包括输出订票信息的表头。具体代码如下。

```
1   #define HEADER1 " -------------------------------火车票订票管理系统----------------------------------\n\n"
2   #define HEADER2 " |   车次   | 出发城市 | 目的城市 | 发车时间 | 到达时间 | 票价 | 票数 |\n"
3   #define HEADER3 " |----------|----------|----------|-----------|-----------|-----|------------|\n"
4   #define FORMAT   " |%-10s|%-10s|%-10s|%-10s |%-10s | %5d |   %5d       |\n"
5   #define DATA p->data.num,p->data.startcity,p->data.reachcity,p->data.takeofftime,
    p->data.arrivetime,p->data.price,p->data.ticketnum
```

第 1 行至第 3 行代码定义的常量用于输出表头的三行格式，第 4 行代码定义的是表格数据的输出格式，第 5 行代码定义的是与第 2 行代码中的信息对应的数据。

6.3.3 结构体定义

火车票的信息包括车次、出发城市、目的城市、发车时间、到达时间、票价及票数等，其结构体定义代码如下。

```
1   struct train                    //定义存储火车票信息的结构体
2   {
3       char num[10];               //车次
4       char startcity[10];         //出发城市
5       char reachcity[10];         //目的城市
6       char takeofftime[10];       //发车时间
7       char arrivetime[10];        //到达时间
8       int  price;                 //票价
9       int  ticketnum ;            //票数
10  };
```

订票人信息结构体定义如下。

```
1   struct man //定义存储订票人信息的结构体
2   {
3       char num[18];               //ID
4       char name[10];              //姓名
5       int bookNum ;               //订的票数
6   };
```

火车票信息链表结构体定义如下。

```
1   typedef struct node //定义存储火车票信息的链表的节点结构
2   {
3       struct train data ;
4       struct node * next ;
5   }Node,*Link ;
```

订票人信息链表结构体定义如下。

```
1   typedef struct Man //定义存储订票人信息的链表的节点结构
2   {
3       struct man data ;
4       struct Man *next ;
5   }book,*bookLink ;
```

6.3.4 函数声明

本项目声明的自定义函数如下。

```
1   void menu()                             //用于显示系统主界面
2   void Traininfo(Link linkhead)           //添加火车票信息
3   void printheader()                      //输出火车票信息表头
4   void printdata(Node *q)                 //格式化输出表中数据
5   void searchtrain(Link l)                //查询火车票信息
6   void Bookticket(Link l,bookLink k)      //预订火车票
7   void Modify(Link l)                     //修改火车票信息
8   void showtrain(Link l)                  //显示火车票信息
9   void SaveTrainInfo(Link l)              //保存火车票信息
10  void SaveBookInfo(bookLink k)           //保存订票人信息
```

6.4 系统主界面设计

6.4.1 效果展示

火车票订票管理系统运行后首先显示系统主界面，每个功能菜单用数字进行编号。运行效果如图 6-2 所示。

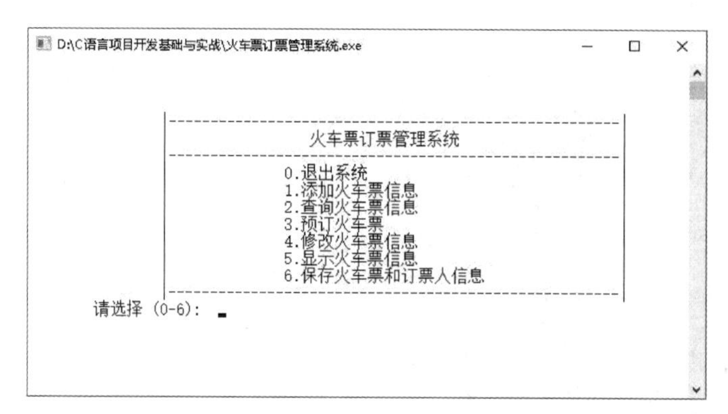

图6-2　系统主界面

6.4.2　业务流程分析

在系统主界面中，用户需要输入菜单编号，然后调用对应的自定义函数来完成相应功能。系统主界面业务流程如图 6-3 所示。

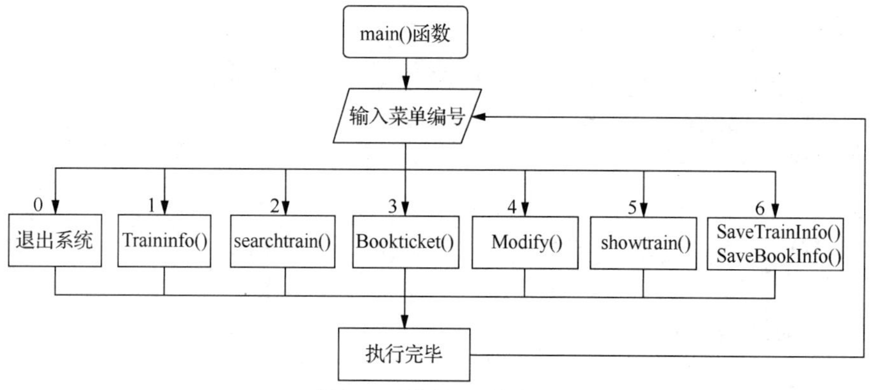

图6-3　系统主界面业务流程

6.4.3　技术实现分析

首先定义主菜单实现函数 menu()，具体实现代码如下。

```
1   void menu()
2   {
3       puts("\n\n");
4       puts("\t\t|---------------------------------------------------|");
5       puts("\t\t|                  火车票订票管理系统                          |");
6       puts("\t\t|---------------------------------------------------|");
7       puts("\t\t|                0.退出系统                            |");
8       puts("\t\t|                1.添加火车票信息                      |");
9       puts("\t\t|                2.查询火车票信息                      |");
10      puts("\t\t|                3.预订火车票                          |");
11      puts("\t\t|                4.修改火车票信息                      |");
12      puts("\t\t|                5.显示火车票信息                      |");
13      puts("\t\t|                6.保存火车票和订票人信息              |");
14      puts("\t\t|---------------------------------------------------|");
15  }
```

微课　系统主界面
设计实现

上述代码主要使用了 puts()函数在控制台输出文字或特殊字符。\t 为 C 语言的转义字符，实现的功能是产生制表符，即 8 个空格。

其次，在 main()函数中定义文件指针、链表，并分别打开保存火车票信息、订票人信息的文件，具体实现代码如下。

```
1    FILE*fp1,*fp2 ;
2    Node *p,*r ;
3    char ch1,ch2 ;
4    Link l ;
5    bookLink k ;
6    book *t,*h ;
7    int sel ;
8    l=(Node*)malloc(sizeof(Node));
9    l->next=NULL ;
10   r=l ;
11   k=(book*)malloc(sizeof(book));
12   k->next=NULL ;
13   h=k ;
14   fp1=fopen("f:\\train.txt","ab+");                    //打开存储火车票信息的文件
15   if((fp1==NULL))                                       //文件未成功打开
16   {
17       printf("无法打开保存火车票信息的文件!");
18       return 0 ;
19   }
20   while(!feof(fp1))                                     //判断文件流是否到结尾
21   {
22       p=(Node*)malloc(sizeof(Node));                    //为 p 动态开辟内存
23       if(fread(p,sizeof(Node),1,fp1) ==1)               //从指定磁盘文件读取记录
24       {
25           p->next=NULL ;
26           r->next=p ;                                   //构造链表
27           r=p ;
28       }
29   }
30   fclose(fp1);                                          //关闭文件
31   fp2=fopen("f:\\man.txt","ab+");                       //打开存储订票人信息的文件
32   if((fp2==NULL))                                       //文件未成功打开
33       {
34           printf("无法打开保存订票人信息的文件!");
35           return 0 ;
36       }
37   while(!feof(fp2))                                     //判断文件流是否到结尾
38       {
39           t=(book*)malloc(sizeof(book));                //为 t 动态开辟内存
40           if(fread(t,sizeof(book),1,fp2)==1)            //从指定磁盘文件读取记录
41           {
42               t->next=NULL ;
43               h->next=t ;                               //构造链表
44               h=t ;
45           }
46       }
47   fclose(fp2);                                          //关闭文件
```

第 14 行和第 31 行代码的 fopen()函数以读写模式打开一个二进制文件，第 15 行和第 32 行代码则判断是否成功打开文件。第 20 行和第 37 行代码判断文件流是否到结尾位置，即文件中是否有数据。

第 30 行和第 47 行代码关闭文件。

最后，在 main()函数中通过 switch 选择结构实现对菜单中的功能进行调用，即根据输入的 sel 值的不同，选择相应的 case 语句来执行。具体实现代码如下。

```
    //续接第 47 行
48  while(1)
49      {
50          system("cls");                                  //清屏
51          menu();                                         //调用 menu()主界面函数
52          printf("\t 请选择 (0-6):   ");
53          scanf("%d",&sel);
54          system("cls");
55          if(sel==0)
56          {
57           if(saveflag==1)                                //退出时判断信息是否保存
58              {
59                  getchar();
60                  printf("\n 文件已经修改!是否保存(y/n)?\n");
61                  scanf("%c",&ch1);
62                  if(ch1=='y'||ch1=='Y')
63                  {
64                      SaveBookInfo(k);
65                      SaveTrainInfo(l);
66                  }
67              }
68              printf("\n 谢谢!欢迎再次光临!\n");
69              break ;
70
71          }
72          switch(sel)                                     //根据输入的 sel 值的不同选择相应操作
73          {
74              case 1:
75                Traininfo(l);break ;                      //调用添加火车票信息的函数
76              case 2:
77                searchtrain(l);break ;                    //调用查询火车票信息的函数
78              case 3:
79                Bookticket(l,k);break ;                   //调用预订火车票的函数
80              case 4:
81                Modify(l);break ;                         //调用修改火车票的信息函数
82              case 5:
83                showtrain(l);break;                       //调用显示火车票的信息函数
84              case 6:
85             SaveTrainInfo(l);SaveBookInfo(k);break ;     //调用保存火车票信息和订票人信息的函数
86              case 0:
87              return 0;
88          }
89          printf("\n 按任意键继续... ");
90          system("pause"));
91          getch();
        }
```

当 menu()函数被调用后，通过第 7 行代码定义的 sel 获取用户输入的菜单编号。第 48 行 while 语句中的 1 表示无限循环。当输 sel 值为 0 时，则退出程序并关闭主窗口，在退出程序之前要先提示用户是否需要保存文件，用户输入“y”或“Y”则保存车票信息和订票人信息（具体实现函数请见 6.10 节）；如果 sel 值不等于 0，则通过 switch 语句来判断并执行相应的自定义函数。

6.5 添加火车票信息模块设计

添加火车票信息是本系统的核心功能，它是所有火车票数据信息的来源。主要包括让用户输入火车车次、出发城市、目的城市、发车时间、火车票价等信息并将这些信息保存。为避免添加的车次信息重复，还需要判断当前添加的车次是否已经存在，并给出相应的提示。

6.5.1 效果展示

在系统主界面中，输入菜单编号 1 即可调用 Traininfo()函数，进入添加火车票信息模块，当用户输入的车次已经存在和输入的车次成功时，其运行效果分别如图 6-4 和图 6-5 所示。

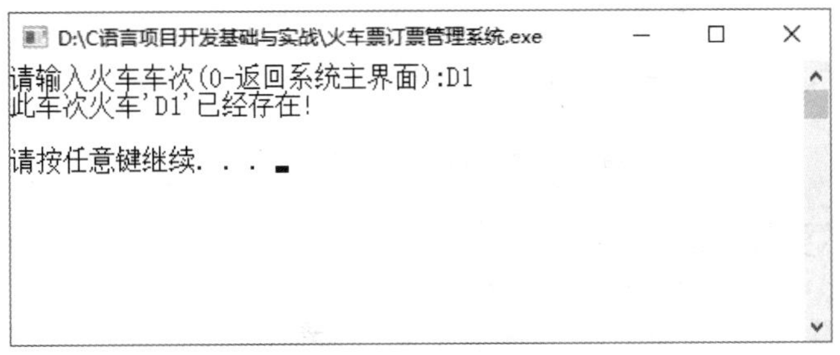

图 6-4 输入车次已经存在

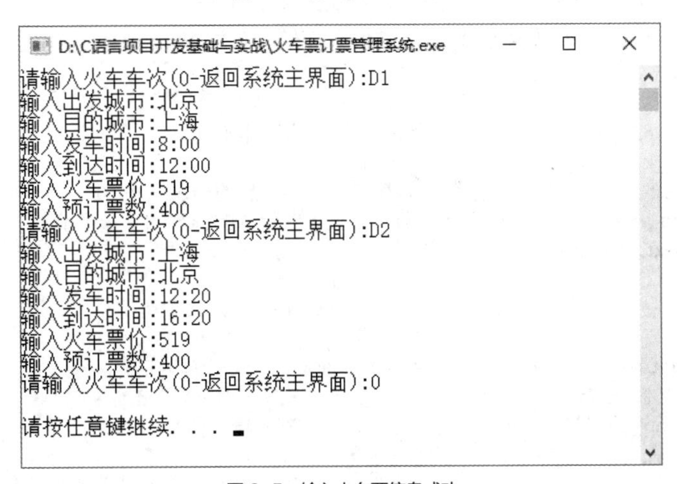

图 6-5 输入火车票信息成功

在输入火车票信息界面中，依次输入火车车次、出发城市、目的城市、发车时间、到达时间、火车票价、预订票数后，可以继续输入下一车次的信息。当输入 0 时，结束输入，按任意键可返回系统主界面。

6.5.2 业务流程分析

首先需要让用户输入火车车次并判断车次是否存在，当用户输入的车次不存在时才继续让用户输入火车票的其他信息，将信息插入链表节点中，并给全局变量 saveflag 赋值为 1。添加火车票信息模块的业务流程如图 6-6 所示。

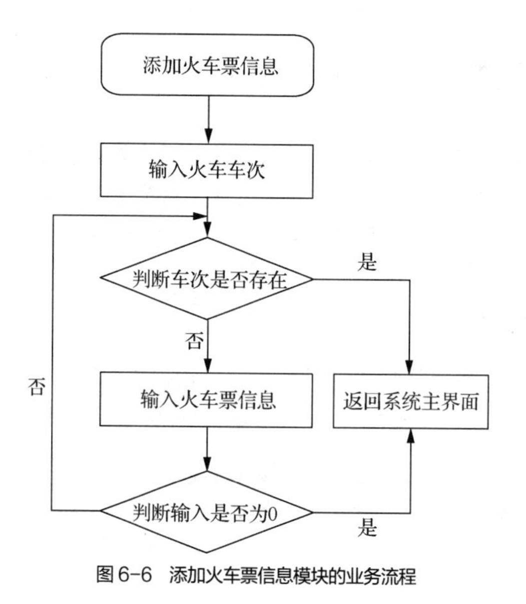

图 6-6　添加火车票信息模块的业务流程

6.5.3　技术实现分析

首先需要定义指针变量和链表，再通过循环实现火车票信息的输入，当用户输入的车次已经存在时，则终止循环；如果车次不存在，则继续让用户输入其他信息。一条信息输入完成后，提示用户继续输入车次，如果用户输入 0，则结束输入，并设置存储标志为 1。具体实现代码如下。

微课　添加火车票信息技术实现

```
1    void Traininfo(Link linkhead)
2    {
3        struct node *p,*r,*s ;          //定义 3 个 node 类型的指针变量
4        char num[10];
5        r = linkhead ;                  //r 指针指向存储火车票信息的链表表头
6        s = linkhead->next ;            //s 指针指向存储火车票信息的链表的下一个节点
7        while(r->next!=NULL)                        //判断链表是否为空
8        r=r->next ;
9        while(1)                                    //循环输入火车票信息
10       {
11           printf("请输入火车车次(0-返回系统主界面):");
12           scanf("%s",num);
13           if(strcmp(num,"0")==0)                  //判断输入值是否为 0
14             break ;
15           while(s)                                //循环判断输入值是否已经存在
16           {
17               if(strcmp(s->data.num,num)==0)
18               {
19                   printf("此车次火车 '%s'已经存在!\n",num);
20                   return ;
21               }
22               s = s->next ;                       //移动到下一个结点
23           }
24           p = (struct node*)malloc(sizeof(struct node));  //为 p 动态开辟内存
25           strcpy(p->data.num,num);                //输入车次
26           printf("输入出发城市:");
27           scanf("%s",p->data.startcity);          //输入出发城市
28           printf("输入目的城市:");
```

```
29              scanf("%s",p->data.reachcity);              //输入目的城市
30              printf("输入发车时间:");
31              scanf("%s",p->data.takeofftime);            //输入发车时间
32              printf("输入到达时间:");
33              scanf("%s",&p->data.arrivetime);            //输入到达时间
34              printf("输入火车票价:");
35              scanf("%d",&p->data.price);                 //输入火车票价
36              printf("输入预订票数:");
37              scanf("%d",&p->data.ticketnum);             //输入预订票数
38              p->next=NULL ;
39              r->next=p ;                                 //将 p 插入到链表中
40              r=p ; //将 r 移到 p 节点
41          saveflag = 1 ;                                  //设置存储标志
42      }
43  }
```

第 3 行代码定义了 3 个指针变量，其中 p 指向新输入的火车票信息结点，r 指向存储的火车票信息链表表头，s 用于循环比较输入的车次是否存在。

strcmp()函数的作用是比较字符串 1 和字符串 2，即对两个字符串自左向右逐个字符按照 ASCII 值大小进行比较，直到出现相同的字符或遇到\0 为止。第 13 行代码中，通过 strcmp()函数比较输入的 num 是否为 0，如果为 0，则退出输入；第 17 行代码中，通过 strcmp()函数比较输入的 num 是否与链表中的车次一致，如果一致则提示该车次已经存在并退出输入，否则继续输入。

6.6 查询火车票信息模块设计

当要了解火车票的相关信息时，可以使用查询火车票信息功能。本系统中，查询火车票信息主要根据输入的车次或目的城市来进行检索。

6.6.1 效果展示

在系统主界面中，输入菜单编号 2 即可进入查询火车票信息功能模块。在查询界面中，输入 1 则根据车次查询相关信息，输入 2 则根据目的城市查询相关信息。当输入的车次或目的城市不存在时，则给出相应提示。本模块运行效果分别如图 6-7、图 6-8、图 6-9 和图 6-10 所示。

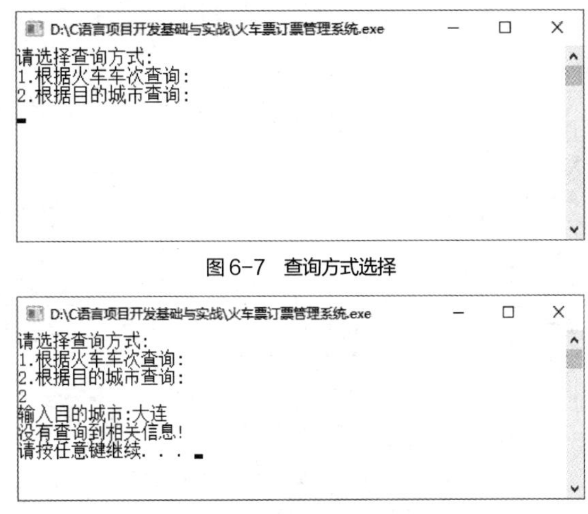

图 6-7　查询方式选择

图 6-8　未查到火车票信息

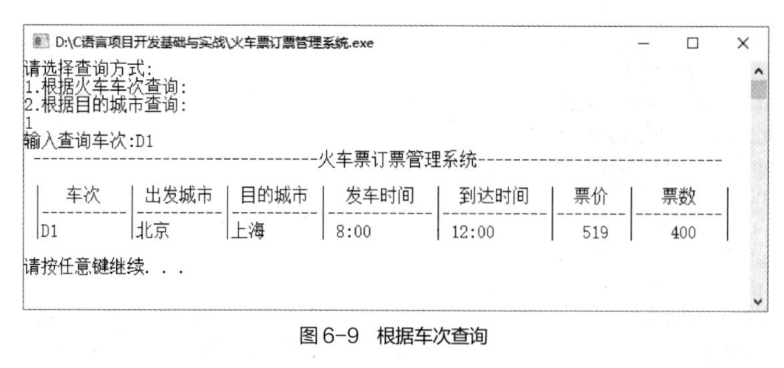

图 6-9　根据车次查询

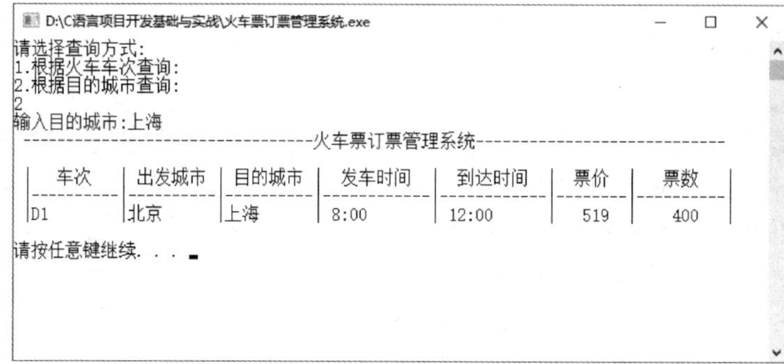

图 6-10　根据目的城市查询

6.6.2　业务流程分析

查询界面中的两种查询方式都是通过循环依次对比节点中已有的数据记录来实现的，如果对比一致即找到了相关火车票信息，并将信息输出，否则提示“没有查询到相关信息！”。查询火车票信息模块的业务流程如图 6-11 所示。

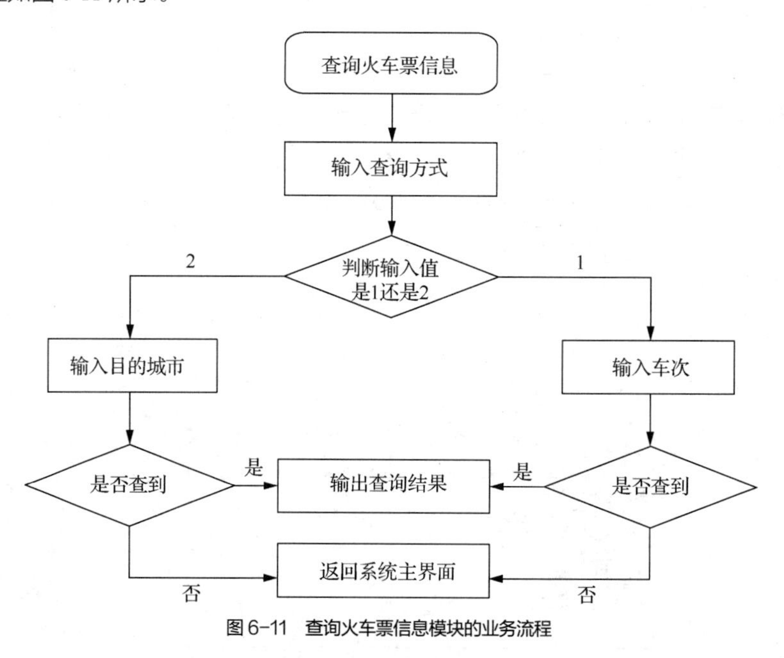

图 6-11　查询火车票信息模块的业务流程

6.6.3 技术实现分析

查询火车票信息模块的具体实现代码如下。

```
1    void searchtrain(Link l)
2    {
3        Node *s[10],*r;    //定义一个火车票信息链表节点类型的指针数组和一个指针
4        int sel,k,i=0 ;
5        char str1[5],str2[10];
6        if(!l->next)
7        {
8            printf("没有查询到任何火车票记录!");
9            return ;
10       }
11       printf("请选择查询方式:\n1.根据火车车次查询;\n2.根据目的城市查询:\n");
12       scanf("%d",&sel);      //输入选择的序号
13       if(sel==1)
14       {
15           printf("输入查询车次:");
16           scanf("%s",str1);
17           r=l->next;
18        while(r!=NULL)
19           if(strcmp(r->data.num,str1)==0) //检索是否有与输入的车次相匹配的信息
20           {
21               s[i]=r;
22              i++;
23              break;
24           }
25           else
26               r=r->next;
27       }
     //后续代码
```

微课 查询火车票信息技术实现

第 3 行代码定义了一个火车票信息链表节点类型的指针数组和一个指针，指针数组用来存储查询到的节点信息，指针用于循环查询。第 13 行代码判断用户选择的查询方式，如果为 1，则提示用户输入查询车次，并在链表中依次取出节点中的车次与用户输入的车次进行比较，如果相同，则将当前节点存入数组中。由于车次是唯一的，查询到相应车次就跳出循环。如果用户输入的是 2，则进行目的城市查询。具体现代码如下。

```
     //续接第 27 行
28   else if(sel==2)
29       {
30           printf("输入目的城市:");
31           scanf("%s",str2);
32           r=l->next;
33            while(r!=NULL)
34               if(strcmp(r->data.reachcity,str2)==0)//检索是否有与输入的目的城市相匹配的信息
35               {
36                   s[i]=r;
37                  i++;
38                  r=r->next;
39               }
40               else
41                   r=r->next;
```

```
42          }
43          if(i==0)
44                  printf("没有查询到相关信息!");
45          else
46          {
47                  printheader();              //输出表头
48                  for(k=0;k<i;k++)
49                          printdata(s[k]);    //循环输出查询到的信息
50          }
51  }
```

当用户输入 2 时，则首先需要提示用户输入目的城市，并在链表中依次取出节点中的目的城市与用户输入的目的城市进行比较，如果相同，则将当前节点存入数组中，数组下标自增，指针移向下一个节点，当 r 为 NULL 时，结束循环。当查找到相关信息时，通过第 47 行代码输出表头，通过第 48 行开始的循环语句输出查询结果。

6.7 预订火车票模块设计

6.7.1 效果展示

在系统主界面中，输入菜单编号 3 即可进入预订火车票模块。首先需要输入目的城市进行查询，如果查找到相关信息则将其全部显示，并给出提示信息“你确定要订票吗？”，用户输入 y 或 Y 确定订票，依次提示用户输入姓名、身份证号、车次（并提示当前剩余票数）、订票数量，用户按 Enter 键后提示订票成功。模块运行效果如图 6-12 和图 6-13 所示。

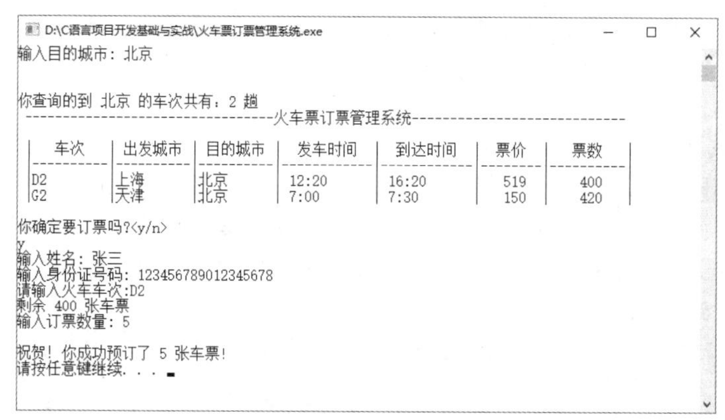

图 6-12　成功预订火车票

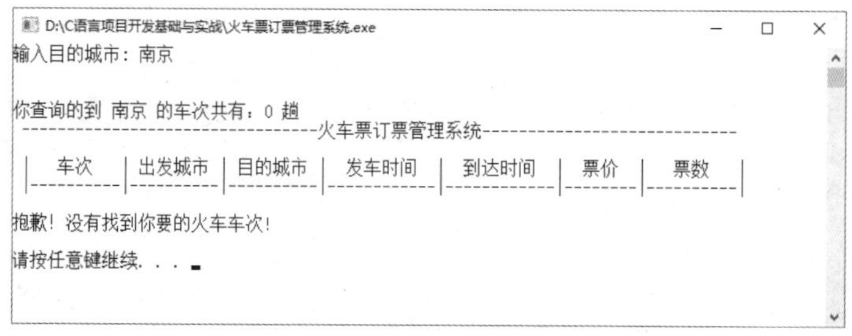

图 6-13　未找到相关车次信息

6.7.2 业务流程分析

要实现订票功能，首先要输入目的城市进行查询，如果有则显示查询结果，需要订票则输入订票相关信息。其业务流程如图 6-14 所示。

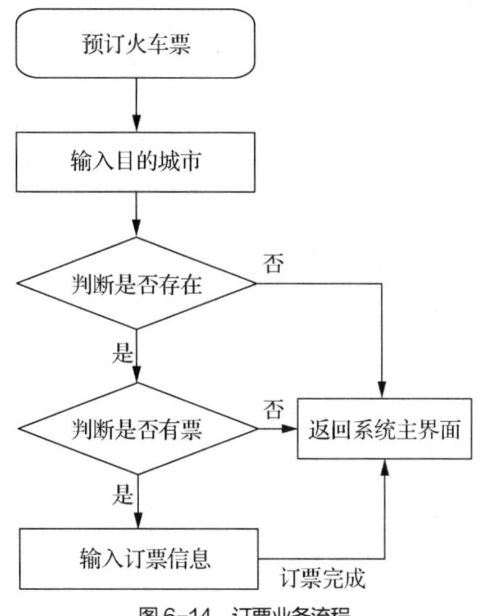

图 6-14 订票业务流程

6.7.3 技术实现分析

首先需要操作指针变量，查询是否有与用户输入的目的城市匹配的车次信息，具体实现代码如下。

微课 预订火车票技术实现

```
1    void Bookticket(Link l,bookLink k)
2    {
3        Node *r[10],*p ;
4        char ch[2],tnum[10],str[10],str1[10],str2[10];
5        book *q,*h ;
6        int i=0,t=0,flag=0,dnum;
7        q=k ;                          //将读取的订票人信息链表地址赋值给指针 q
8        while(q->next!=NULL)           //判断订票人信息链表是否为空
9        q=q->next ;                    //将 q 指向订票人信息链表尾部
10       printf("输入目的城市: ");
11       scanf("%s",&str);              //输入要到达的城市
12       p=l->next ;                    //指针 p 指向火车票信息链表首节点
13       while(p!=NULL)
14       {
15           if(strcmp(p->data.reachcity,str)==0)
16           {
17               r[i]=p ;               //将满足条件的记录存到数组 r 中
18               i++;
19           }
20           p=p->next ;
21       }
22       printf("\n\n 你查询的到 %s 的车次共有：%d 趟\n",str,i);
23           printheader();
24       for(t=0;t<i;t++)
25           printdata(r[t]);
   //后续代码
```

第 7 行至第 9 行代码实现将指针 q 指向订票人信息链表尾部。第 12 行代码将指针 p 指向火车票信息链表首节点。第 13 行至第 21 行代码循环判断是否有与目的城市匹配的节点，如果有，则将节点添加到数组 r 中。第 23 行至第 25 行代码分别输出表头和查询到的数据信息。

查询到了满足条件的车次信息，接下来是具体订票功能的实现，其代码如下。

```
    //续接第 25 行
26  if(i==0)
27      printf("\n 抱歉！没有找到你要的火车车次!\n");
28      else
29      {
30          printf("\n 你确定要订票吗?<y/n>\n");
31          scanf("%s",ch);
32          if(strcmp(ch,"Y")==0||strcmp(ch,"y")==0) //判断是否订票
33          {
34              h=(book*)malloc(sizeof(book));
35              printf("输入姓名: ");
36              scanf("%s",&str1);
37              strcpy(h->data.name,str1);
38              printf("输入身份证号码: ");
39              scanf("%s",&str2);
40              strcpy(h->data.num,str2);
41              printf("请输入火车车次:");
42              scanf("%s",tnum);
    //后续代码
```

第 26 行代码判断数组的下标 i 是否为 0，如果为 0，则表示没有查询到与目的城市相关的车次信息。第 32 行代码判断用户是否需要订票，如果需订票则通过第 34 行代码给订票人节点动态分配内存空间。第 35 行至第 42 行代码实现订票人相关信息的输入。能否订票成功，还需查询相关车次是否有车票，具体代码如下。

```
    //续接第 42 行
43              for(t=0;t<i;t++)
44                  if(strcmp(r[t]->data.num,tnum)==0)
45                  {
46                      if(r[t]->data.ticketnum<1)          //判断剩余的票数是否小于 1
47                      {
48                          printf("抱歉没票了!");
49                          Sleep(2);
50                          return;
51                      }
52                      printf("剩余 %d 张车票\n",r[t]->data.ticketnum);
53                      flag=1;
54                      break;
55                  }
    //后续代码
```

第 46 行代码判断剩余的票数是否少于 1，如果是，则提醒用户没有票，否则输出剩余票数并设置 flag 为 1。

剩余票数大于或等于 1 时（即上一步的 flag 为 1），订票功能的具体实现代码如下。

```
    //续接第 55 行
56              if(flag==0)
57                  {
58                      printf("输入错误！");
59                      Sleep(2);
60                      return;
```

```
61                }
62                printf("输入订票数量: ");
63                scanf("%d",&dnum);
64                r[t]->data.ticketnum=r[t]->data.ticketnum-dnum;//可供预订的票数相应减少
65                h->data.bookNum=dnum ;
66                h->next=NULL ;
67                q->next=h ;
68                q=h ;
69                printf("\n 祝贺！ 你成功预订了 %d 张车票!",dnum);
70                getch();
71                saveflag=1 ;
72            }
73        }
74    }
```

第 56 行代码判断 flag 是否为 0，如果为 0，则表示此车次当前无法预订车票，给出提示“输入错误!”。从第 62 行代码开始实现预订车票功能，并且每当订票成功后，还需要通过第 64 行代码对可供预订的票数进行减少操作。

6.8 修改火车票信息模块设计

6.8.1 效果展示

在系统主界面中，输入菜单编号 4 即可进入修改火车票信息模块。首先询问用户是否需要修改火车票信息，用户输入 y 则表示需要修改，然后提示用户输入待修改的火车车次，如果在火车票信息链表中存在要修改的车次，则依次提示用户输入新的相关信息，在输入完成后提示“修改记录成功!”；如果在火车票信息链表中没有待修改的车次信息，则提示“没有此车次记录!”。模块运行效果分别如图 6-15 和图 6-16 所示。

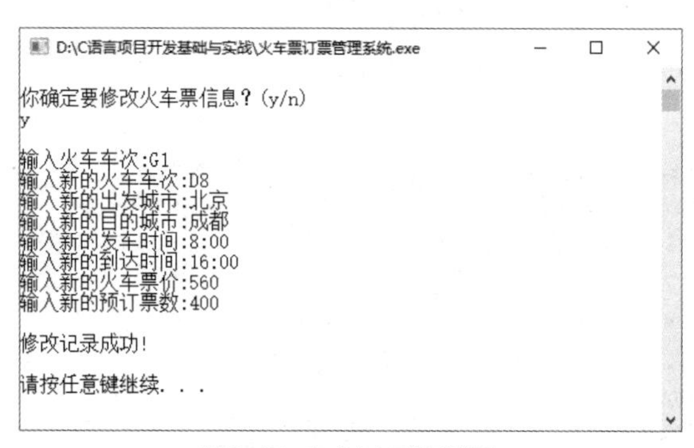

图 6-15　完成火车票信息修改

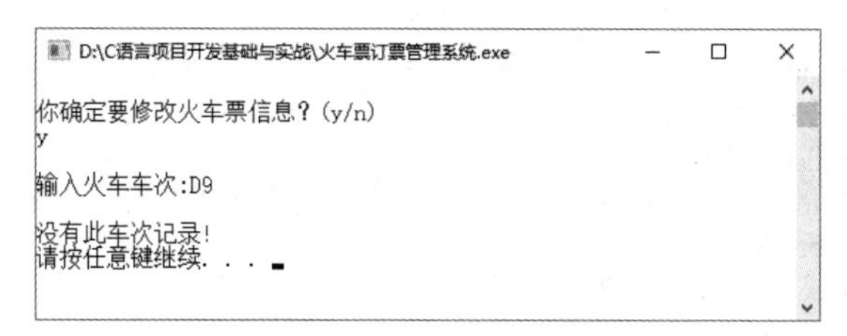

图 6-16　没有要修改的车次记录

6.8.2 业务流程分析

修改火车票信息模块的业务流程如图 6-17 所示。

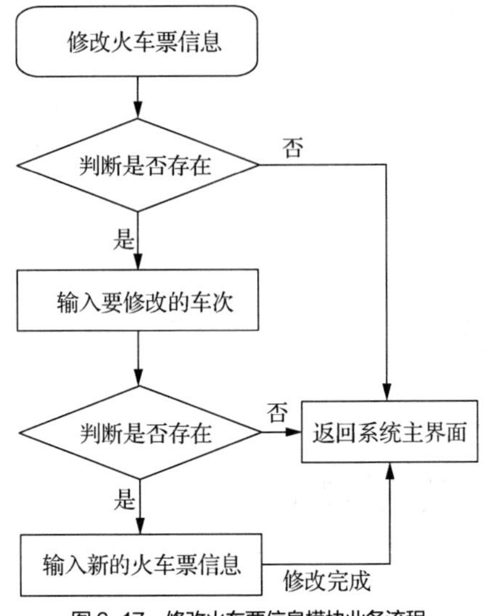

图 6-17　修改火车票信息模块业务流程

6.8.3 技术实现分析

修改火车票信息模块的具体实现代码如下。

微课　修改火车票信息技术实现

```
1   void Modify(Link l)
2   {
3       Node *p ;
4       char tnum[10],ch ;
5       p=l->next;
6       if(!p)
7       {
8           printf("\n 没有你要修改的记录！ \n");
9           return ;
10      }
11      else
12      {
13          printf("\n 你确定要修改火车票信息？ (y/n)\n");
14              getchar();
15              scanf("%c",&ch);
16              if(ch=='y'||ch=='Y')
17              {
18                  printf("\n 输入火车车次:");
19                  scanf("%s",tnum);
20                  while(p!=NULL)
21                  if(strcmp(p->data.num,tnum)==0)//查找与输入的车次相匹配的记录
22                      break;
23                  else
24                      p=p->next;
25                  if(p) {
```

```
26                  printf("输入新的火车车次:");
27                  scanf("%s",&p->data.num);
28                  printf("输入新的出发城市:");
29                  scanf("%s",&p->data.startcity);
30                  printf("输入新的目的城市:");
31                  scanf("%s",&p->data.reachcity);
32                  printf("输入新的发车时间:");
33                  scanf("%s",&p->data.takeofftime);
34                  printf("输入新的到达时间:");
35                  scanf("%s",&p->data.arrivetime);
36                  printf("输入新的火车票价:");
37                  scanf("%d",&p->data.price);
38                  printf("输入新的预订票数:");
39                  scanf("%d",&p->data.ticketnum);
40                  printf("\n 修改记录成功!\n");
41                  saveflag=1 ;
42              } else
43                  printf("\n 没有此车次记录!");
44          }
45      }
46  }
```

第 5 行至第 10 行代码通过指针 p 判断磁盘文件中是否有车次信息，如果没有，则给出相关提示；如果有，则给出“你确定要修改火车票信息？”的提示。第 26 行至第 39 行代码依次提示用户输入新的火车票信息。

6.9 显示火车票信息模块设计

要显示火车票信息，首先要读取磁盘中的 train.txt 文件，并将其中的数据保存到火车票信息链表中，对链表节点进行判断，如果链表节点指向空，则说明没有火车票信息记录；否则遍历链表，调用 printheader()函数输出表头，调用 printdata()函数输出火车车次、出发城市、目的城市等信息。

6.9.1 效果展示

在系统主界面中，输入菜单编号 5 即可进入显示火车票信息模块，运行效果如图 6-18 所示。

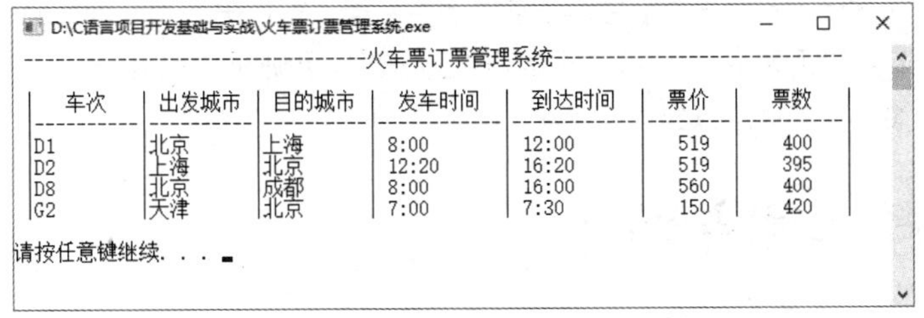

图 6-18　显示火车票信息

6.9.2 业务流程分析

首先判断读取的火车票信息是否为空，如果为空，则给出相关提示并返回系统主界面，如果不为空，则输出所有车次的火车票信息。显示火车票信息模块的业务流程如图 6-19 所示。

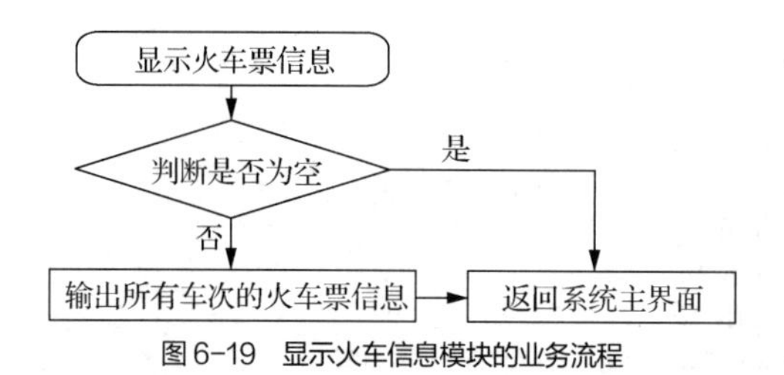

图 6-19　显示火车信息模块的业务流程

6.9.3　技术实现分析

微课　显示火车票信息技术实现

通过自定义函数 printheader()格式化输出表头，具体实现代码如下。

```
1   void printheader() {
2       printf(HEADER1);
3       printf(HEADER2);
4       printf(HEADER3);
5   }
```

通过自定义函数 printdata()格式化输出火车票信息，具体实现代码如下。

```
1   void printdata(Node *q) {
2       Node* p;
3       p=q;
4       printf(FORMAT,DATA);
5   }
```

通过自定义函数 showtrain()完成火车票信息显示功能，具体实现代码如下。

```
1   void showtrain(Link l) { //自定义函数显示火车票信息
2       Node *p;
3       p=l->next;
4       printheader();
5       if(l->next==NULL)
6           printf("没有此列车车票记录!");
7       else
8           while(p!=NULL) {
9               printdata(p);
10              p=p->next;
11          }
12  }
```

第 3 行代码让 p 指针指向火车票信息链表的首节点；第 4 行代码调用 printheader()函数输出表头；第 5 行代码判断首节点是否为空，如果为空则给出提示信息，否则通过第 8 行至第 10 行代码循环遍历火车票信息链表，输出火车票信息数据。

6.10　保存信息模块设计

保存信息模块分为两部分，一是保存火车票信息，二是保存订票人信息。保存信息模块主要用于将信息保存到指定的磁盘文件中。

6.10.1　效果展示

在系统主界面中，输入菜单编号 6 即可进入保存信息模块，调用函数 SaveTrainInfo(Link l)保存火车票信息，调用函数 SaveBookInfo(bookLink k)保存订票人信息，运行效果如图 6-20 所示。

```
选择D:\C语言项目开发基础与实战\火车票订票管理系统.exe
保存了 4 辆火车的车票记录
保存了 1 份订票人记录

请按任意键继续. . .
```

图 6-20　保存信息

6.10.2　业务流程分析

保存信息模块的业务流程如图 6-21 所示。

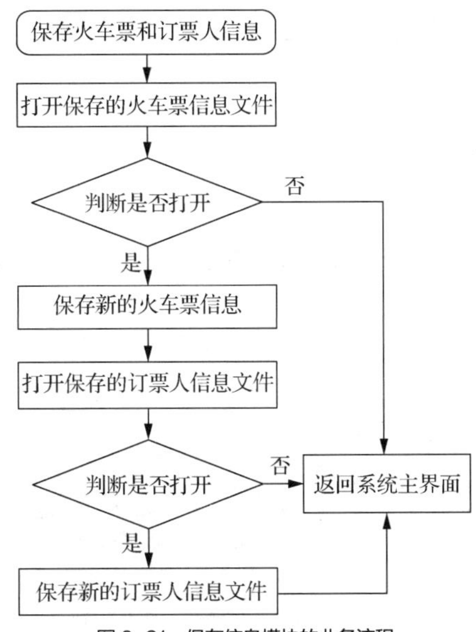

图 6-21　保存信息模块的业务流程

6.10.3　技术实现分析

保存火车票信息模块通过自定义函数 SaveTrainInfo()实现，具体代码如下。

微课　保存信息技术实现

```
1	void SaveTrainInfo(Link l) {
2		FILE*fp ;
3		Node*p ;
4		int count=0,flag=1 ;
5		fp=fopen("f:\\train.txt","wb");
6		if(fp==NULL) {
7			printf("无法打开保存火车票信息的文件!" );
8			return ;
9		}
10		p=l->next ;
11		while(p) {
12			if(fwrite(p,sizeof(Node),1,fp)==1) {
13				p=p->next ;
14				count++;
15			} else {
16				flag=0 ;
17				break ;
18			}
```

```
19          }
20          if(flag) {
21                  printf(" 保存了 %d 辆火车的车票记录\n",count);
22                  saveflag=0 ;
23          }
24          fclose(fp);
25  }
```

第 5 行至第 9 行代码判断保存火车票信息的文件是否可以正常打开，如果不能正常打开，则给出相应提示；如果可以正常打开，则从第 10 行代码开始保存火车票信息。第 20 行代码判断 flag，如果不等于 0，则提示保存了多少辆火车的车票记录。

保存订票人信息功能通过自定义函数 SaveBookInfo ()实现，具体实现代码如下。

```
1   void SaveBookInfo(bookLink k) {
2           FILE*fp ;
3           book *p ;
4           int count=0,flag=1 ;
5           fp=fopen("f:\\man.txt","wb");
6           if(fp==NULL) {
7                   printf("无法打开保存订票人信息的文件!");
8                   return ;
9           }
10          p=k->next ;
11          while(p) {
12                  if(fwrite(p,sizeof(book),1,fp)==1) {
13                          p=p->next ;
14                          count++;
15                  } else {
16                          flag=0 ;
17                          break ;
18                  }
19          }
20          if(flag) {
21                  printf(" 保存了 %d 份订票人记录\n",count);
22                  saveflag=0 ;
23          }
24          fclose(fp);
25  }
```

第 5 行至第 9 行代码判断保存订票人信息的文件是否可以正常打开，如果不能正常打开，则给出相应提示；如果可以打开，则通过与保存火车票信息类似的方法，将订票人信息存入磁盘文件，并给出相应的提示。

项目小结

本项目实现的是火车票订票管理系统，其主要的功能包括添加火车票信息、查询火车票信息、预订火车票、修改火车票信息、显示火车票信息、保存火车票及订票人信息等。使用到的主要知识点包括数组、函数、指针、结构体、文件操作等。

本项目是在前面几个项目的基础上，对所学知识的综合运用。项目采取的是文件存储方式，读者还可以根据前面所学知识将其更改为数据库存储。

综合项目测评（满分 100 分）

姓名______________ 学号________________ 班级_______________ 成绩______________

中华优秀传统文化源远流长、博大精深，是中华文明的智慧结晶。请尝试开发一个基于 C 语言的优秀传统文化知识问答游戏，可以涵盖诗词歌赋、历史典故、传统节日等多个方面。

项目7 设计员工信息管理系统

07

技能目标

- 进一步掌握C语言基本语法、选择与循环控制语句、函数及结构体的使用方法。
- 进一步理解模块化编程与调试的方法。
- 巩固和提高链表的相关操作要点。

素质目标

➢ 进一步熟悉函数、结构体、指针、链表等C语言基础知识，培养应用计算思维方法分析和解决实际问题的能力。

➢ 进一步巩固程序设计与调试方法，强调职业道德、职业能力、职业品质，培养敬业、精益求精、专注、创新等新时代工匠精神。

➢ 进一步提升对链表类数据结构的认识，理解现象与本质的辩证关系，培养利用唯物辩证思想思考和解决实际工作中的具体问题。

重点难点

- 模块化编程与调试的方法。
- 链表的操作。

7.1 项目分析

本项目设计实现员工信息管理系统，主要涉及登录密码校验，数据文件读取，员工信息的录入、查询、显示、修改等。具体要求如下。

- 系统界面美观、条理清晰。
- 能实现员工基本信息的管理。
- 能实现对各种数据信息的统计。
- 能将信息写入磁盘文件。
- 能从磁盘文件读取信息。

7.2 系统架构设计

7.2.1 功能设计

根据项目分析，员工信息管理系统的主要功能包括录入、查询、显示、修改、删除、统计员工信息，以及重置系统密码等。具体系统架构设计如图 7-1 所示。

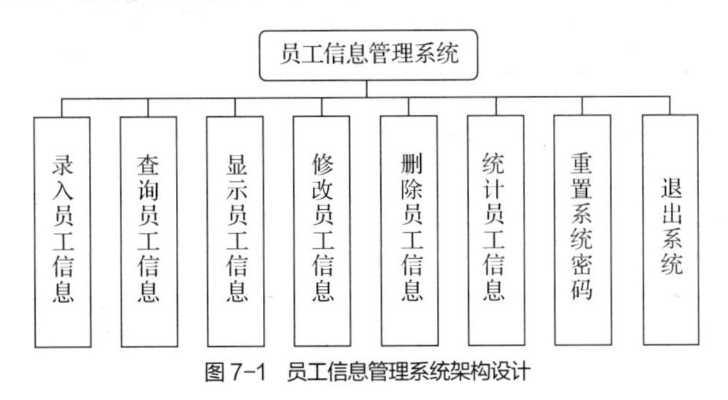

图 7-1　员工信息管理系统架构设计

7.2.2 自定义函数

本项目的自定义函数如表 7-1 所示。

表 7-1　自定义函数

函数	返回类型	参数	功能
addemp()	void		添加员工信息
findemp()	void		查找员工信息
listemp()	void		显示员工信息列表
modifyemp()	void		修改员工信息
summaryemp()	void		统计员工信息
delemp()	void		删除员工信息
resetpwd()	void		重置系统密码
readdata()	void		读取文件数据
savedata()	void		保存数据
modi_age()	int	int s	修改员工年龄
modi_salary()	float	float s	修改员工工资
modi_field()	char *	char *field char *s int n	修改员工其他信息
findname()	EMP *	char *name	按员工姓名查找员工信息
findnum()	EMP *	int num	按员工工号查找员工信息
findtelephone()	EMP *	char *tel	按员工的电话号码查找员工信息
findqq()	EMP *	char *qq	按员工的 QQ 号码查找员工信息

续表

函数	返回类型	参数	功能
displayemp()	void	EMP *emp char *field char *name	显示员工信息
checkfirst()	void		初始化检测
bound()	void	char ch int n	重复输出 *n* 次 ch
login()	void		登录检测
menu()	void		调用主菜单

7.2.3　自定义函数的调用关系

本项目使用的自定义函数的调用关系如图 7-2 所示。

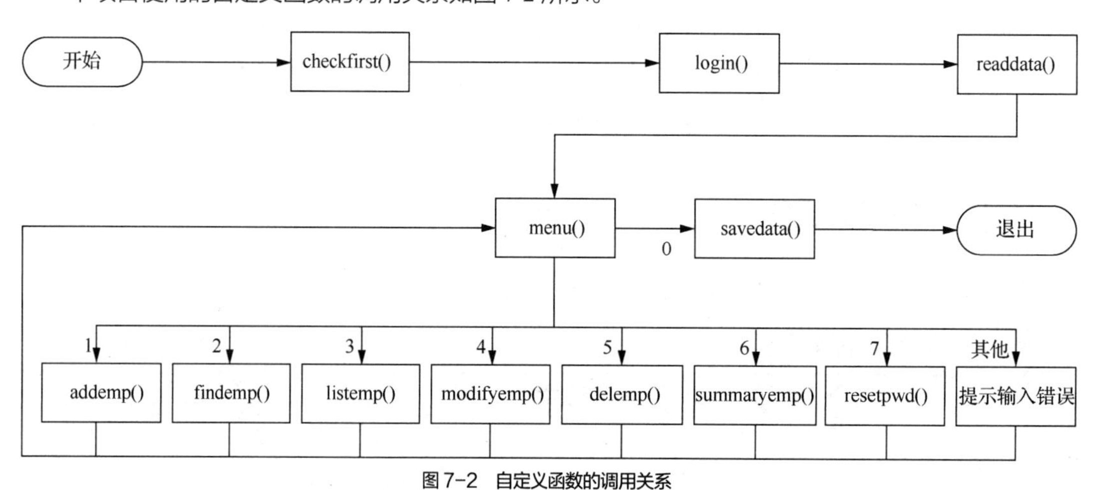

图 7-2　自定义函数的调用关系

7.3　预处理模块

7.3.1　头文件引用

本项目主要使用标准输入输出库、字符数组库等。具体代码如下。

```
1    #include <stdio.h>
2    #include <stdlib.h>
3    #include <string.h>
```

7.3.2　结构体定义

从员工信息管理系统的功能来看，结构体主要用于临时存储员工的信息，包括员工工号、职务、姓名等。结构体定义代码如下。

```
1    typedef struct employee
2    {
3        int num;                          //员工工号
4        char duty[10];                    //员工职务
```

```
5        char name[10];                          //员工姓名
6        char sex[3];                            //员工性别
7        unsigned char age;                      //员工年龄
8        char edu[10];                           //教育水平
9        float salary;                           //员工工资
10       char tel_office[13];                    //办公电话号码
11       char tel_home[13];                      //家庭电话号码
12       char mobile[13];                        //手机号码
13       char qq[11];                            //QQ 号码
14       char address[31];                       //家庭住址
15       struct employee *next;
16    }EMP;
```

第 3 行至第 15 行代码定义结构体 employee 的成员，其中第 15 行代码定义了指向下一个节点地址的指针变量，该结构体采用链表组织方式。typedef 关键字用于为 employee 结构体定义一个新的变量类型 EMP（第 16 行代码）。

7.3.3 全局变量定义

通过如下代码定义若干全局变量。

```
1     char password[9];                //系统密码
2     EMP *emp_first,*emp_end;         //定义指向链表的头节点和尾节点的指针
3     char gsave,gfirst;               //判断标志
```

第 1 行代码定义了字符数组变量 password 用于存放系统密码，第 2 行代码定义了 EMP 类型的两个指针变量分别用于指向链表头部与链表尾部。第 3 行代码中的 gsave 变量用于标注链表节点是否改变，其值为 0 时表示链表未被改动，其值为 1 时表示链表存在变动；gfirst 变量用于标注链表是否存在节点数据，其值为 0 时表示链表存在数据，其值为 1 时表示链表无数据。

7.3.4 函数声明

本项目声明的自定义函数如下。

```
1     void addemp();                                       //添加员工信息
2     void findemp();                                      //查找员工信息
3     void listemp();                                      //显示员工信息列
4     void modifyemp();                                    //修改员工信息
5     void summaryemp()                                    //统计员工信息
6     void delemp();                                       //删除员工信息
7     void resetpwd();                                     //重置系统密码
8     void readdata();                                     //读取文件数据
9     void savedata();                                     //保存数据
10    int modi_age(int s)                                  //修改员工年龄
11    float modi_salary(float s);                          //修改员工工资
12    char *modi_field(char *field,char *s,int n);         //修改员工其他信息
13    EMP *findname(char *name);                           //按员工姓名查找员工信息
14    EMP *findnum(int num);                               //按员工工号查找员工信息
15    EMP *findtelephone(char *tel);                       //按员工的电话号码查找员工信息
16    EMP *findqq(char *qq);                               //按员工的 QQ 号码查找员工信息
17    void displayemp(EMP *emp,char *field,char *name);    //显示员工信息
18    void checkfirst();                                   //初始化检测
19    void bound(char ch,int n);                           //画出分界线
20    void login();                                        //登录检测
21    void menu();                                         //显示菜单列表
```

7.4 主函数设计

7.4.1 业务流程分析

系统运行后 main()函数依次调用 checkfirst()、login()、readdata()、menu()这 4 个函数，对应密码文件的检查、用户输入密码的对比与控制、读取数据记录与调用主菜单。其业务流程如图 7-3 所示。

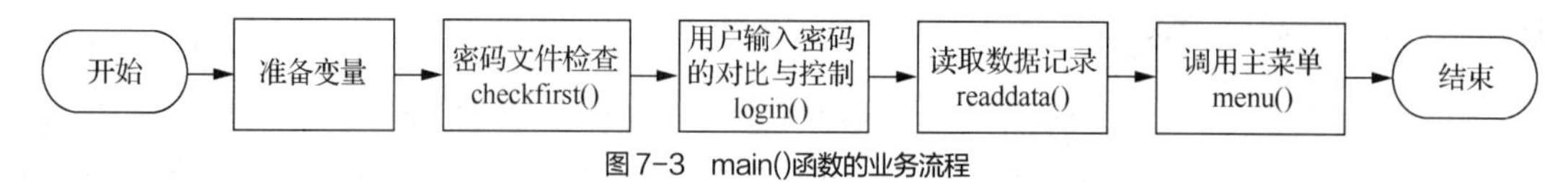

图 7-3　main()函数的业务流程

7.4.2 技术实现分析

main()函数的具体实现代码如下。

```
1    int main()
2    {
3        emp_first=emp_end=NULL;
4        gsave=gfirst=0;
5        checkfirst();
6        login();
7        readdata();
8        menu();
9        system("pause");
10       return 0;
11   }
```

微课　主函数技术实现

第 3 行代码为全局指针变量 emp_first 与 emp_end 赋值，使两个变量指向空地址，其目的是覆盖两个变量原有的“脏数据”。第 4 行代码与第 3 行代码同理。第 5 行至第 8 行代码依次调用不同的自定义函数，第 9 行代码执行时系统将暂停运行直到用户从键盘输入任意一个值。

7.5 初始化检测设计

初始化检测是程序运行前的一个准备过程，它的作用是验证密码文件是否存在，并将密码读入内存。

7.5.1 效果展示

当 main()函数运行时，第一个调用的就是 checkfirst()函数。当系统第一次使用时，该函数会新建一个文件用于存储用户密码，并提示“新系统，请进行相应的初始化操作！”，按任意键后，系统提示“设置密码，请不要超过 8 位:”，当按要求输入两次密码后，系统提示“系统初始化成功，按任意键退出后，再重新进入！”，系统的初始化操作完成。运行效果如图 7-4 所示。

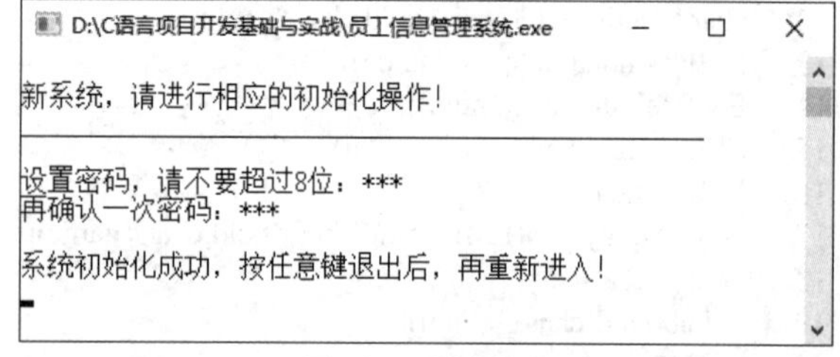

图 7-4　系统初始化

7.5.2 业务流程分析

初始化检测时，读取密码文件 config.bat 成功与否作为是否为第一次使用系统的判断条件：如果读取失败，则要求用户输入两次密码并将其加密后保存至 config.bat 密码文件（对密码加密的目的是防止 config.bat 文件打开后以明文方式显示密码）；如果读取成功，则将密码解密后存放至全局变量 password[] 中供其他函数使用。初始化检测的业务流程如图 7-5 所示。

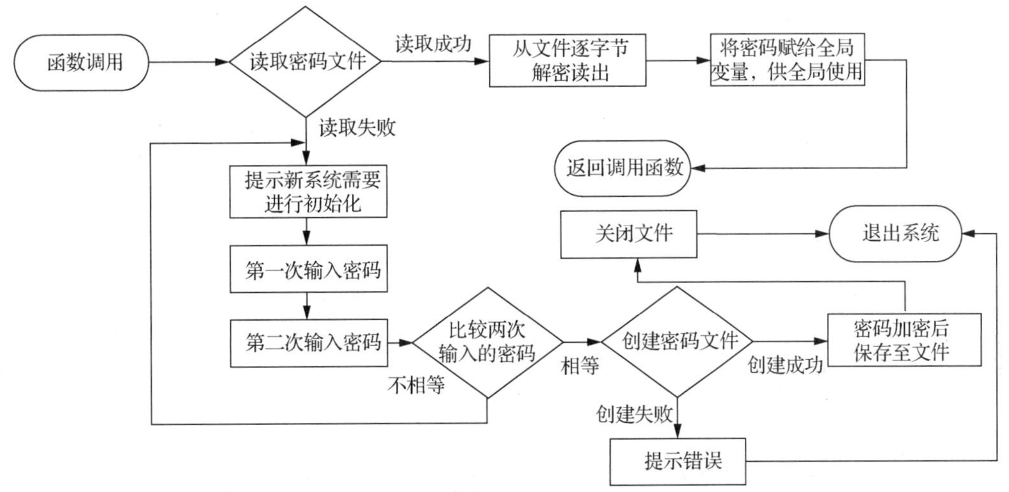

图 7-5 初始化检测的业务流程

7.5.3 技术实现分析

初始化检测的实现代码如下。

```
1    void checkfirst()
2    {
3        FILE *fp,*fp1;                                  //声明文件型指针
4        char pwd[9],pwd1[9],pwd2[9],pwd3[9],ch;
5        int i;
6        char strt='8';
7        if((fp=fopen("config.bat","rb"))==NULL)         //判断系统密码文件是否为空
8        {
9            printf("\n 新系统，请进行相应的初始化操作！\n");
10           bound('_',50);
11           getch();
12           do{
13               printf("\n 设置密码，请不要超过 8 位：");
14               for(i=0;i<8&&((pwd[i]=getch())!=13);i++)
15                   putch('*');
16               printf("\n 再确认一次密码：");
17               for(i=0;i<8&&((pwd1[i]=getch())!=13);i++)
18                   putch('*');
19               pwd[i]='\0';
20               pwd1[i]='\0';
21               if(strcmp(pwd,pwd1)!=0)                  //判断两次输入的密码是否一致
22                   {
```

微课 初始化检测
技术实现

```
23                          printf("\n 两次密码输入不一致，请重新输入！ \n\n");
24                      }
25                  else
26                  break;
27          }while(1);
28          if((fp1=fopen("config.bat","wb"))==NULL)
29              {
30                  printf("\n 系统创建失败，请按任意键退出！ ");
31                  getch();
32                  exit(1);
33              }
34          i=0;
35          while(pwd[i])
36          {
37              pwd2[i]=(pwd[i]^strt);
38              putw(pwd2[i],fp1);                          //将数组元素送入文件流中
39              i++;
40          }
41          fclose(fp1);                                    //关闭文件流
42          printf("\n\n 系统初始化成功，按任意键退出后，再重新进入！ \n");
43          getch();
44          exit(1);
45      }else
46      {
47          i=0;
48          while(!feof(fp)&&i<8)                           //判断是否读完密码文件
49                  pwd[i++]=(getw(fp)^strt);               //从文件流中读出字符赋给数组
50           pwd[--i]='\0';
51          strcpy(password,pwd);                           //将数组 pwd 中的数据复制到数组 password 中
52          }
53      }
```

第 3 行至第 6 行代码为变量声明。第 7 行代码负责以只读模式打开密码文件 config.bat，并判断 fp 指针是否为 NULL，如果是，表示系统为第一次使用，则从第 9 行代码开始创建密码文件；如果 fp 指针不为 NULL，则从第 47 行代码开始执行，将密码信息复制给 password。

第 12 行至第 27 行代码组成一个 do…while 循环，其作用是比较用户两次输入的密码，当两次输入的密码相同时退出该循环。

第 14 行代码使用 getch()函数获得 1 个键盘输入并将其存入 pwd[i]中，当 pwd[i]的值不等于 13（13 为 Enter 键被按下时计算机识别到的值）并且 i 小于 8 时（i 记录了键盘输入的次数），则执行 15 行代码，在屏幕输出 1 个*；如果 pwd[i]的值等于 13 或者 i 大于或等于 8，则退出 for 循环执行第 16 行代码，此时代表第 1 次密码输入结束，pwd[0]至 pwd[i]已存储了用户输入的全部字符。第 17 行、18 行代码将用户第 2 次输入的密码存储于 pwd1[0]至～pwd1[i]中。需要特别注意的是，第 19 行、20 行代码分别在数组 pwd 和 pwd1 的最后 1 位加上'\0'，表示该处为字符串结尾，以方便计算机识别。

第 21 行代码使用 strcmp()函数判断 pwd 与 pwd1 两个字符数组的值是否相等，从而确定用户第 1 次输入的密码与第 2 次输入的密码是否相同，如果不相同则给出提示，重新回到第 12 行代码执行循环，直到 pwd 与 pwd1 相同时才跳到第 28 行代码开始执行。

第 28 行代码是以 wb 模式打开 config.bat 文件（如文件不存在则新建该文件），并让 fp1 指向该文件，如果文件创建失败，则逐步执行第 30 行至第 32 行代码退出程序；如果文件创建成功，则通过第 35 行至第 40 行代码将数组变量存储的字符串按字符逐个存储到 fp1 指向的文件中。第 37 行代码使用

了^（异或）将 pwd[i]与 strt（第 6 行代码初始化完成，实际存储字符 8）进行加密运算，保证以非明文方式存储密码到文件中（可再通过异或方式与 strt 进行运算还原明文，见第 49 行代码）。第 38 行代码使用 putw()函数将 pwd2[0]至 pwd2[i]存储的字符逐个写入 fp1 文件。

第 47 行至第 51 行代码的执行与否由第 7 行代码判断决定，其主要目的是将 pwd 指针指向的字符串复制给全局变量 password，以供其他函数使用。

7.6 登录密码校验与数据文件读取

系统初始化完成后，已将密码保存至密码文件 config.bat 中。当再一次启动系统时，checkfirst()函数会将密码文件中的密码解密后读入内存中用于判断用户登录时输入的密码是否正确。

7.6.1 效果展示

系统再次启动后，将提示用户输入密码，运行效果如图 7-6 所示。

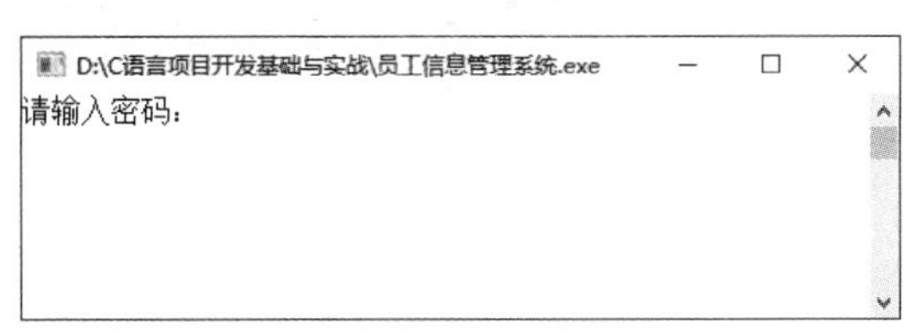

图 7-6 提示用户输入密码

7.6.2 业务流程分析

在 main()函数中调用 checkfirst()函数之后，继续调用 login()与 readdata()两个函数。其中，login()函数用于接收用户输入的密码并将其与 password 变量进行比较，若两者相等，则调用 readdata()函数将数据从 employee.dat 文件读入并组织好的链表结构。login()函数和 readdata()函数的具体业务流程如图 7-7、图 7-8 所示。

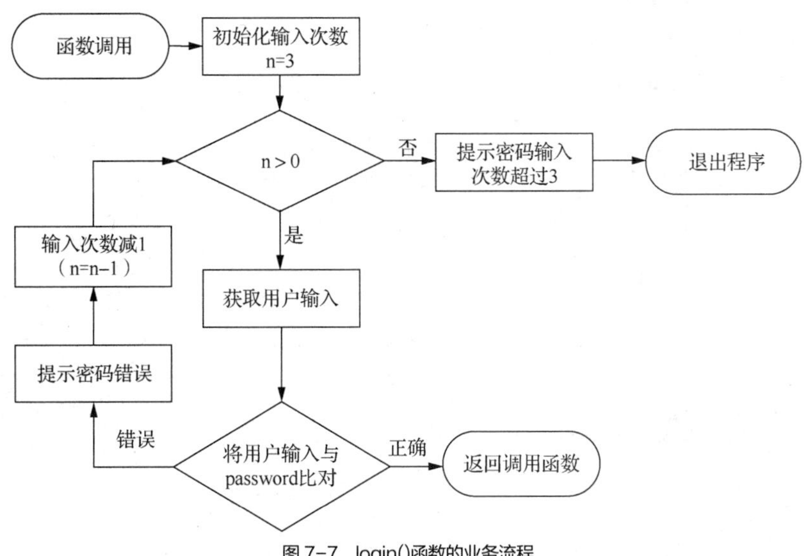

图 7-7 login()函数的业务流程

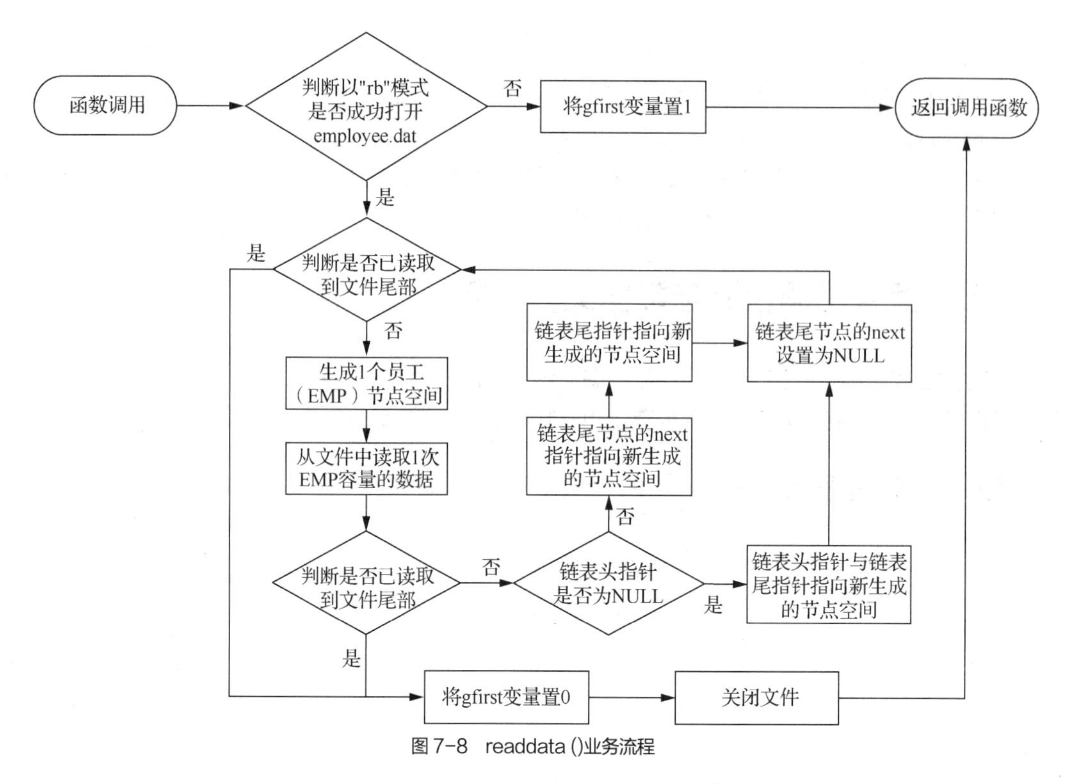

图 7-8　readdata ()业务流程

7.6.3　技术实现分析

登录密码校验功能由 login()函数完成，其具体实现代码如下。

```
1   void login()
2   {
3       int i,n=3;
4       char pwd[9];
5       do{
6           printf("请输入密码：");
7           for(i=0;i<8 && ((pwd[i]=getch())!=13);i++)
8               putch('*');
9           pwd[i]='\0';
10          if(strcmp(pwd,password))
11              {
12                  printf("\n 密码错误，请重新输入！\n");
13                  getch();
14                  system("cls");
15                  n--;
16              }
17          else
18                  break;
19      } while(n>0);                          //密码输入三次的控制
20      if(!n)
21      {
22          printf("请退出，你已输入三次错误密码！");
23          getch();
24          exit(1);
25      }
26  }
```

微课　登录密码校验技术实现

第 5 行至第 19 行代码组成一个 do…while 循环，其执行条件为 n>0。由于 n 的初值为 3，每输错 1 次就执行 1 次第 15 行代码，当输错 3 次时，系统给出提示并终止运行。第 7 行、第 8 行代码的作用是实现每输入 1 个密码字符就在屏幕上输出 1 个*。

数据文件读取与链表的初始化由 readdata()函数完成，其具体实现代码如下。

```
1    void readdata(void)
2    {
3         FILE *fp;
4         EMP *emp1;
5         if((fp=fopen("employee.dat","rb"))==NULL)
6              {
7                   gfirst=1;
8                   return;
9              }
10        while(!feof(fp))
11             {
12                  emp1=(EMP *)malloc(sizeof(EMP));
13                  if(emp1==NULL)
14                       {
15                            printf("内存分配失败！ \n");
16                            getch();
17                            return;
18                       }
19                  fread(emp1,sizeof(EMP),1,fp);
20                  if(feof(fp))
21                  break;
22                  if(emp_first==NULL)
23                       {
24                            emp_first=emp1;
25                            emp_end=emp1;
26                       }
27                   else
28                   {
29                            emp_end->next=emp1;
30                            emp_end=emp1;
31                   }
32                  emp_end->next=NULL;
33             }
34        gfirst=0;
35        fclose(fp);
36   }
```

本程序有两个关键点：一是根据 EMP 的容量使用 fread()函数读取一次文件中的数据，并将数据存储入链表中的一个节点；二是组织链表结构。前文中已经定义了两个指针变量，分别是 emp_first 与 emp_end，它们将用于指向链表头与链表尾。第 22 行代码判断 emp_first 是否指向节点。如果 emp_first 未指向任何节点（代表尚未建立链表），那么 emp_first 与 emp_end 就需要指向新生成的 emp1 节点（第 12 行代码）；如果 emp_first 已经指向了一个节点（代表已存在链表），那么 emp_end 指向的节点的 next 需要指向 emp1，完成后 emp1 就成为链表的最后一个节点。第 25 行代码又将 emp_end 节点指向 emp1，以保证 emp_end 一直代表最后一个节点。可以看出，第 22 行至第 31 行代码实质上是完成一个节点插入一个链表的操作。

请读者思考：能否将第 22 行到第 31 行代码通过自定义函数来替换？如果可以，这样做有什么意义吗？

7.7 系统主界面设计

7.7.1 效果展示

密码验证通过后显示的第一个界面即系统主界面，该界面以菜单的形式显示了系统的主要功能，当用户需要使用某个功能时，输入对应的菜单编号即可。运行效果如图 7-9 所示。

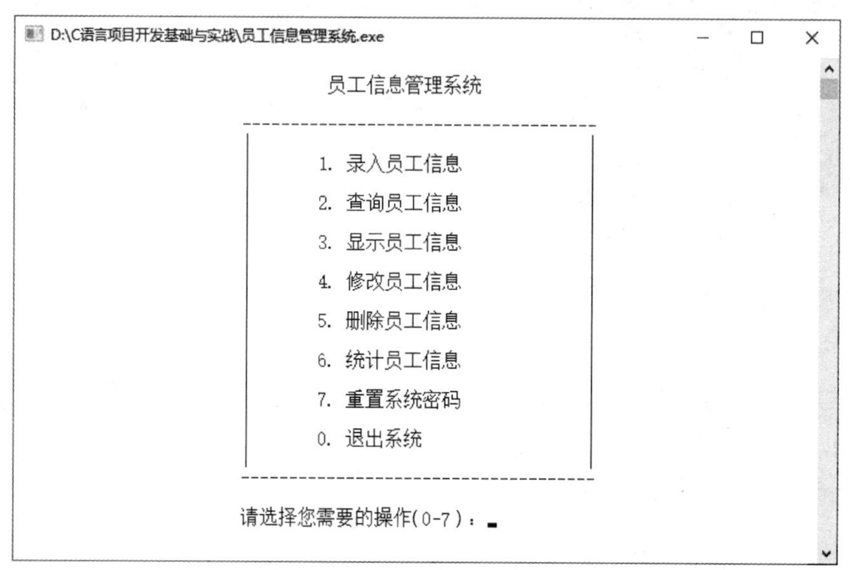

图 7-9　系统主界面

7.7.2 业务流程分析

系统主界面需要通过用户输入菜单编号，调用对应的自定义函数来完成相应功能。其业务流程如图 7-10 所示。

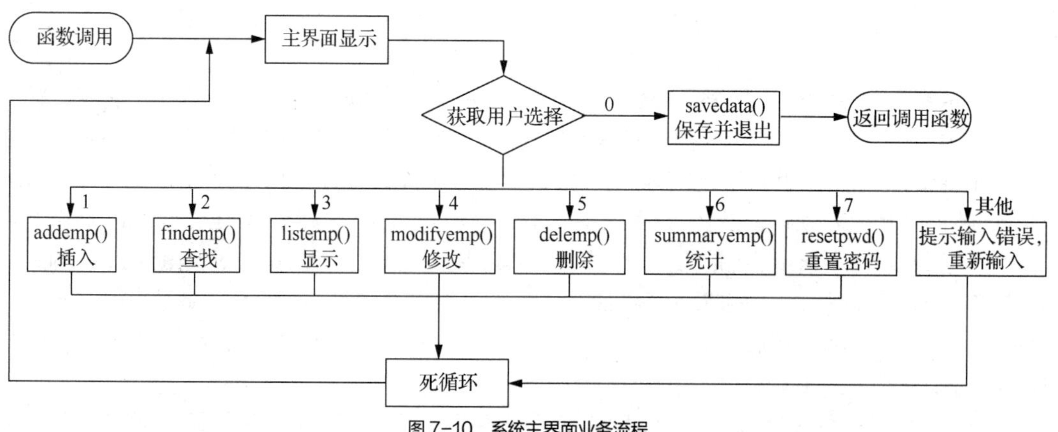

图 7-10　系统主界面业务流程

7.7.3 技术实现分析

主界面显示的各模块的调度均由 menu()函数完成，具体实现代码如下。

微课 系统主界面技术实现

```
1   void menu()
2   {
3       char choice;
4       system("cls");
5       do{
6       printf("\n\t\t\t\t  员工信息管理系统\n\n");
7           printf("\t\t\t-------------------------------------\n");
8           printf("\t\t\t|\t\t\t\t       |\n");
9           printf("\t\t\t|   \t1.录入员工信息\t\t       |\n");
10          printf("\t\t\t|\t\t\t\t       |\n");
11          printf("\t\t\t|   \t2.查询员工信息\t\t       |\n");
12          printf("\t\t\t|\t\t\t\t       |\n");
13          printf("\t\t\t|   \t3.显示员工信息\t\t       |\n");
14          printf("\t\t\t|\t\t\t\t       |\n");
15          printf("\t\t\t|   \t4.修改员工信息\t\t       |\n");
16          printf("\t\t\t|\t\t\t\t       |\n");
17          printf("\t\t\t|   \t5.删除员工信息\t\t       |\n");
18          printf("\t\t\t|\t\t\t\t       |\n");
19          printf("\t\t\t|   \t6.统计员工信息\t\t       |\n");
20          printf("\t\t\t|\t\t\t\t       |\n");
21          printf("\t\t\t|   \t7.重置系统密码\t\t       |\n");
22          printf("\t\t\t|\t\t\t\t       |\n");
23          printf("\t\t\t|   \t0.退出系统\t\t       |\n");
24          printf("\t\t\t|\t\t\t\t       |\n");
25          printf("\t\t\t-------------------------------------\n");
26          printf("\n\t\t\t 请选择您需要的操作(0-7)：");
27          fflush(stdin);
28          choice=getchar();
29          system("cls");
30          switch(choice)
31          {
32              case '1':
33                  addemp();              //调用添加员工信息的函数
34                  break;
35              case '2':
36                  if(gfirst)
37                  {
38                      printf("系统信息中无员工信息，请先添加员工信息！\n");
39                      getch();
40                      break;
41                  }
42                  findemp();             //调用查找员工信息的函数
43                  break;
44              case '3':
45                  if(gfirst)
46                  {
47                      printf("系统信息中无员工信息，请先添加员工信息！\n");
48                      getch();
49                      break;
50                  }
```

```
51                  listemp();              //调用员工显示信息列表的函数
52                  break;
53              case '4':
54                  if(gfirst)
55                  {
56                      printf("系统信息中无员工信息，请先添加员工信息！\n");
57                      getch();
58                      break;
59                  }
60                  modifyemp();            //调用修改员工信息的函数
61                  break;
62              case '5':
63                   if(gfirst)
64                  {
65                      printf("系统信息中无员工信息，请先添加员工信息！\n");
66                      getch();
67                      break;
68                  }
69                  delemp();               //调用删除员工信息的函数
70                  break;
71              case '6':
72                   if(gfirst)
73                  {
74                      printf("系统信息中无员工信息，请先添加员工信息！\n");
75                      getch();
76                      break;
77                  }
78                  summaryemp();           //调用统计员工信息的函数
79                  break;
80              case '7':
81                  resetpwd();             //调用重置系统密码的函数
82                  break;
83              case '0':
84                  savedata();             //调用保存数据的函数
85                  exit(0);
86              default:
87                  printf("请输入 0-7 之间的数字");
88                  getch();
89               }
90          system("cls");
91      }while(1);
92  }
```

本程序的重点是根据用户的输入调用不同的函数以实现相关功能。中间使用 while(1)的死循环结构，目的是只有当用户输入 0 时，菜单功能才能结束。

7.8 录入员工信息模块设计

7.8.1 效果展示

在系统主界面中，输入菜单编号 1 则进入员工信息录入模块，然后根据提示依次录入各项信息，其运行效果如图 7-11 所示。

```
D:\C语言项目开发基础与实战\员工信息管理系统.exe
请输入第1个员工的信息，
________________________________________
工号：1002
职务：会计
姓名：李四
性别：女
年龄：20
文化程度：大专
工资：4200
办公电话号码：64454321
家庭电话号码：64451234
移动电话号码：13654321
QQ号码:7654321
地址：四川大邑
________________________________________
是否继续输入?(y/n)
```

图 7-11　录入员工信息

7.8.2　业务流程分析

进入录入员工信息模块后，可根据提示依次输入，工号、职务、姓名、性别等信息，当所有信息输入完毕之后，系统提示“是否继续输入？（y/n）”如果用户输入 y 或 Y，系统会重复员工信息录入过程；如果用户输入 n，系统提示“输入完毕，按任意键返回”，待用户操作后返回系统主界面。其业务流程如图 7-12 所示。

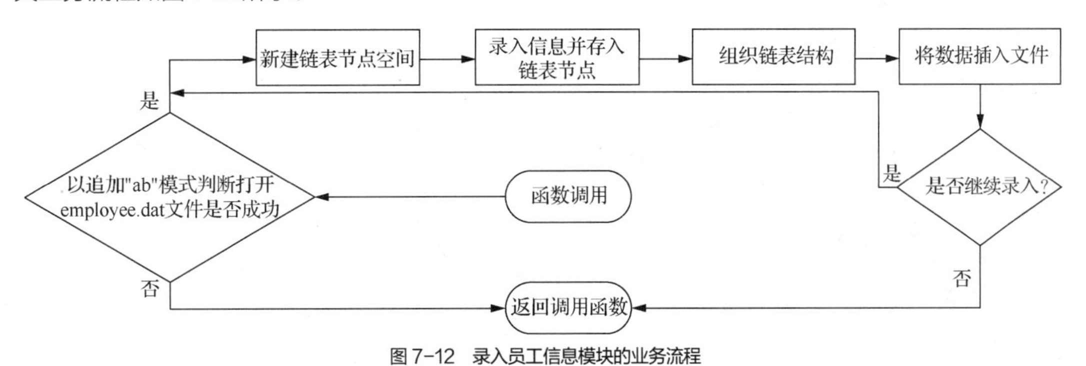

图 7-12　录入员工信息模块的业务流程

7.8.3　技术实现分析

录入员工信息模块由自定义函数 addemp()实现，其实现代码如下。

```
1     void addemp()
2     {
3         FILE *fp;                        //声明一个文件型指针
4         EMP *emp1;                       //声明一个结构体型指针
5         int i=0;
6         char choice='y';
7         if((fp=fopen("employee.dat","ab"))==NULL)      //判断存储文件是否成功打开
8         {
9             printf("打开文件 employee.dat 出错！ \n");
10            getch();
11            return;
12        }
13        do{
```

微课　录入员工信息技术实现

```
14            i++;
15            emp1=(EMP *)malloc(sizeof(EMP));          //申请一段内存
16            if(emp1==NULL)                            //判断内存是否分配成功
17            {
18                printf("内存分配失败，按任意键退出！\n");
19                getch();
20                return;
21            }
22            printf("请输入第%d 个员工的信息，\n",i);
23            bound('_',30);
24            printf("工号：");
25            scanf("%d",&emp1->num);
26            printf("职务：");
27            scanf("%s",&emp1->duty);
28            printf("姓名：");
29            scanf("%s",&emp1->name);
30            printf("性别：");
31            scanf("%s",&emp1->sex);
32            printf("年龄：");
33            scanf("%d",&emp1->age);
34            printf("文化程度：");
35            scanf("%s",&emp1->edu);
36            printf("工资：");
37            scanf("%f",&emp1->salary);
38            printf("办公电话号码：");
39            scanf("%s",&emp1->tel_office);
40            printf("家庭电话号码：");
41            scanf("%s",&emp1->tel_home);
42            printf("移动电话号码：");
43            scanf("%s",&emp1->mobile);
44            printf("QQ 号码:");
45            scanf("%s",&emp1->qq);
46            printf("地址：");
47            scanf("%s",&emp1->address);
48            emp1->next=NULL;
49            if(emp_first==NULL)                  //判断链表头指针是否为空
50            {
51                emp_first=emp1;
52                emp_end=emp1;
53            }else {
54                emp_end->next=emp1;
55                emp_end=emp1;
56            }
57            fwrite(emp_end,sizeof(EMP),1,fp);    //对数据流添加数据项
58            gfirst=0;
59            printf("\n");
60            bound('_',30);
61            printf("\n 是否继续输入?(y/n)");
62            fflush(stdin);                       //清除缓冲区
63            choice=getch();
64            if(toupper(choice)!='Y')             //把小写字母转换成大写字母
65            {
66                fclose(fp);                      //关闭文件流
67                printf("\n 输入完毕，按任意键返回\n");
68                getch();
```

```
69                  return;
70              }
71              system("cls");
72          }while(1);
73      }
```

第 7 行至第 12 行代码对存储文件打开失败进行判断与处理。第 15 行代码开辟一个新的内存空间，并让 emp1 指针指向该内存的首地址。

第 48 行代码将 emp1 的 next 赋值为 NULL（next 被赋值为 NULL 是链表结尾的一个特征）。新生成的节点示意如图 7-13 所示。

第 49 行代码对 emp_first 进行判断，如果 emp_first 为 NULL 则说明链表尚未建立，则 emp1 指向的节点既是链表头节点也是链表尾节点，所以第 51 行代码将 emp_first 指向 emp1 节点，同时第 52 行代码将 emp_end 也指向 emp1 节点，节点示意如图 7-14 所示。

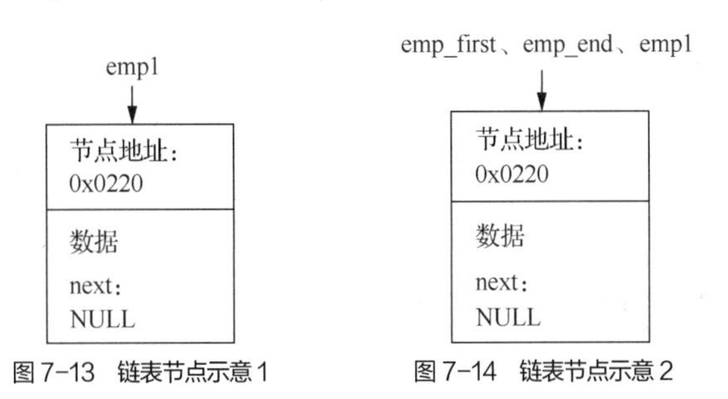

图 7-13　链表节点示意 1　　图 7-14　链表节点示意 2

如果第 49 行代码判断 emp_first 不为 NULL，即表示链表已存在，执行第 54 行、第 55 行代码。执行到第 49 行代码时的内存情况如图 7-15 所示。

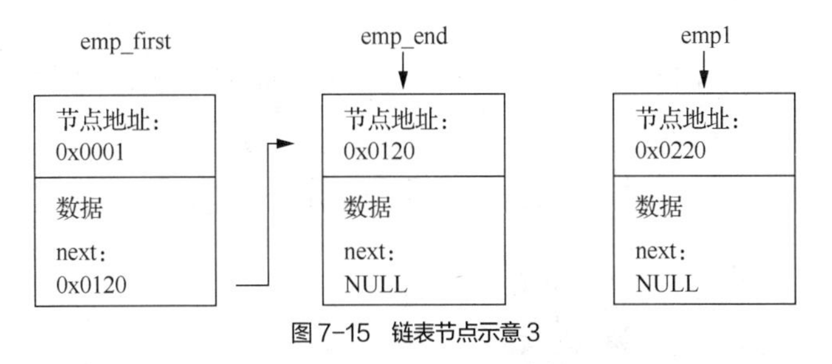

图 7-15　链表节点示意 3

执行第 54 行代码时，emp_end 的 next 将被设置为 0x0220，即表示当前状态下 emp_end 的下一个节点为 emp1，如图 7-16 所示。

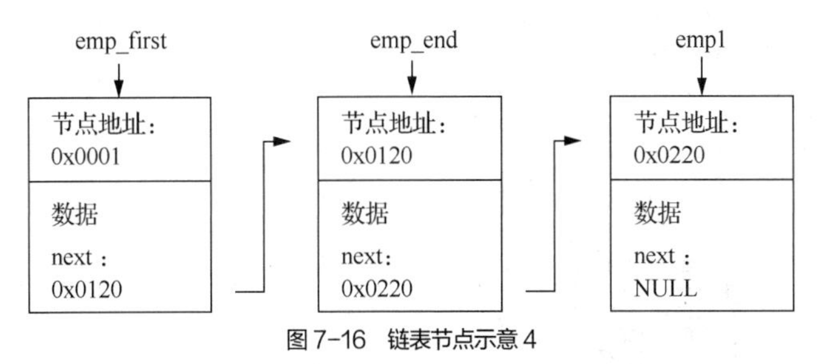

图 7-16　链表节点示意 4

执行第 55 行代码 emp_end 指向 emp1 位置，从而保证 emp_end 始终指向链表的最后一个节点，如图 7-17 所示。

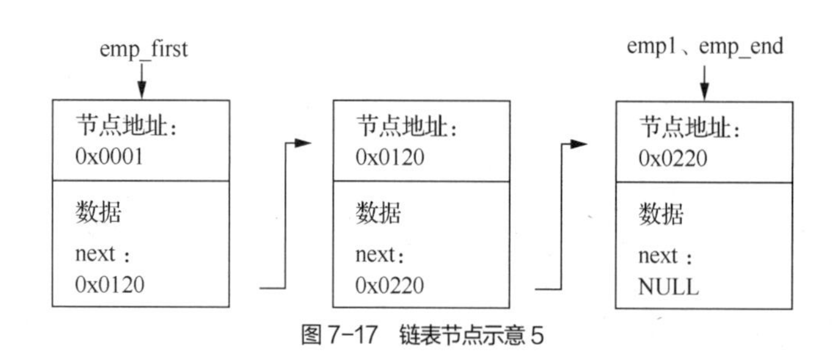

图 7-17　链表节点示意 5

通过执行第 48 行至第 56 行代码，就可以建立一个全新的链表，只要知道链表头的位置就可以将若干个节点连接起来形成一个“链条”，这也是链表建立和节点插入的典型操作。

请读者想一想，既然前文提到节点的 next 为 NULL 就表示该节点为链表尾节点，那么为什么还要单独设置 emp_end 指针来标记链表的尾节点呢？这是因为，当需要插入数据时，必须得到链表尾节点的地址才能将新节点“连接”在它后面，如果没有 emp_end 指针，则每次做插入操作时都需要重新计算尾节点的地址，这势必将增加系统资源消耗。所以，是否使用 emp_end 取决于插入操作的执行频率。

第 64 行代码中的 toupper()函数用于判断参数中的字符是否为大写状态，如果不是，就将其转换为大写。

7.9　查询员工信息模块设计

当员工信息管理系统中已经存在若干数据内容时，可以通过查找功能来提高数据的使用效率。

7.9.1　效果展示

在系统主界面中，输入菜单编号 2 即可进入员工信息查询模块，可以根据姓名、工号、电话等进行查询。运行效果如图 7-18 所示。

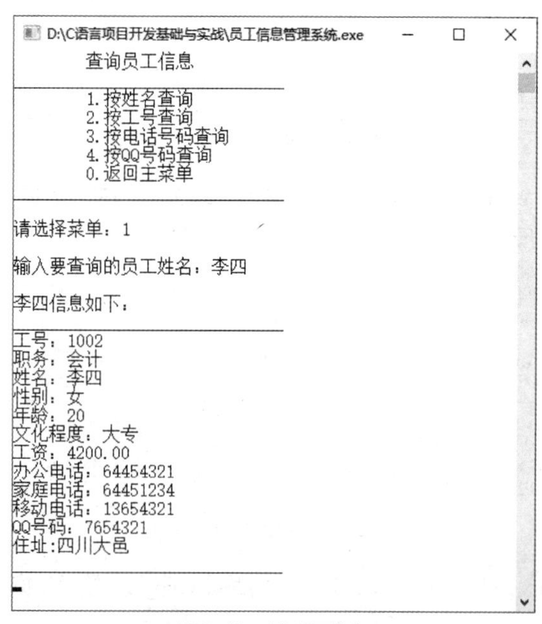

图 7-18　查询员工信息

7.9.2 业务流程分析

系统使用自定义函数 findemp()进行查询类型的选择，再通过 findname()、findnum()、findtelephone()、findqq()来分别实现按姓名、工号、电话号码与 QQ 号码进行查询的功能，最后用 displayemp()函数将查询到的记录显示。具体业务流程如图 7-19、图 7-20 所示。

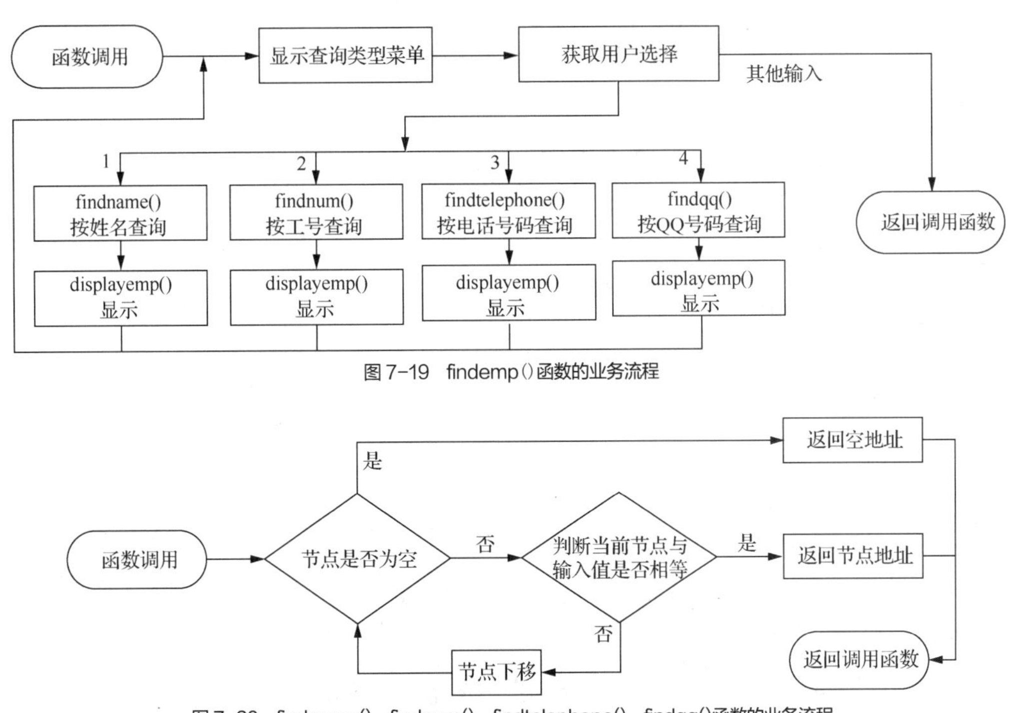

图 7-19 findemp()函数的业务流程

图 7-20 findname()、findnum()、findtelephone()、findqq()函数的业务流程

7.9.3 技术实现分析

findmp()函数的作用与 menu()的类似，它主要负责获取用户对查询类型的选择，并根据选择调用不同的查询功能函数。其具体实现代码如下。

```
1	void findemp()
2	{
3		int choice,ret=0,num;
4		char str[13];
5		EMP *emp1;
6		system("cls");
7		do{
8			printf("\t 查询员工信息\n");
9			bound('_',30);
10			printf("\t1.按姓名查询\n");
11			printf("\t2.按工号查询\n");
12			printf("\t3.按电话号码查询\n");
13			printf("\t4.按 QQ 号码查询\n");
14			printf("\t0.返回主菜单\n");
15			bound('_',30);
```

微课 查询员工信息技术实现

```
16                printf("\n 请选择菜单：");
17            fflush(stdin);
18            choice=getchar();
19            switch(choice)
20            {
21                case '1':
22                    printf("\n 输入要查询的员工姓名：");
23                    scanf("%s",str);
24                    emp1=findname(str);
25                    displayemp(emp1,"姓名",str);
26                    getch();
27                    break;
28                case '2':
29                    printf("\n 输入要查询的员工的工号：");
30                    scanf("%d",&num);
31                    emp1=findnum(num);
32                    itoa(num,str,10);
33                    displayemp(emp1,"工号",str);
34                    getch();
35                    break;
36                case '3':
37                    printf("\n 输入要查询员工的电话:");
38                    scanf("%s",str);
39                    emp1=findtelephone(str);
40                    displayemp(emp1,"电话",str);
41                    getch();
42                    break;
43                case '4':
44                    printf("\n 输入要查询的员工的 QQ 号码：");
45                    scanf("%s",str);
46                    emp1=findqq(str);
47                    displayemp(emp1,"QQ 号码",str);
48                    getch();
49                    break;
50                default:
51                    return;
52            }
53            system("cls");
54            }while(1);
55        }
```

需要注意的是，findname()、findnum()、findtelephone()、findqq()的声明原型是 EMP *findname(char *name)、EMP *findnum(int num)、EMP *findtelephone(char *name)、EMP *findqq(char *name)，表示调用函数后返回的值均是 EMP 类型的地址指针，所以使用了同样类型的 emp1（第 5 行代码）变量来存储返回值。另外，因为 displayemp(参数 1,参数 2,参数 3)的参数 3 必须使用字符串（参见“7.2.2 自定义函数”），所以第 32 行代码使用了 itoa()函数将十进制的 num 变量（数字类型）转换为字符串并存放于 str 变量中。

findname()、findnum()、findtelephone()、findqq()函数的业务逻辑是一致的，区别仅是和 emp1 中的不同成员变量进行比较。其实现代码如下。

```
1        //按照姓名查询员工信息
2        EMP *findname(char *name)
3        {
4            EMP *emp1;
```

```
5          emp1=emp_first;
6           while(emp1)
7          {
8              if(strcmp(name,emp1->name)==0)      //比较输入的姓名和链表中记录的姓名是否相同
9              {
10              return emp1;
11             }
12             emp1=emp1->next;
13         }
14         return NULL;
15     }
16
17     //按照工号查询员工信息
18     EMP *findnum(int num)                             //声明一个结构体指针
19     {
20         EMP *emp1;
21         emp1=emp_first;
22         while(emp1)
23         {
24             if(num==emp1->num)   return emp1;
25             emp1=emp1->next;
26         }
27         return NULL;
28     }
29     //按照电话号码查询员工信息
30     EMP *findtelephone(char *tel)
31     {
32           EMP *emp1;
33           emp1=emp_first;
34           while(emp1)
35           {
36               if((strcmp(tel,emp1->tel_office)==0)||(strcmp(tel,emp1->tel_home)==0)||
                 (strcmp(tel,emp1->mobile)==0))         //使用逻辑或判断电话号码
37               return emp1;
38               emp1=emp1->next;
39            }
40           return NULL;
41     }
42
43     // 按照 QQ 号码查询员工信息
44     EMP *findqq(char *qq)
45     {
46         EMP *emp1;
47         emp1=emp_first;
48         while(emp1)
49         {
50             if(strcmp(qq,emp1->qq)==0)   return emp1;
51             emp1=emp1->next;
52         }
53         return NULL;
54     }
```

通过上述代码可以看出 4 个函数的结构基本一致，区别一在于第 8 行、第 24 行、第 36 行、第 50 行代码中 emp1->后的成员名不同；区别二在于第 8 行、第 36 行、第 50 行代码是字符串比较，而第 24 行代码是数字方式的比较；区别三在于第 36 行办公电话号码、家庭电话号码、移动电话号码中满足其

中一个条件即为查询成功。

需要特别注意的是，emp1=emp1->next;是典型的 emp1 指针向下移动的操作。假设已有图 7-21 所示的链表，当前的 pe 存储了 0x0120 的地址。

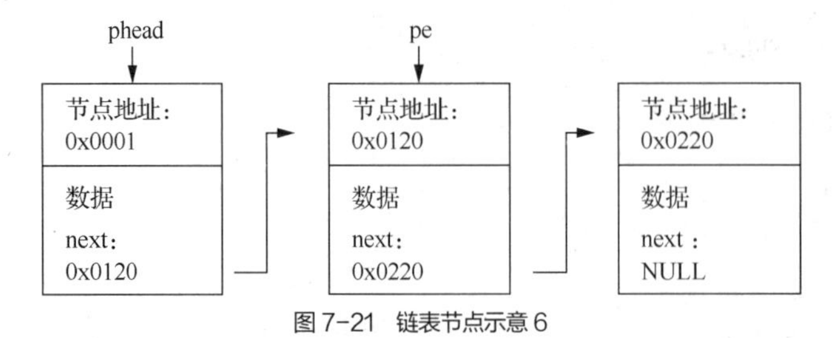

图 7-21 链表节点示意 6

当执行 pe=pe->next 后，pe 存储了 0x0220，变成了图 7-22 所示的情况，也就是 pe 进行了移动。

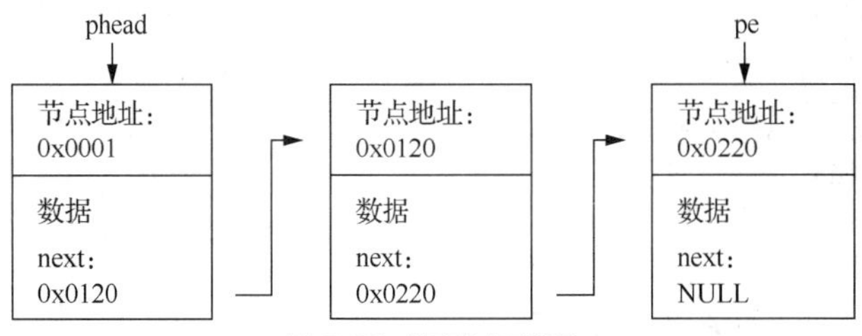

图 7-22 链表节点示意 7

displayemp()函数的声明原型是 void displayemp(EMP *emp,char *field,char *name)。其第 1 个参数是传入 EMP 类型的节点地址，用于内容的定位；第 2 个参数是 field 字符串，用于存储用户选择的查询类型，如“工号”“姓名”等；第 3 个参数是 name 字符串，用于记录用户输入的条件。其实现代码如下。

```
1    void displayemp(EMP *emp,char *field,char *name)
2    {
3        if(emp)
4        {
5            printf("\n%s 信息如下：\n",name);
6            bound('_',30);
7            printf("工号：%d\n",emp->num);
8            printf("职务：%s\n",emp->duty);
9            printf("姓名：%s\n",emp->name);
10           printf("性别：%s\n",emp->sex);
11           printf("年龄：%d\n",emp->age);
12           printf("文化程度：%s\n",emp->edu);
13           printf("工资：%.2f\n",emp->salary);
14           printf("办公电话：%s\n",emp->tel_office);
15           printf("家庭电话：%s\n",emp->tel_home);
16           printf("移动电话：%s\n",emp->mobile);
17           printf("QQ 号码：%s\n",emp->qq);
18           printf("住址:%s\n",emp->address);
19           bound('_',30);
20       }else {
21           bound('_',40);
22           printf("资料库中没有%s 为：%s 的员工！请重新确认！",field,name);
23       }
24       return;
25   }
```

第 3 行代码判断 emp 是否为空，如果不为空表明查询结果存在数据，则依次输出信息；否则执行第 21 行、第 22 行代码。

7.10 显示员工信息模块设计

显示员工信息功能与查询员工信息功能类似，它们都是输出数据信息，不同的是，显示员工信息功能是将系统中所有的信息输出，而查询员工信息功能则是输出经过筛选后的信息。

7.10.1 效果展示

在系统主界面中，输入菜单编号 3 即可进入显示员工信息模块。该模块用于将所有的信息全部进行显示。运行效果如图 7-23 所示。

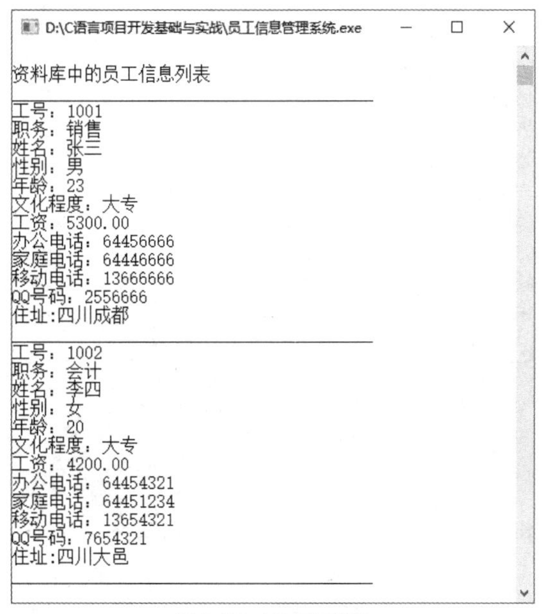

图 7-23　显示员工信息

7.10.2 业务流程分析

显示员工信息模块的业务流程如图 7-24 所示。

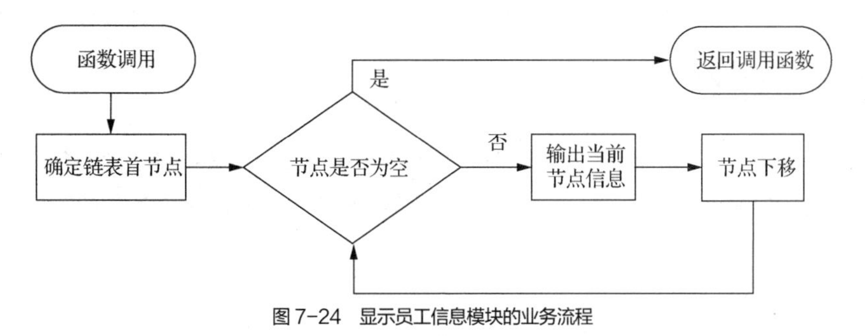

图 7-24　显示员工信息模块的业务流程

7.10.3 技术实现分析

显示员工信息模块由函数 listemp()实现，其具体实现代码如下。

```
1	void listemp()
2	{
3		EMP *emp1;
4		printf("\n 资料库中的员工信息列表\n");
5		bound('_',40);
6		emp1=emp_first;
7		while(emp1)
8		{
9			printf("工号：%d\n",emp1->num);
10			printf("职务：%s\n",emp1->duty);
11			printf("姓名：%s\n",emp1->name);
12			printf("性别：%s\n",emp1->sex);
13			printf("年龄：%d\n",emp1->age);
14			printf("文化程度：%s\n",emp1->edu);
15			printf("工资：%.2f\n",emp1->salary);
16			printf("办公电话：%s\n",emp1->tel_office);
17			printf("家庭电话：%s\n",emp1->tel_home);
18			printf("移动电话：%s\n",emp1->mobile);
19			printf("QQ 号码：%s\n",emp1->qq);
20			printf("住址:%s\n",emp1->address);
21			bound('_',40);
22			emp1=emp1->next;
23		}
24		printf("\n 显示完毕，按任意键退出！ \n");
25		getch();
26		return;
27	}
```

微课 显示员工信息技术实现

第 3 行代码生成一个新的 EMP 类型的变量 emp1。第 6 行代码将 emp1 指向链表首节点。第 7 行代码判断 emp1 是否为 NULL，如果 emp1 不为 NULL 时（链表最后一个节点的 next 为 NULL），则循环输出当前节点（emp1）的成员数据（第 9 行至第 20 行代码）。第 22 行代码对链表中的节点执行下移操作。

一个循环体加上链表节点的下移操作，便实现了一个典型的链表遍历。

7.11 修改员工信息模块设计

7.11.1 效果展示

在系统主界面中，输入菜单编号 4 即可进入修改员工信息模块，用户按系统提示输入员工姓名后，首先将该员工的信息输出，然后显示待修改条目的菜单编号，让用户选择并修改相应信息。运行效果如图 7-25 所示。

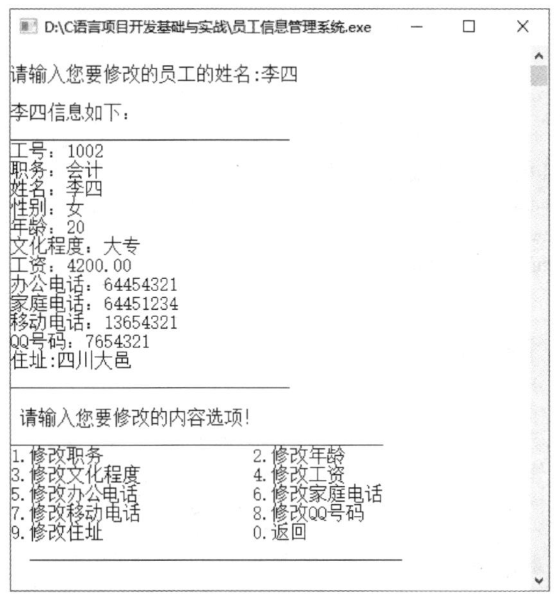

图 7-25　修改员工信息

7.11.2　业务流程分析

要想修改员工信息，首先要定位数据记录，由于本系统使用了链表保存数据，实质是定位链表中的节点。通过 findname()函数定位节点，再使用 displayemp()函数使信息显示在屏幕上，用户再通过菜单选择需要修改的信息。修改员工信息模块的业务流程如图 7-26 所示。

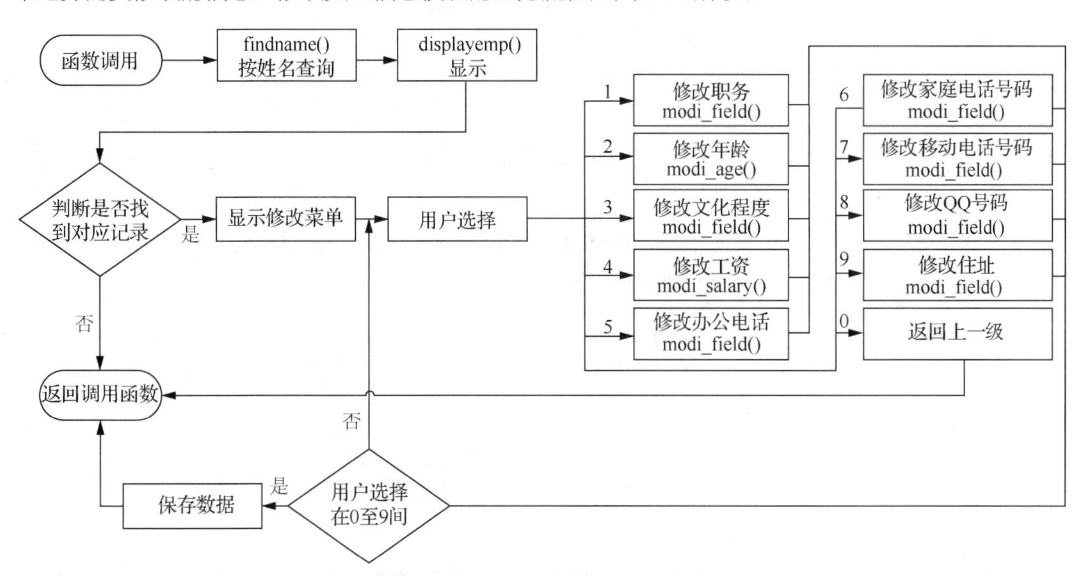

图 7-26　修改员工信息模块的业务流程

7.11.3　技术实现分析

修改员工信息模块由 modifyemp()函数实现，其具体实现代码如下。

```
1       void modifyemp()
2       {
3               EMP *emp1;
4               char name[10],*newcontent;
5               int choice;
6               printf("\n 请输入您要修改的员工的姓名:");
7               scanf("%s",&name);
8               emp1=findname(name);
9               displayemp(emp1,"姓名",name);
10              if(emp1)
11              {
12                  printf("\n  请输入您要修改的内容选项！ \n");
13                  bound('_',40);
14                  printf("1.修改职务                   2.修改年龄\n");
15                  printf("3.修改文化程度               4.修改工资\n");
16                  printf("5.修改办公电话               6.修改家庭电话\n");
17                  printf("7.修改移动电话               8.修改 QQ 号码  \n");
18                  printf("9.修改住址                   0.返回\n    ");
19                  bound('_',40);
20                  do{
21                      fflush(stdin);          //清除缓冲区
22                      choice=getchar();
23                      switch(choice)
24                      {
25                  case '1':
26                              newcontent=modi_field ("职务",emp1->duty,20);   //调用修改函数修改基本信息
27                              if(newcontent!=NULL)
28                              {
29                                  strcpy(emp1->duty,newcontent);
30                                  free(newcontent);
31                              }
32                              break;
33                  case '2':
34                              emp1->age=modi_age(emp1->age);
35                              break;
36                  case '3':
37                              newcontent=modi_field("文化程度",emp1->edu,20);
38                              if(newcontent!=NULL)
39                              {
40                                  strcpy(emp1->edu,newcontent);           //获取新信息内容
41                                  free(newcontent);
42                              }
43                              break;
44                  case '4':
45                              emp1->salary=modi_salary(emp1->salary);
46                              break;
47                  case '5':
48                              newcontent=modi_field("办公电话",emp1->tel_office,26);
49                              if(newcontent!=NULL)
50                              {
51                                  strcpy(emp1->tel_office,newcontent);
52                                  free(newcontent);
53                              }
```

微课　修改员工信息技术实现

```
54                          break;
55              case '6':
56                          newcontent=modi_field("家庭电话",emp1->tel_home,26);
57                          if(newcontent!=NULL)
58                          {
59                              strcpy(emp1->tel_home,newcontent);
60                              free(newcontent);
61                          }
62                          break;
63              case '7':
64                          newcontent=modi_field("移动电话",emp1->mobile,24);
65                          if(newcontent!=NULL)
66                          {
67                              strcpy(emp1->mobile,newcontent);
68                              free(newcontent);
69                          }
70                          break;
71              case '8':
72                          newcontent=modi_field("QQ 号码",emp1->qq,10);
73                          if(newcontent!=NULL)
74                          {
75                              strcpy(emp1->qq,newcontent);
76                              free(newcontent);
77                          }
78                          break;
79              case '9':
80                          newcontent=modi_field("住址",emp1->address,60);
81                          if(newcontent!=NULL)
82                          {
83                              strcpy(emp1->address,newcontent);
84                              free(newcontent);                   //释放内存空间
85                          }
86                          break;
87              case '0':
88                          return;
89                  }
90              }while(choice<'0' || choice>'9');
91              gsave=1;
92              savedata();                                     //保存修改的数据信息
93              printf("\n 修改完毕，按任意键退出！ \n");
94              getch();
95          }
96          return;
97      }
```

第 8 行代码查找与 name 变量值匹配的节点并将该节点地址存放于 emp1 中。第 9 行代码显示 emp1 节点的数据。第 10 行代码判断 emp1 是否已经存储了一个节点的地址。需要注意的是，C 语言里的 if 语句遵循“非 0 即 1”的规则，即只要变量存储的数据不是 0，其他任何数据（包括负数）都被判断为 1。

第 23 行至第 89 行代码是一个 switch 多分支结构，它负责调用不同的函数执行不同的功能：用户输入数字 1、3、5、6、7、8、9 时调用 modi_field()函数，输入数字 2 时调用 modi_age()函数，输入数字 4 时调用 modi_salary()函数。

modi_field()函数实现代码如下。

```
1    char *modi_field(char *field,char *content,int len)
2    {
3        char *str;
4        str=malloc(len);
5        if(str==NULL)
6        {
7            printf("内存分配失败，按任意键退出！");
8            getch();
9            return NULL;
10       }
11       printf("原来%s 为：%s\n",field,content);
12       printf("修改为（内容不要超过%d 个字符！）：",len/2);
13       scanf("%s",str);
14       return str;
15   }
```

第 1 行代码会接收函数调用时传入的 3 个参数，并存储于 field、content、len 这 3 个变量中，供第 2 行至第 15 行代码使用，它们的有效范围仅也在此函数中。其中 filed、content 接收的是字符串的地址，len 接收的是一个存储容量。modi_field()函数最终将返回一个字符串的地址。

第 4 行代码使用了 len 参数，在内存中开辟了 1 个 len 大小的空间，并将这个空间的地址存放于 str 变量中。第 5 行代码判断 str 是否为 NULL，如果是，则表明第 4 行代码执行失败，没有得到地址，通过第 7 行代码给出相应提示。第 9 行代码使 modi_field()运行结束，把 NULL 值返回给调用函数，同“7.11.3 技术实现分析”中 modifyemp()子函数的第 26 行代码。

第 11 行代码使用了 field 与 content 两个参数，通过代码可以看出 field 存储的是要改变的字段，如“职务”，content 存储的是当前节点“职务”的值。由于一个汉字占用两个字节，所以第 12 行代码使用了 len 除以 2。

第 13 行代码将用户新输入的值存储到 str 指向的地址，第 14 行代码将这个地址返回给调用函数。

modi_age ()函数的实现代码如下。

```
1    int modi_age(int age)
2    {
3    int newage;
4        printf("原来的年龄：%d",age);
5        printf("新的年龄：");
6        scanf("%d",&newage);
7        return(newage);
8    }
```

第 6 行代码将用户的输入存储到 newage 指向的内存中，第 7 行代码将用户输入的新年龄返回给调用函数。

modi_ salary ()函数实现代码如下。

```
1    float modi_salary(float salary)
2    {
3        float newsalary;
4        printf("原来的工资：%f",salary);
5        printf("新的工资：");
6        scanf("%f",&newsalary);
7        return(newsalary);
8    }
```

modi_salary()的实现代码与 modi_age()的基本一致，仅是形参的数据类型和给用户的提示信息发生了变化。读者可以尝试将两个函数合并为一个函数进行优化。

7.12 删除员工信息模块设计

本系统中的数据是依赖链表结构进行存储和操作的，所以要实现删除功能，首先需要调整链表中的连接关系，再释放某个节点的全部数据。

7.12.1 效果展示

在系统主界面中，输入菜单编号 5 即可进入删除员工信息模块，按系统提示输入待删除的员工姓名，系统会显示出该员工的所有信息，并给出是否删除的提示，用户输入字母 y 或 Y 即确定删除。运行效果如图 7-27 所示。

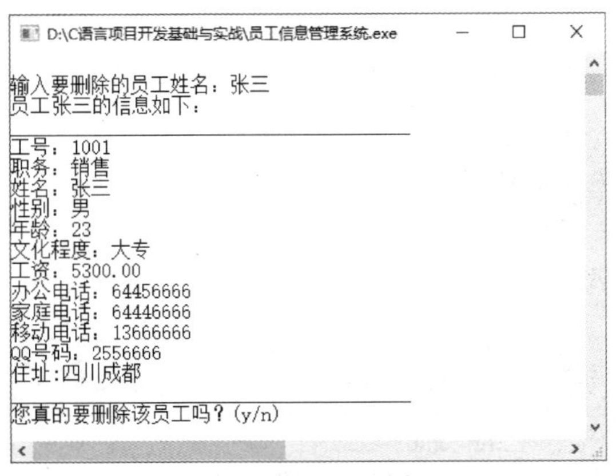

图 7-27 删除员工信息

7.12.2 业务流程分析

与修改功能类似，实现删除功能时的第一步也是定位数据记录，即把用户输入的姓名与链表中各节点的姓名值进行对比（链表遍历），如果找到匹配的数据则将其显示出来，经用户确认删除后，先调整链表结构再释放要被删除的节点，最后将新链表数据保存到文件中。其业务流程如图 7-28 所示。

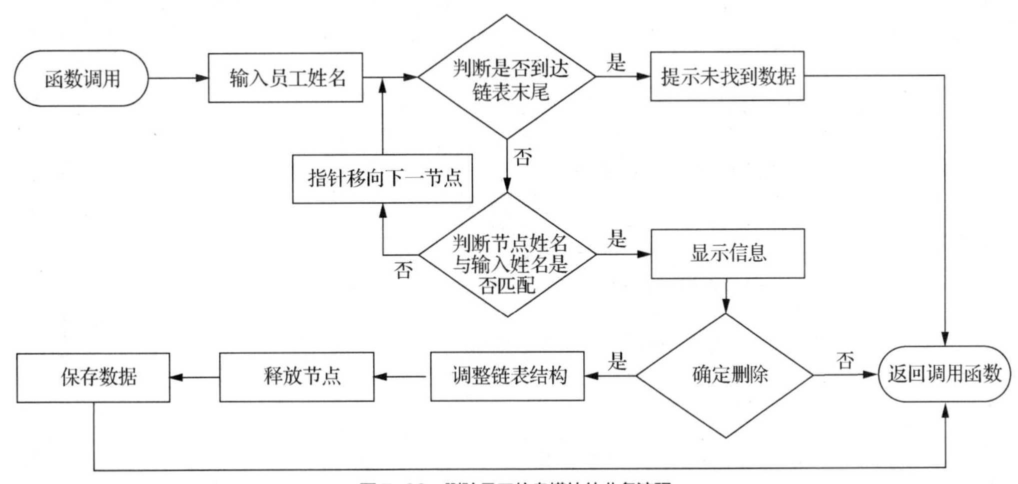

图 7-28 删除员工信息模块的业务流程

7.12.3 技术实现分析

删除员工信息模块由函数 delemp()实现，具体实现代码如下。

微课 删除员工信息技术实现

```
1	void delemp()
2	{
3		EMP *emp1,*emp2;
4		char name[10],choice;
5		system("cls");
6		printf("\n 输入要删除的员工姓名：");
7		scanf("%s",name);
8		emp1=emp_first;
9		emp2=emp1;
10		while(emp1)
11		{
12			if(strcmp(emp1->name,name)==0)
13			{
14				system("cls");
15				printf("员工%s 的信息如下：\n",emp1->name);
16				bound('_',40);
17				printf("工号：%d\n",emp1->num);
18				printf("职务：%s\n",emp1->duty);
19				printf("姓名：%s\n",emp1->name);
20				printf("性别：%s\n",emp1->sex);
21				printf("年龄：%d\n",emp1->age);
22				printf("文化程度：%s\n",emp1->edu);
23				printf("工资：%.2f\n",emp1->salary);
24				printf("办公电话：%s\n",emp1->tel_office);
25				printf("家庭电话：%s\n",emp1->tel_home);
26				printf("移动电话：%s\n",emp1->mobile);
27				printf("QQ 号码：%s\n",emp1->qq);
28				printf("住址:%\n",emp1->address);
29				bound('_',40);
30				printf("您真的要删除该员工吗？(y/n)");
31				fflush(stdin);		//清除缓冲区
32				choice=getchar();
33				if(choice!='y' && choice!='Y')
34				{
35					return;
36				}
37				if(emp1==emp_first)
38				{
39					emp_first=emp1->next;
40				}
41				else
42				{
43					emp2->next=emp1->next;
44				}
45				printf("员工%s 已被删除",emp1->name);
46				getch();
47				free(emp1);
48				gsave=1;
49				savedata();		//保存数据
50				return;
```

```
51            }
52            else
53            {
54                emp2=emp1;
55                emp1=emp1->next;
56            }
57        }
58        bound('_',40);
59        printf("\n 没有找到姓名是%s 的信息！ \n",name);    //没找到信息的提示
60        getch();
61        return;
62    }
```

现假设第 7 行代码已输入姓名“李四”并存储于 name 变量中，内存中已有图 7-29 所示链表。

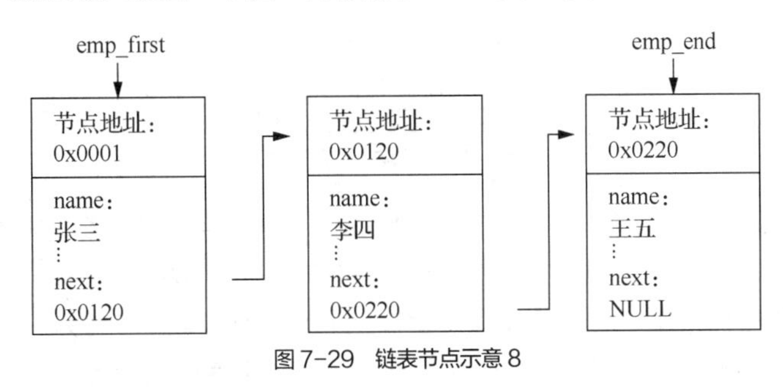

图 7-29　链表节点示意 8

第 8 行至第 9 行代码使 emp1 与 emp2 两个指针均指向链表首节点地址，如图 7-30 所示。

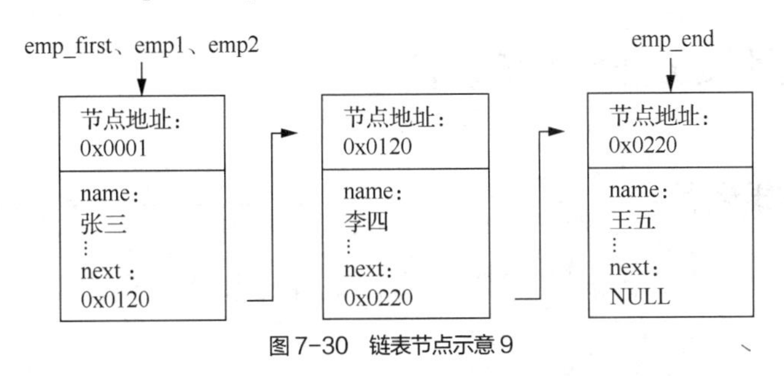

图 7-30　链表节点示意 9

emp1 因已指向第一个节点，其存储的值为 0x0001，故第 10 行代码中的判断条件成立。第 12 行代码中的 emp1->name 已存储“张三”，而 name 变量存储的是“李四”，所以第 12 行代码中的条件不成立，继续运行第 54 行、第 55 行代码，其中第 54 行代码使 emp2 指向 emp1，第 55 行代码执行后 emp1 存储的值为 0x0120，通过图 7-31 可以看到这是一个让 emp1 指针向下一节点移动的操作。

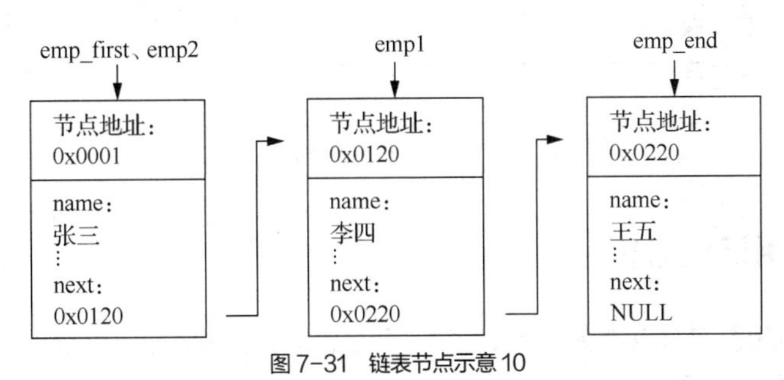

图 7-31　链表节点示意 10

因为第 10 行到第 57 行代码组成了循环结构，程序会跳转至第 10 行代码继续判定 emp1 是否为

NULL。通过图 7-31 可以看到此时的 emp1 存储的值 0x0120，所以第 10 行代码中的判断条件成立。继续执行第 12 行代码判断 name 与 emp1->name 是否相等（注意 emp1 当前指向 0x0120），因它们存储的值均是“李四”，所以判断条件成立，跳转执行第 13 行至第 51 行代码，其中第 13 行至第 36 行代码用于输出节点信息并让用户确认是否删除该节点；第 37 行代码判断 emp1 指向的是否为链表首节点，条件不成立，执行第 43 行代码，将 emp2->next 指向对调（emp1->next），如图 7-32 所示。

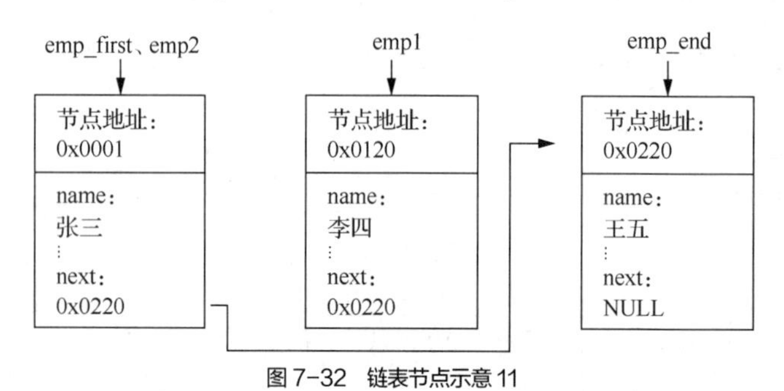

图 7-32　链表节点示意 11

通过图 7-32 可以看到 emp1 指向的节点已脱离链表，但该内存区域还不能被计算机重新回收并分配给其他程序，第 47 行代码 free()函数用于将 emp1 指向的内存区域释放。

读者可以通过“人工走码”的方式熟悉链表的删除操作，比如当用户输入的是“张三”时，绘图模拟程序的运行，观察链表的变化情况。还要特别注意的是，链表关系确定后，一定不能忘记释放被删除节点的内存，否则这块内存将被计算机“遗忘”而不再使用。

7.13 统计员工信息模块设计

7.13.1 效果展示

在系统主界面中，输入菜单编号 6 即可进入统计员工信息模块，统计的信息主要包括员工总数、工资总数、男员工数与女员工数等。运行效果如图 7-33 所示。

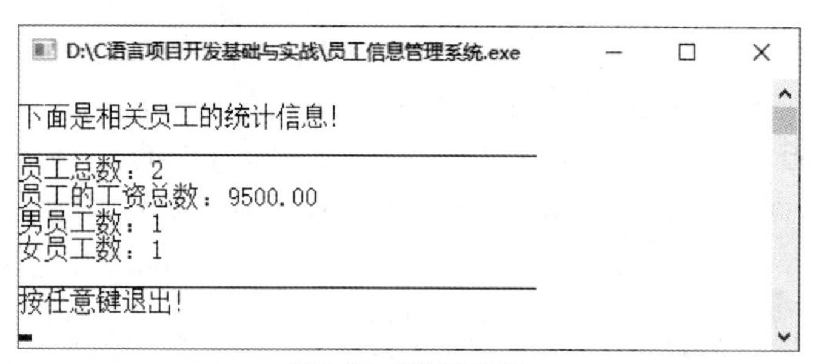

图 7-33　统计员工信息

7.13.2 业务流程分析

统计功能是在遍历链表节点的基础上，根据不同属性对数据进行统计并显示。统计员工信息模块的具体业务流程如图 7-34 所示。

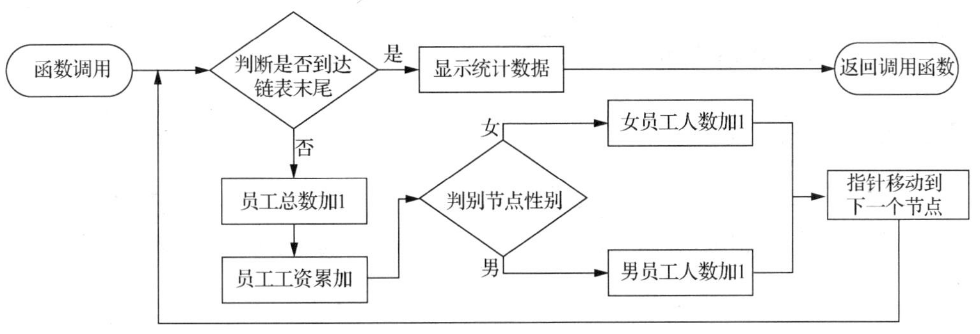

图 7-34　统计员工信息模块的业务流程

7.13.3 技术实现分析

统计员工信息模块由 summaryemp()函数完成，具体实现代码如下。

微课　统计员工信息技术实现

```
1	void summaryemp()
2	{
3		EMP *emp1;
4		int num=0,man=0,woman=0;
5		float sum=0;
6		emp1=emp_first;
7		while(emp1)
8		{
9			num++;
10			sum+=emp1->salary;
11			char strw[2];
12			strncpy(strw,emp1->sex,2);
13			if((strcmp(strw,"man")==0)||(strcmp(emp1->sex,"男")==0))
14				man++;
15			else
16				woman++;
17			emp1=emp1->next;
18		}
19		printf("\n 下面是相关员工的统计信息！ \n");
20		bound('_',40);
21		printf("员工总数：%d\n",num);
22		printf("员工的工资总数：%.2f\n",sum);
23		printf("男员工数：%d\n",man);
24		printf("女员工数：%d\n",woman);
25		bound('_',40);
26		printf("按任意键退出！ \n");
27		getch();
28		return;
29	}
```

第 6 行代码将 emp1 指向链表首节点。第 7 行至第 18 行代码进行链表遍历，逐个读取每个节点中的数据。其中，第 9 行代码使用 num 变量进行节点计算，每个节点就是一个员工信息，所以 num 也代表员工数。第 10 行代码将当前节点（emp1）的 salary 加上 emp1 之前所有节点的 salary 之和，代表至当前节点的工资总数。第 11 行至第 16 行代码进行了一个容错判断，即性别是“男”或“man”，则执行第 14 行代码，让男员工（man）数增加 1，否则执行第 16 行代码，使女员工（woman）数增加 1。第 17 行代码是使指针向下一节点移动的操作。第 19 行至第 28 行代码将最终统计结果显示出来。

7.14 重置系统密码模块设计

7.14.1 效果展示

在系统主界面中，输入菜单编号 7 即可进入重置系统密码模块，系统首先提示用户输入旧密码并进行验证，验证通过后，要求用户输入两次相同的新密码，然后给出提示信息。运行效果如图 7-35 所示。

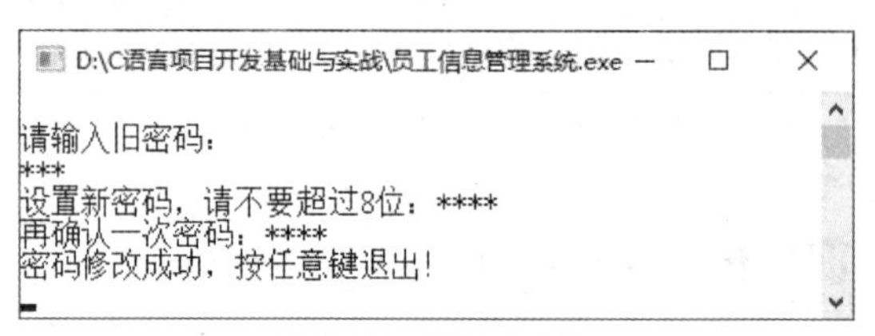

图 7-35 重置系统密码

7.14.2 业务流程分析

要进行系统密码重置，首先需要用户输入当前旧密码，然后将用户输入的旧密码与内存中保存的密码进行对比，以保证系统安全。重置系统密码模块的业务流程如图 7-36 所示。

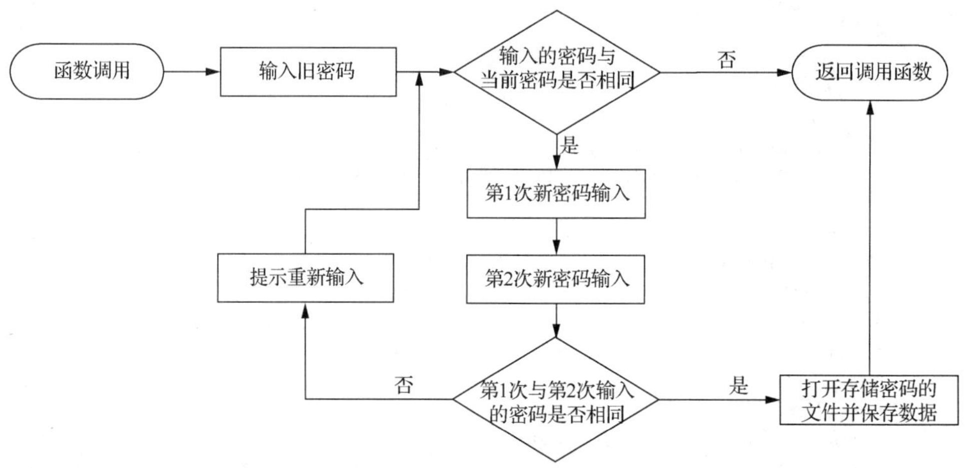

图 7-36 重置系统密码模块的业务流程

7.14.3 技术实现分析

重置系统密码模块由 resetpwd()函数实现，其具体实现代码如下。

```
1   void resetpwd()
2   {
3   char pwd[9],pwd1[9],ch,strt='8';
4       int i;
5       FILE *fp1;
6       system("cls");
7       printf("\n 请输入旧密码：\n");
8       for(i=0;i<8 && ((pwd[i]=getch())!=13);i++)
```

```
9               putch('*');
10              pwd[i]='\0';
11          if(strcmp(password,pwd))
12              {
13                  printf("\n 密码错误，请按任意键退出！ \n");      //比对旧密码，判断用户权限
14                  getch();
15                  return;
16              }
17          do{
18              printf("\n 设置新密码，请不要超过 8 位：");
19                  for(i=0;i<8&&((pwd[i]=getch())!=13);i++)
20                      putch('*');
21                  printf("\n 再确认一次密码：");
22                  for(i=0;i<8&&((pwd1[i]=getch())!=13);i++)
23                      putch('*');
24                  pwd[i]='\0';
25                  pwd1[i]='\0';
26                  if(strcmp(pwd,pwd1)!=0)
27                      printf("\n 两次密码输入不一致，请重新输入！ \n\n");
28                  else
29                      break;
30          }while(1);
31          if((fp1=fopen("config.bat","wb"))==NULL)                //打开密码文件
32          {
33              printf("\n 系统创建失败，请按任意键退出！ ");
34              getch();
35              exit(1);
36          }
37          i=0;
38          while(pwd[i])
39          {
40              pwd1[i]=(pwd[i]^strt);
41              putw(pwd1[i],fp1);
42              i++;
43          }
44          fclose(fp1);                                            //关闭密码文件
45          printf("\n 密码修改成功，按任意键退出！ \n");
46          getch();
47          return;
48      }
```

第 8 行、第 9 行代码获取用户输入并在屏幕中显示*。第 10 行代码是在数组 pwd 存储的字符串的最后 1 位加上\0 标志，表示这个字符串在\0 位置结束。第 17 行至第 30 行代码组成死循环，仅当两次密码完全相同后才执行第 29 行的 break 语句跳出循环。第 31 行至第 36 行代码检测 config.bat 文件是否正常打开，第 31 行代码中的“wb”表示如果 config.bat 文件不存在就使用该名称进行建立。如果文件打开失败且重新建立也失败，则运行第 33 行至第 35 行代码，提示系统创建失败并退出系统。第 38 行至第 43 行代码将密码字符串逐个写入文件，其中第 40 行代码使用^（异或）将 pwd1[i]与 strt（第 3 行代码实际存储字符 8）进行加密运算，以确保通过非明文方式存储密码到文件中，之后可通过异或方式将非明文密码与 strt 进行运算还原成明文密码。

项目小结

本项目实现的是员工信息管理系统，其主要的功能模块包括录入、查询、显示、修改、删除、统计员工信息及重置系统密码等，涉及的主要知识点包括模块化设计、函数、指针、链表等。

本项目是一个大型的综合性项目，涉及的知识点较多，系统功能结构也比较复杂。读者可以从项目分析入手，厘清各个模块的业务逻辑关系，梳理各个功能模块技术实现的关键要点，逐步掌握开发大型项目的思维和方法。